普通高等教育数据科学与大数据技术专

大数据导论

主　编　苑迎春

副主编　徐　静　路小英　王　超　董素芬

中国水利水电出版社
www.waterpub.com.cn
·北京·

内 容 提 要

本书以大数据处理流程为主线，重点介绍大数据获取、预处理、存储管理、挖掘分析以及可视化等方面的基本理论、方法和关键技术，通过丰富的应用案例展示了行业大数据的应用场景以及数据价值。

本书共 7 章：数据与大数据时代、大数据获取和预处理、大数据存储与管理、大数据挖掘分析、大数据可视化、大数据处理技术和行业大数据应用。

本书深入浅出、图文并茂，注重广度与深度结合、科学性与实用性结合，是为高等院校数据科学与大数据技术专业的"大数据导论"课程编写的教材，可作为高职高专大数据技术与应用专业的教材，也可作为大学非计算机专业的本科生或研究生的通识课程教学用书以及大数据爱好者的科普读物。

本书提供电子教案，读者可以从中国水利水电出版社网站（www.waterpub.com.cn）或万水书苑网站（www.wsbookshow.com）免费下载。

图书在版编目（CIP）数据

大数据导论 / 苑迎春主编. -- 北京 : 中国水利水电出版社, 2021.1
普通高等教育数据科学与大数据技术专业教材
ISBN 978-7-5170-9410-4

Ⅰ. ①大… Ⅱ. ①苑… Ⅲ. ①数据处理—高等学校—教材 Ⅳ. ①TP274

中国版本图书馆CIP数据核字(2021)第020385号

策划编辑：石永峰　责任编辑：石永峰　加工编辑：王玉梅　封面设计：梁　燕

书　　名	普通高等教育数据科学与大数据技术专业教材 大数据导论 DASHUJU DAOLUN
作　　者	主　编　苑迎春 副主编　徐　静　路小英　王　超　董素芬
出版发行	中国水利水电出版社 （北京市海淀区玉渊潭南路 1 号 D 座　100038） 网址：www.waterpub.com.cn E-mail：mchannel@263.net（万水） 　　　　 sales@waterpub.com.cn 电话：(010) 68367658（营销中心）、82562819（万水）
经　　售	全国各地新华书店和相关出版物销售网点
排　　版	北京万水电子信息有限公司
印　　刷	三河市航远印刷有限公司
规　　格	210mm×285mm　16 开本　15 印张　368 千字
版　　次	2021 年 1 月第 1 版　2021 年 1 月第 1 次印刷
印　　数	0001—3000 册
定　　价	45.00 元

前　言

随着物联网、移动互联网的兴起，全球数据呈爆炸式增长，各行各业都在经历大数据带来的革命，大数据时代已经到来。大数据具有体量巨大、速度极快、类型众多、价值巨大的特点，对数据从产生、存储、分析到利用提出了前所未有的新要求。为了响应社会发展需要，教育部于 2016 年开始在高等院校正式开设"数据科学与大数据技术"专业，本书正是为数据科学与大数据技术专业的"大数据导论"课程编写的教材。

本书旨在让大学新生对该专业相关的基本知识、典型技术、具体应用等有一个相对全面而直观的了解，在入门性的学习过程中提高对专业的认识，激发学生的专业学习兴趣。本书注重知识结构的基础性与完整性，确保技术内容的通用性、普适性与先进性，遵循教育规律，加强能力培养，同时精选行业应用案例，开阔学生视野，启发创新思维。本书在写作思路和内容编排上具有以下几个方面的特色。

（1）知识体系完整。本书包括大数据采集、预处理、存储管理、挖掘分析以及可视化等处理流程中的基本理论、方法和关键技术，涵盖数据科学与大数据技术专业比较完整的理论体系，脉络清晰，知识完整。

（2）理论与案例结合。本书在各部分知识的讲解中，融入了大量入门性的教学案例，做到深入浅出、图文并茂，帮助读者对大数据知识和技术进行深入理解，体现专业认知的引导性。

（3）注重实践应用。本书在各章节中配置了运用大数据工具解决问题的综合实践案例，通过实践内容的细致讲解和辅助的视频，能够帮助读者完成动手实践的环节，加深读者对专业知识的理解。

（4）适用范围广。本书是为高等院校数据科学与大数据技术专业的"大数据导论"课程编写的教材，可作为高职高专大数据技术与应用专业的教材，也可作为大学非计算机专业的本科生或研究生的通识课程教学用书以及大数据爱好者的科普读物。

本书共 7 章：数据与大数据时代、大数据获取和预处理、大数据存储与管理、大数据挖掘分析、大数据可视化、大数据处理技术和行业大数据应用。第 1 章介绍大数据的发展历程、大数据思维、数据科学的内涵以及大数据处理流程等；第 2 章至第 6 章以数据获取和预处理、数据存储管理、数据挖掘分析、数据可视化的大数据处理流程为主线，对大数据的关键技术进行讲解，进一步阐述当前典型大数据处理平台中的技术和方法；第 7 章介绍行业大数据的典型应用案例，让读者了解大数据在农业、教育、社交、旅游、交通、金融等多个行业中应用带来的巨大价值。

本书由苑迎春任主编，徐静、路小英、王超、董素芬任副主编，其中第 1 章由苑迎春、宋宇斐编写，第 2 章由程芳、王超编写，第 3 章由王超编写，第 4 章由路小英编写，第 5 章由董素芬、徐静编写，第 6 章由沈红岩、苑迎春编写，第 7 章由徐静、宋宇斐、孙洁丽、贺平编写，全书统稿工作由苑迎春完成。

本书参考了大量图书资料，也参考了大量网络资源，在编写过程中，河北农业大学信息科学与技术学院的研究生潘飞、何晨等做了大量辅助性工作，在此一并向他们表示衷心感谢。由于编者水平有限，加之时间仓促，书中难免存在错误和不妥之处，恳请读者批评指正。

编　者

2020 年 10 月

目　录

第1章　数据与大数据时代

本章导读

　　大数据时代已经到来，通过对大数据进行采集、存储、分析、挖掘、可视化，可以释放出数据背后隐藏的价值，有助于我们进行科学决策。大数据无处不在，已经融入到农业、医疗、金融、零售、社交、娱乐等各种社会行业中，改变了我们的生活以及理解世界的方式，对人类的生产和生活产生了重大影响。

　　本章首先讲述数据和大数据的概念，阐述大数据的结构、特征以及大数据时代的思维变革；然后详细介绍数据科学的内涵以及大数据处理流程中的关键技术，能够帮助读者形成对数据科学和大数据技术的总体认识；最后介绍大数据在各行各业的应用场景，以此来使读者理解大数据对行业的健康持续发展带来的积极影响。

知识结构

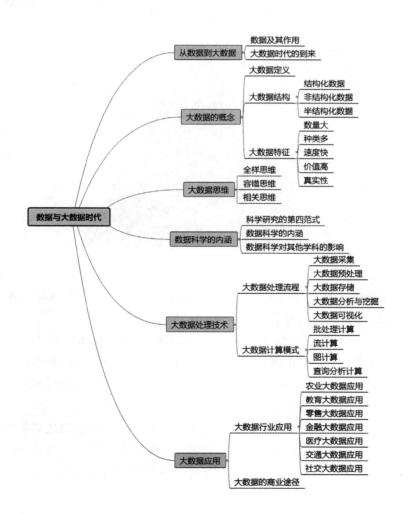

1.1 从数据到大数据

人类对数据的认知经历了漫长的历史。由于计量、记录、预测生产、生活过程的需要，人类对数据的关注在不断演变，从最开始的数值型数据，到后来的文本、图像等非数值型数据，再到当前的大数据，人们的理念也在不断演变，人类从 IT（Information Technology）时代已经走向了 DT（Data Technology）时代。

1.1.1 数据及其作用

日常生活中，我们对数值、文字等这类数据并不陌生，它是对客观事物的描述，是人们记录客观世界的可被鉴别的符号。在计算机科学中，数据是所有能输入到计算机并被计算机程序处理的符号的总称，是具有一定意义的数字、字母、符号和模拟量的统称。数据的形式有很多，可以是数值、文字、声音、图像、视频或其他计算机可以识别和处理的形式。数据的来源可以是商业数据、生产数据、统计数据，也可以是个人社交数据、消费记录等。

DIKW（Data，Information，Knowledge，Wisdom）金字塔模型刻画了人类对数据的认识程度的改变过程，如图 1-1 所示，它体现了与数据相联系的信息、知识和智慧这些概念，还向我们展现了数据一步步转化为信息、知识，乃至智慧的方式。

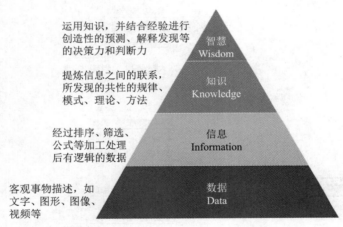

运用知识，并结合经验进行创造性的预测、解释发现等的决策力和判断力 —— 智慧 Wisdom

提炼信息之间的联系，所发现的共性的规律、模式、理论、方法 —— 知识 Knowledge

经过排序、筛选、公式等加工处理后有逻辑的数据 —— 信息 Information

客观事物描述，如文字、图形、图像、视频等 —— 数据 Data

图 1-1 DIKW 金字塔模型

在 DIKW 模型中，数据位于最底端，它是收集到的没有经过任何加工和整理的第一手原始资料，通过原始的观察或度量来获得。

信息的定义并不存在一个统一的观点。从 DIKW 知识管理角度看，信息是经过加工处理后，具有一定含义、存在逻辑关联、有时效性、对决策有价值的数据。信息通过对数据进行解释，使数据之间建立了联系，从而建立起事物之间的联系，也就能回答谁（Who）、什么（What）、哪里（Where）、何时（When）等问题。

知识是在一定背景 / 语境下，将数据与信息、信息与信息在应用之间建立起的有意义的联系，体现了信息的本质、原则和经验。因此，知识不是信息的简单累加，需要加入以往的经验，具有了判断和预期、方法论和技能等，可以解决较为复杂的问题，能够回答如何（How）、为什么（Why）等问题。

智慧是人类所表现出来的一种独有的能力，主要表现为收集、加工、应用、传播信息和知识的能力，以及对事物发展的前瞻性看法。它是一种推测的、非确定性的和非随机的过程，是对更多基本原理的理解，而这种原理包含在知识中。智慧要回答人们难以得到甚至无法得到答案的问题，它以知识为基础，会随着所具有的知识层次的提高向更高的层次发展。

DIKW 金字塔模型刻画了人类对数据认识程度的转变过程，也就是说，数据、信息、知识和智慧是人类认识客观事物过程中不同阶段的产物，既是一个从低级到高级的认识过程，也是一个从不可预知到可预知的增值过程，即数据通过还原其真实发生的背景成为信息，信息通过赋予其内在含义成为知识，知识通过理解变成智慧。由此可见，数据在 DIKW 金字塔中具有重要作用。

1.1.2　大数据时代的到来

计算机技术的迅猛发展使云计算、大数据、3D 技术、人工智能等新兴技术不断冲击着传统产业，滴滴打车、共享单车、新闻推送、扫码支付等新业务也改变了人们的生活方式，信息技术与经济社会的交汇融合引发了数据的迅猛增长，使数据量的积累达到了一个可以引发变革的程度，远远超出了传统技术可以处理的范围。

自 2012 年开始，"大数据"持续升温，备受关注。维克托·迈尔·舍恩伯格的代表作《大数据时代：生活、工作与思维的大变革》让"大数据"走进了人们的生活和工作，开创了大数据时代的先河。紧接着数据统治世界的商业模式被提出来，大卫·芬雷布发表了《大数据云图》，让"大数据"从理念阶段进入到商业应用阶段，从此"大数据"正式进入了历史的舞台。

从数据到大数据，有三个标志性事件。

2008 年 9 月，美国《自然》杂志专刊——*The Next Google*，第一次提出大数据概念。

2011 年 2 月，《科学》杂志专刊——*Dealing with Data*，通过社会调查的方式，第一次综合分析了大数据对人们生活造成的影响，详细描述了人类面临的"数据困境"。

2011 年 5 月，麦肯锡研究院发布报告 Big Data: The Next Frontier for Innovation, Competition, and Productivity，第一次给大数据作出相对定义："大数据是指其大小超出了常规数据库工具获取、存储、管理和分析能力的数据集。"

大数据时代的到来，使得"万物皆数""量化一切""一切将被数据化"成为可能。我们生活在一个海量、动态、多样的数据世界中，数据无处不在、无时不有、无人不用。"用数据说话""让数据发声"已经成为人类认识世界的一种全新方法。

1.2　大数据概念

大数据到现在为止还没有一个被普遍接受的学术定义，我们可以从大数据的结构类型以及 4V、5V 等特征进行认识和理解。

1.2.1　大数据定义

尽管众多学者从不同视角对大数据的内涵和外延进行过表述，但是到目前为止，大数据还没有一个被普遍接受的学术定义。除麦肯锡研究院给出的大数据定义外，有代表性的大数据定义如下：

- 大数据研究机构 Gartner 公司对大数据的定义：大数据是需要新处理模式才能具有更强的决策力、洞察发现力和流程优化能力的海量、高增长率和多样化的信息资产。
- 百度公司对大数据的定义：大数据是指无法在一定时间范围内用常规软件工具进行捕捉、管理和处理的数据集合，是需要新处理模式才能具有更强的决策力、洞察发现力和流程优化能力的海量、高增长率和多样化的信息资产。
- 我国国务院在 2015 年颁布的《促进大数据发展行动纲要》对大数据的定义：大数据是以容量大、类型多、存取速度快、应用价值高为主要特征的数据集合，正快速发展为对数量巨大、来源分散、格式多样的数据进行采集、存储和关联分析，从中发现新知识、创造新价值、提升新能力的新一代信息技术和服务业态。

无论学界和政府如何定义"大数据"，我们都可以看出大数据是一种资源，本质上在于"有用"，其价值含量、挖掘成本比数量更为重要。

1.2.2　大数据结构

大数据具有不同的类型，我们接触过数值、文字、语音、图形、图像、视频等多种形式的数据，这些数据的明显特征就是结构不同。按照数据的内部结构不同，数据通常被分为结构化数据、半结构化数据和非结构化数据三种。

（1）结构化数据。结构化数据也称作行数据，是以先有结构、后有数据的方式生成的数据，其一般特点是：数据以行为单位，一行数据表示一个实体信息，每一行数据的属性相同。表 1-1 给出了主要小麦生产国 2019 年小麦生产情况，它们是结构化数据。

表 1-1　主要小麦生产国 2019 年小麦生产情况

国家	收获面积 / 万公顷	产量 / 万吨	单产 /（公斤 / 公顷）
中国	2373.25	13360.11	5629
印度	2931.88	10359.62	3533
俄罗斯	2755.86	7445.27	2702
美国	1503.9	5225.76	3475
法国	524.43	4060.5	7743
加拿大	965.56	3234.79	3350

数据来源：联合国粮食及农业组织 .http://www.fao.org/faostat/zh/#data/QC

（2）非结构化数据。非结构化数据是指数据结构不规则或不完整、没有预先定义的数据模型，很难用关系数据库的二维逻辑表来表现的数据。例如，办公文档、文本、图片、图像和音频 / 视频信息等都是非结构化数据。

（3）半结构化数据。半结构化数据是介于结构化数据和非结构化数据之间的数据。半结构化数据包含相关标记，用来分隔语义元素以及对记录和字段进行分层。因此，也被称为自描述结构。半结构化数据中，同一类实体可以有不同属性，而且这些属性的顺序也可不同。常见的半结构化数据有 XML 和 JSON，表 1-2 中的数据就是 XML 和 JSON 格式的数据。由表 1-2 可以看出有三个地区结构，每个地区结构有一定的粮食作物。但是在每个地区结构中，有的是两种粮食作物，有的是三种粮食作物。由此可知，半结构化数据能够灵活地表达数据信息。

表 1-2　XML 和 JSON 格式数据

XML 格式数据	JSON 格式数据

< 部分地区主要作物产量（万吨）>
 < 地区 名称 = "北京" >
 　< 小麦 >18.7</ 小麦 >
 　< 玉米 >75.2</ 玉米 >
 </ 地区 >
 < 地区 名称 = "河北" >
 　< 稻谷 >58.8</ 稻谷 >
 　< 玉米 >1703.9</ 玉米 >
 　< 小麦 >1387.2</ 小麦 >
 </ 地区 >
 < 地区 名称 = "广西" >
 　< 稻谷 >1156.2</ 稻谷 >
 　< 甘蔗 >8104.3</ 甘蔗 >
 </ 地区 >
 </ 部分地区主要作物产量（万吨）>
	{
	 　" 部分地区主要作物产量（万吨）":{
	 　　" 北京 ":{
	 　　　" 小麦 ":18.7,
	 　　　" 玉米 ":75.2
	 　　},
	 　　" 河北 ":{
	 　　　" 稻谷 ":58.8,
	 　　　" 玉米 ":1703.9,
	 　　　" 小麦 ":1387.2
	 　　},
	 　　" 广西 ":{
	 　　　" 稻谷 ":1156.2,
	 　　　" 甘蔗 ":8104.3
	 　　}
	 　}
	 }

　　在数据的实际产生过程中，结构化数据、半结构化数据和非结构化数据往往并行存在，且绝大部分数据都属于非结构化数据，例如，我们常用的 QQ、微信等社交通信工具既可以发送文字数据，也可以发送图片、短视频等数据，多样化结构的数据就需要用有别于传统的技术和工具来处理和分析。

1.2.3　大数据特征

　　2001 年，Gartner 公司分析师道格·兰尼使用 3V 特征定义了大数据，Volume（大量）、Velocity（高速）和 Variety（多样）。后来业界在 3V 的基础上又增加了 Value（价值）。2013 年 3 月，IBM 公司在北京发布白皮书《分析：大数据在现实世界中的应用》，又提出了一个新特征：Veracity（真实性），于是大数据的 4V 特征就变成了 5V 特征，如图 1-2 所示。

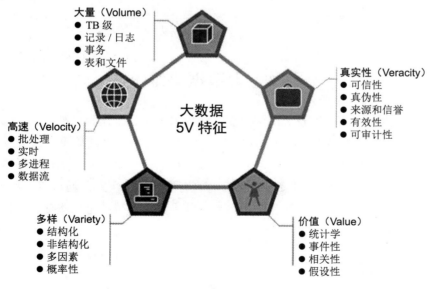

图 1-2　大数据特征

　　（1）Volume（大量）。大数据的主要特征就是规模大，随着网络和信息技术的高速发展，数据开始爆发式增长，社交网络、移动网络、各种智能终端等都成为数据的来源，企业也面临着数据的大规模增长，存储单位由传统的 GB 或 TB 发展到现在的 PB、ZB 甚至更高。国际数据公司 IDC 近期公布的《数据时代 2025》报告显示，2025 年人类的大数据量将达到 163ZB。数据量的爆炸式增长对原有的数据存储架构、计算模型和应用软件系统都提出了全新的挑战。

（2）Variety（多样）。大数据与传统数据相比，数据来源广、维度多、类型杂，不仅有传感器、智能设备自动产生的数据，还有人类自身的生活行为，如使用搜索引擎、社交媒体论坛、电子邮件等也在不断地创造数据；不仅有企业组织内部的业务数据，还有海量相关的外部数据。除数字、符号等结构化数据之外，更有大量网络日志、音频、视频、图片、地理位置信息等非结构化数据，能够占到数据总量的 90% 以上。

（3）Velocity（高速）。大数据时代，数据产生的速度快，更新的频率高。随着现代感测、互联网、计算机技术的发展，通过高速的计算设备、探测设备或者社交工具创建实时、动态数据已成为流行趋势。例如，Facebook 每天有 18 亿照片上传或被传播；我国公路上安装的交通堵塞探测传感器和路面状况传感器每天都在产生大量的数据。此外，有效处理大数据也需要在数据变化的过程中对它的数量和种类进行分析，以满足用户的实时需求。例如，过去历经 10 年破译的人体基因中的 30 亿对碱基数据，现在仅需 15 分钟即可破译；2016 年德国法兰克福国际超算大会公布的全球超级计算机 500 强榜单中，我国超级计算无锡中心研制的"神威·太湖之光"处第一位。

（4）Value（价值）。大数据有巨大的潜在价值，但是有价值的数据往往被淹没在海量无用数据中，例如，一天的监控录像有 24 小时，可用的关键数据时长也许仅为 1 ～ 2 秒。每天数十亿的搜索申请中，只有少数固定词条的搜索量会对某些分析研究有用。大数据最大的价值在于可从大量不相关的数据中挖掘出对未来趋势与预测分析有价值的数据。

（5）Veracity（真实性）。数据的真实性也就是数据的质量，只有真实而准确的数据才能对数据的管控和治理真正有意义。大数据来源于不同的领域和用户，这些数据的有效性、真实性以及所提供数据的个人或单位的信誉都与原来数据产生的方式有区别，社会和企业越发需要有效的信息治理以确保其真实性和安全性。

1.3　大数据思维

近年来大数据技术的快速发展深刻改变了我们的生活、工作和思维方式。大数据研究专家维克托·迈尔·舍恩伯格指出，大数据时代，人们对待数据的思维方式会发生如下三个变化：第一，人们处理的数据从样本数据变成全部数据；第二，由于是全样本数据，人们不得不接受数据的混杂性，而放弃对精确性的追求；第三，人类通过对大数据的处理，放弃对因果关系的渴求，转而关注相关关系。总体上大数据思维可以概括为全样思维、相关思维、容错思维。

大数据思维特征

1.3.1　全样思维

抽样是指小数据时代的随机采样，它是从欲研究的全部样品中抽取一部分样品，通过从这部分样品得到的分析、研究结果来估计和推断全部样品特性，因此一定要保证这部分样品对全部样品有充分的代表性。抽样在一定的历史时期内极大地推动了社会的发展，在数据采集难度大、分析和处理困难时，抽样不失为一种好的解决方法，但是，抽样存在样品集合不稳定的问题，从而导致结论与实际结果产生非常明显的差异。

在大数据时代，当数据处理技术发生了翻天覆地的变化时，一切都在改变，我们需要的是所有数据，即"样本＝总体"。人们可以获得和分析更多的数据，甚至是与之相关的所有数据，而不再依赖于采样，从而对数据有更全面的认识，更清楚地发现样本无法揭示的细节信息。正如维克托•迈尔•舍恩伯格总结道："我们总是习惯把统计抽样看作文明得以建立的牢固基石，就如同几何学定理和万有引力定律一样。但是，统计抽样其实只是为了在技术受限的特定时期，解决当时存在的一些特定问题而产生的。在某些特定的情况下，我们依然可以使用样本分析法，但这不再是我们分析数据的主要方式。"

也就是说，在大数据时代，随着数据收集、存储、分析技术的突破性发展，我们可以更加方便、快捷、动态地获得与研究对象有关的所有数据，而不再因诸多限制不得不采用样本研究方法，相应地，思维方式也应该从样本思维转向总体思维，从而更加全面、立体、系统地认识总体状况。

大数据与"小数据"的根本区别在于大数据采用全样思维方式，小数据强调抽样，大数据时代的一个重要转变是要分析与事务相关的所有数据，而不是依靠少量的数据样本。

由于技术成本的大幅下跌以及在医学方面的广阔前景，个人基因排序成为一门新兴产业，从 2007 年开始，硅谷新兴科技公司 23andMe 开始分析人类基因，用以揭示人类遗传中一些会导致人体对某些疾病抵抗力差的特征。23andMe 希望整合顾客的 DNA 和健康信息，了解到用其他方式不能获取的新信息。

世界民族基因总图

2003 年，苹果公司的传奇总裁乔布斯被查出患有胰腺癌。在与癌症 8 年的抗争过程中，乔布斯采用了不同的治疗方式，成为世界上第一个对自身所有 DNA 和肿瘤 DNA 进行排序的人，为此，他支付了比 23andMe 报价高几百倍的治疗费用，得到了整个基因密码的数据文档，而不是只有一系列标记的一个样本。医生们从而能够基于乔布斯的特定基因组成以及大数据，按所需效果用药并调整医疗方案。乔布斯开玩笑说："我要么是第一个通过这种方式战胜癌症的人，要么就是最后一个因为这种方式死于癌症的人。"虽然他的愿望都没有实现，但是这种获得所有数据而不仅是样本的方法将他的生命延长了好几年。

1.3.2　容错思维

小数据时代，由于收集的样本信息量比较少，因此必须确保记录下来的数据尽量结构化和精确化，否则由样本数据分析得出的结论在推断到总体上时就会南辕北辙，因此，样本信息十分注重精确思维。

在大数据时代，由于大数据技术的发展，大量的非结构化、异构化的数据能够得到存储和分析，这一方面提升了我们从数据中获取知识和洞见的能力，另一方面也对传统的精确思维提出了挑战。维克托•迈尔•舍恩伯格指出："执迷于精确性是信息缺乏时代和模拟时代的产物。我们获得的数据只有 5% 是结构化的，且能适用于传统数据库。如果不接受混乱，剩下的 95% 非结构化数据都无法利用。只有接受不精确性，我们才能打开一扇从未涉足的世界的窗户。"

也就是说，在大数据时代，思维方式要从精确思维转向容错思维，当拥有海量实时数据时，绝对的精准不再是主要的追求目标，适当忽略微观层面上的精确度，容许一定程度的错误与混杂，反而可以在宏观层面拥有更好的知识和洞察力。

2006 年，谷歌公司开始涉足机器翻译。为了训练计算机，谷歌公司翻译系统吸收了它能找到的所有翻译，包括从各种各样语言的公司网站上寻找的对译文档，联合国和欧盟这些国际组织发布的官方文件和报告的译本，甚至还会吸收速读项目中的书籍翻译。谷歌公司翻译部的负责人弗朗兹•奥齐指出，"谷歌公司的翻译系统不会像 IBM 的 Candide 一样只是仔细地翻译 300 万句话，它会掌握用不同语言翻译的质量参差不齐的数十亿页文档"。不考虑翻译质量，上万亿的语料库就相当于 950 亿句英语。尽管输入源很混乱，但对比其他翻译系统，谷歌公司的翻译质量相对而言最好，而且可翻译内容也更多。到 2012 年，谷歌公司的数据库涵盖了 60 多种语言，能够接受 14 种语言的语音输入，并有很流利的对等翻译。谷歌翻译 Logo 如图 1-3 所示。

图 1-3　谷歌翻译 Logo

从某种意义上说，谷歌公司的语料库是布朗语料库的一个退步，因为谷歌公司语料库的内容来自未经过滤的网页内容，所以会包含一些不完整的句子、拼写错误、语法错误以及其他各种错误。况且，它也没有详细的人工纠错后的注解。但是，谷歌公司语料库的大小是布朗语料库的好几百万倍，这样的优势完全压倒了缺点。谷歌公司在获取语料时，所固带的不准确性从某种意义上说明我们开始接受世界的纷繁复杂，也是对精确系统的一种对抗。

1.3.3　相关思维

在小数据时代，人们往往执着于现象背后的因果关系，试图通过有限的样本数据来剖析其中的内在机理，因果关系的得出一般分为如下几个步骤：

（1）我们在一个抽样的样本集合中，偶尔发现某个有趣的规律。

（2）我们将这个规律拿到另一个更大的样本集合中，发现规律依然成立。

（3）我们在能见到的所有样本上都判断一下，发现规律依然成立。

（4）我们得出结论，这个规律是一个必然规律，因果关系成立。

在大数据时代，我们可以通过大数据技术挖掘出事物之间隐蔽的相关关系，获得更多的认知与洞见，运用这些认知与洞见可以帮助我们捕捉现在和预测未来，而建立在相关关系分析基础上的预测正是大数据的核心议题。通过关注线性的相关关系以及复杂的非线性相关关系，我们可以看到很多以前不曾注意的联系，还可以掌握以前无法理解的复杂技术和社会动态，相关关系甚至可以超越因果关系，成为我们了解这个世界的更好视角。

维克托•迈尔•舍恩伯格指出，大数据的出现让人们放弃了对因果关系的渴求，转而关注相关关系，人们只需知道"是什么"，而不用知道"为什么"。我们不必非得知道事物或现象背后的复杂深层原因，而只需要通过大数据分析获知"是什么"就有非凡的意义，它会给我们提供非常新颖且有价值的观点、信息和知识，帮助我们更好地认识这个世界。

在大数据时代，思维方式要从因果思维转向相关思维，只有努力颠覆千百年来人类形成的传统思维模式和固有偏见，才能更好地分享大数据带来的深刻洞见。

啤酒和纸尿裤的故事是沃尔玛利用大数据获益的典型案例（图 1-4），也是体现大数据相关关系的典型案例。沃尔玛超市的管理人员在分析销售数据时，发现了一个特别有趣的现象：纸尿裤与啤酒这两种风马牛不相及的商品居然会经常出现在同一个购物篮中，这一独特的销售现象引起了高管的重视。原来，美国的妇女通常在家照顾孩子，所以她们经常会嘱咐丈夫在下班回家的路上为孩子买纸尿裤，而丈夫在买纸尿裤的同时又会顺手购买自己爱喝的啤酒。沃尔玛发现这一现象后，开始尝试把啤酒和纸尿裤摆放在同一区域，让年轻的父亲可以同时找到这两件商品，并很快地完成购物。这项措施为商家带来了大量的利润。

图 1-4　啤酒和纸尿裤的故事

1.4　数据科学的内涵

数据科学是关于数据的科学，是研究探索网络空间中数据奥秘的理论、方法和技术，可以理解为基于传统的数学和统计学理论和方法，运用计算机技术进行大规模数据计算、分析和应用的一门学科。自吉姆·格雷提出数据密集型发现将成为科学研究的第四范式之后，科学研究从原有的实验科学、理论科学、计算科学，发展到目前兴起的数据科学。

1.4.1　科学研究的第四范式

人类最早从事科学研究的方法有实验观察和理论推理，以实验为基础的科学研究出现在科学发展的初级阶段，即以伽利略为代表的文艺复兴时期，著名的比萨斜塔实验开启了科学研究之门。理论研究方法源于科学家们无法用实验模拟的方法给出科学原理，于是通过假设推理得到结论，经典力学的牛顿三大定律就是通过模型简化和演算推理得出的。

20 世纪中叶，冯·诺依曼提出了现代电子计算机的架构，电子计算机技术的快速发展和计算机应用的日益普及不仅为其他学科提供了新的手段和工具，而且其仿真模拟的方法论特性也渗透和影响到其他学科，创造和形成了一系列计算数学、计算化学、计算力学、计算生物学等新的科学分支。以形式化、程序化和机械化为特征的计算思维逐渐被科学家们提出了出来，形成了以计算科学为代表的计算思维，并与理论思维、实验思维一起成为人类认识世界和改造世界的三种基本科学思维方式。三大思维都是人类科学思维方式中固有的部分。实验思维强调归纳，理论思维强调推理，计算思维希望能自动求解，它们以不同的方式推动着科学的发展和人类的进步。

2007年，著名的计算机科学家、图灵奖得主吉姆·格雷发表了著名演讲"科学方法的革命"，他将科学研究分为四类范式，除了之前的实验范式、理论范式、仿真范式之外，新的信息技术又促使新的范式出现，即数据密集型科学发现（Data Intensive Scientific Discovery），所谓的"数据密集型"就是现在我们所说的"科学大数据"，也就是大数据思维。大数据思维强调通过计算机对爆炸性增长的数据进行分析、总结来得到科学理论。

吉姆·格雷提出的第四范式与第三范式都是利用计算机来进行计算的，二者有什么关系呢？吉姆·格雷认为，随着数据的爆炸式增长，数据密集范式理应并且已经从第三范式即计算范式中分离出来，成为一个独特的科学研究范式。尽管第四范式和第三范式都是基于计算机来进行计算，但它们又有明显的区别。第三范式是先提出可能的理论，再搜集数据，然后通过计算来验证。而基于大数据的第四范式，则是先有了大量的已知数据，然后通过计算得出之前未知的理论。

随着物联网、移动互联网、云计算等信息技术的发展和应用，各行各业产生的数据呈现爆炸式增长，科研人员面对的各领域数据只会越来越多，实现第四范式的科学研究，从中发现更多更新的成果，仍然面临着数据整合、海量数据处理、算法以及结果呈现等诸多挑战。

1.4.2　数据科学的内涵

数据科学已经成为一种科学研究的方法。总体来说，数据科学主要有两方面内涵：一是研究数据本身，即数据的各种类型、状态、属性及变化形式和变化规律；二是为自然科学和社会科学研究提供一种新方法，即科学研究的数据方法，其目的在于揭示自然界和人类行为现象和规律。

美国德鲁·康威博士采用韦恩图来描述数据科学的知识结构，如图1-5所示。图中，Math & Statistics Knowledge 指传统的数学和统计学理论，Hacking Skills 可以理解为进行数据计算所需要的计算机知识和技术，Substantive Expertise 指实际行业经验。将数学统计学理论应用于解决实际业务问题是传统的研究方法，将数学统计学理论方法与计算机技术结合则构成机器学习领域，将黑客技术（计算机技术）应用于行业领域则造成危险结果，而将数学统计学理论、计算机技术、行业知识三者结合，就构成了数据科学体系。

自2010年德鲁·康威开始用韦恩图表示数据科学之后，不同的数据科学家也根据自己对数据科学的理解，对这一韦恩图进行了不同程度的删改和调整。这里仅给出一例说明。

2016年，Gartner 公司在其博客上用韦恩图重做了数据解决方案，使其更漂亮和更加基于数据科学。图中"危险区"被替换为"数据工程师"（这种表达被许多科学家认同），并用文字对圈内内容进行了详细说明，如图1-6所示。

尽管有众多数据科学版本，德鲁·康威的第一张韦恩图至今依然是很多数据科学家最认可的数据科学的基本描述，这张图非常清楚地显示了数据科学相关知识来自三大基础领域：数学和统计、计算机科学和行业应用。

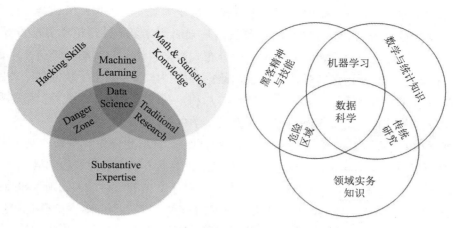

图 1-5　数据科学的韦恩图（英文版和中文版）

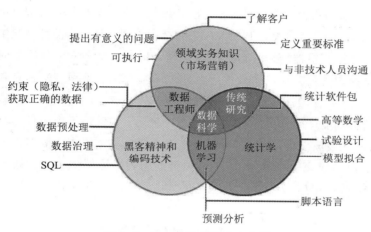

图 1-6　Gartner 数据解决方案图

1.4.3　数据科学对其他学科的影响

如前所述，数据科学是基于传统的数学和统计学的理论和方法，运用计算机技术进行大规模数据计算、分析和应用的一门学科，必然会为数学、统计学、计算机科学等传统相关学科的发展带来新的机遇，另一方面，数据密集型的科学探索会催生和带动一批交叉学科和应用交叉学科的发展。

数学发展主要来自两个推动力：一是数学内部学科自身的完善带来的推动；二是来自外部，由其他学科、社会或工业发展的需要而带来的推动。数据科学在数学和实际应用之间建立了一个直接的桥梁，数据分析几乎涉及了现代数学的所有分支，不仅仅局限在几个领域，数据应该成为数、图形和方程之外数学研究的基本对象之一。

统计学一直都是研究数据的学科，所以它也是数据科学最核心的部分之一。但在数据科学的框架下，统计学的发展也会受到很大的冲击并面临新的机会和挑战。这种机会和挑战可能使关于数据的模型跳出传统的统计模型框架，更一般的数学概念如拓扑、几何和随机场等将会在数据分析中扮演重要的角色。

计算机科学从诞生的第一天就用于数据处理，关注面向数据处理的计算机的硬件、软件和应用。通常，计算机科学和技术的范畴覆盖计算机软件与理论、计算机系统结构和计算机应用等方面。大数据带来的数据处理规模从量变到质变的跨越，可能会对计算机科学与技术的各个层面都产生深远的影响，包括最基础的计算复杂性理论和算法设计等方面。大数据管理与实时处理为探索高效的大规模分布式数据存储、查询与处理带来了需求和挑战，而以机器学习特别是深度学习为代表的数据分析技术已经催生了软硬件一体的跨层设计和面向数据处理的高性能、低功耗的定额芯片和定制服务器设计。此外，数据科学与其他基础和应用学科的交叉，将使数据在计算机科学中的地位进一步加强。

数据驱动的方法也为许多传统学科带来新的机会，同时也催生一些新的交叉应用学科。计算社会科学（Computational Social Science）就是大数据方法推动传统各学科的一个有趣的例子，社会学是社会科学的一个分支，一直是一门基于数据的学科，大到国家和社会层面的数据，小到家庭和个人的数据，都是社会学研究的基本资料，近年来，社交网络的产生和网络科学的研究使社会学上升到一个新的层面，新的数据来源和数据分析方法使社会学的研究进一步量化、去经验化，更多的科学方法被引入到社会学研究中，这些变化同时也给社会学的研究提供了新的实用价值，如信息传播、广告投放、热点分析等。计算社会科学为社会科学提供了一条革命性的计算之路，其研究成果对社会管理与社会生活都将产生重大影响。

近年来，大数据在机器翻译、自然语言处理、语音识别和文本分析等应用领域的蓬勃发展，基于概率模型处理方法的有效性远远超过了基于文法处理方法的有效性，这一结果为语言学的发展提供了新的机会。在互联网广告投放领域，近年来由于搜索引擎及互联网内容提供商都选择商业广告作为主要盈利模式，因此，如何基于用户行为数据和广告的属性特征，有针对性地投放广告，提升广告的点击率（广告被用户点击的概率）与转换率（广告被点击后引起商品成交的概率），成了最关键的问题，这催生了一个新的学科——计算广告学。关于学科影响的案例很多，有兴趣的读者可查阅相关资料。

1.5　大数据处理技术

大数据核心技术其实是大数据处理的各个核心环节的关键技术。大数据处理流程可以分为大数据采集、大数据预处理、大数据存储、大数据分析与挖掘和大数据可视化多个环节。大数据分析计算中，针对不同类型和结构的数据，提供了批处理计算、实时流计算、图计算以及查询交互计算等多种计算模式。

1.5.1　大数据处理流程

由于具有规模大、异构、多源等特点，大数据处理技术与传统的数据处理技术有所不同，流程中的每个环节都体现了大数据所需的新技术。图1-7给出了大数据处理过程。

（1）大数据采集。大数据采集是指数据获取，它主要通过物联网、互联网、移动互联网以及各类业务应用平台等来获取结构化、半结构化、非结构化的海量数据。常用的大数据采集方式包括批量采集、数据抓取、智能传感设备自动采集、业务数据导入等，常用的大数据采集工具有 Flume、Kafka 等。

在大数据采集过程中，其主要特点和挑战是并发数高，因为可能同时有成千上万的用户进行访问和操作，比如火车票售票网站和淘宝网，它们的并发访问量在峰值时可达到上百万，所以需要在采集端部署大量的数据库才能支撑，同时这些数据库之间如何进行负载均衡和分片也需要深入思考和设计。

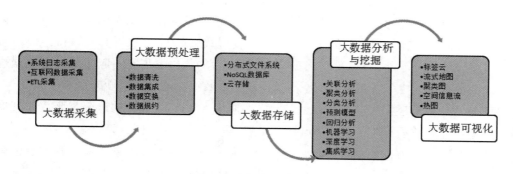

图 1-7　大数据处理流程

（2）大数据预处理。获得海量数据的目的是对这些数据进行有效分析，这就需要将这些来自不同前端的数据导入到一个大型的分布式数据库或者分布式存储集群中。导入过程的特点主要是导入的数据量大，每秒数据量会达到百兆，甚至千兆级别，这就要求用户在导入数据时选用合适的大数据技术来满足业务的实时计算需求。

现实世界中数据大体上都是不完整、不一致的"脏"数据，无法直接进行数据挖掘，或者挖掘效果不佳。为了提高数据挖掘的质量，需要对数据进行预处理，常用的数据预处理方法包括数据清洗、数据集成、数据变换和数据规约等。

（3）大数据存储。大数据要用存储器把采集到的数据存储起来，需要建立相应的数据库进行管理和调用。大数据存储重点解决复杂的结构化、半结构化和非结构化的大数据管理与处理问题，大数据存储通常采用分布式文件系统、关系型数据库、NoSQL 数据库以及云存储等技术。下面介绍其中三种。

● 分布式文件系统提供了大数据的物理存储架构，开源社区的 HDFS（Hadoop Distributed File System）和谷歌公司的 GFS（Google File System）是两种主要的文件系统。使用分布式文件系统，无须关心数据存储在哪个节点或从哪个节点获取数据，只需像使用本地文件系统一样管理和存储文件系统中的数据。分布式文件系统可以有效解决大数据的存储和管理难题，具有良好的扩展性和高速数据访问性。

● NoSQL（Not Only SQL）泛指非关系型数据库，具有模式自由、备份简单、支持海量数据存储等特性，同时还具有非常高的读写性能和优良的查询功能，适合存储大数据。NoSQL 数据库种类繁多，包括键值（Key Value）存储数据库、列存储数据库、文档型数据库、图形（Graph）数据库等。

● 云存储是在云计算概念上延伸和衍生发展出来的一个新概念，它是将网络中大量各种不同类型的存储设备通过应用软件集合起来协同工作，共同对外提供数据存储和业务访问功能的一个系统。简单来说，云存储就是将存储资源放到云上供人存取的一种新兴方案，使用者可以在任何时间、任何地方，通过任何可联网的装置连接到云上方便地存取数据。

（4）大数据分析与挖掘。大数据分析与挖掘是从大量的、不完全的、有噪声的、模糊的、随机的实际应用数据中，提取出人们事先未知的、隐含在其中的、有潜在价值的知识的过程。与传统统计分析方法不同的是，大数据分析与挖掘一般没有预先设定好的主题，主要是在现有数据的基础上进行基于各种算法的计算，从而起到预测效果。

大数据分析与挖掘技术主要包含关联分析、聚类分析、分类分析、预测模型、回归分析等技术。此外，机器学习、深度学习等也是常用的数据挖掘算法。下面介绍其中四种。

- 关联分析发现存在于大量数据集中的关联性或相关性，从而描述一个事物中某些属性同时出现的规律和模式，目标在于发现数据集中隐藏的相关联系。
- 聚类分析在于将数据集内具有相似特征属性的数据聚集在一起，同一个数据群中的数据特征要尽可能相似，不同数据群中的数据特征要有明显区别。
- 分类分析是根据重要数据类的特征向量及其他约束条件，构造分类函数或分类模型，目的是根据数据集的特点把未知类别的样本映射到给定类别中。
- 预测建模是根据数据集的特征，以目标结果为目的建立映射关系。预测建模有两个任务：一是分类，用于预测具有多种属性的数据类别；二是回归，用于预测连续数据及未来的变化趋势。

大数据的迅速发展使得数据挖掘对象变得更为复杂，不仅包括人类社会与物理世界的复杂联系，还包括呈现出的高度动态化，这使得很多传统数据挖掘算法必须拥有对真实数据和实时数据的高速处理能力，才能从大量无序数据中获取真正有价值的数据。大数据挖掘还需要有批处理引擎、图处理引擎、流处理引擎等大数据处理技术的支撑。

（5）大数据可视化。大数据可视化就是运用计算机图形和图像处理技术，将数据转化为图形图像显示出来，其根本目的是实现对稀疏、杂乱、复杂数据的深入洞察，发现数据背后有价值的信息。大数据可视化并不是简单地将数据转化为可见的图形符号和图表，而是能将不可见的数据现象转化为可见的图形符号和图表，能将错综复杂、看起来没法解释和关联的数据，建立起联系和关联，发现规律和特征，获得更有商业价值的洞见。

大数据可视化是利用合适的图表清晰而直观地进行表达，实现数据自我解释、让数据说话，能够加深和强化受众对数据的理解和记忆。大数据可视化已经发展成为一种很好的故事讲述方式。大数据常用的可视化方法有文本可视化（标签云）、数据可视化（图表）、空间数据可视化（热图）、综合数据可视化（仪表盘）等。常用的大数据可视化工具有 Excel、Tableau、Echarts、D3、魔镜、Matplotlib 等。

1.5.2　大数据计算模式

如前所述，大数据技术是许多技术的集合体，有些技术已经发展多年，如关系型数据库、数据仓库、OLAP（On Line Analytical Processing）、数据挖掘、商务智能等，可视为大数据技术的一个组成部分。然而，大数据处理分析还需要大数据新技术的支撑，包括分布式文件系统、分布式数据库、分布式并行编程等。目前，大数据计算代表性软件很多，不同的应用场景对应着不同的大数据计算模式，典型的大数据计算模式有批处理计算、流计算、图计算和查询分析等，这些计算模式也有了相应的计算产品，见表 1-3。

表 1-3　大数据计算模式及其代表性产品

大数据计算模式	应用场景	代表性产品
批处理计算	针对大规模数据的批量处理	MapReduce、Spark 等
流计算	针对来自不同数据源、连续到达的实时数据计算	Storm、S4、Flume、Streams、Puma、Dstream 等
图计算	针对大规模图或网络结构的数据处理	Pregel、GraphX、Giraph、Hama、GoldenOrb、Flink 等
查询分析计算	大规模数据的存储管理和查询分析	Dremel、Hive、Cassandra、Impala 等

（1）批处理计算。批处理计算主要指针对大规模数据的批量处理，是日常数据分析工作中常见的一类数据处理需求。例如，爬虫程序把大量网页抓取过来存储到数据库中后，可以使用批量处理对这些网页数据进行处理，从而生成索引，加快搜索引擎的查询速度。

MapReduce（简称 MR）是一种处理海量数据的并行编程模式，适用于在大规模计算集群上编写离线的、大数据量的、相对快速处理的并行化程序，适合搜索引擎、Web 日志分析、文档分析处理、机器翻译等针对文本型数据分析的应用领域。它将并行计算过程高度抽象为两个函数——Map 和 Reduce，极大地方便了分布式编程工作，编程人员可以很容易地编写分布式并行程序来完成海量数据集的计算。

Spark 弥补了 MapReduce 框架表达能力不足的缺点，提供了不限于 Map 和 Reduce 的各种操作，减少了 MR 过程中的大量 I/O 操作，适用于迭代计算，而且高度利用内存计算，弥补了 MR 高延迟的缺陷。

（2）流计算。流计算主要指实时处理和分析来自不同数据源、连续到达的流数据，并给出有价值的分析结果。例如，用户在访问淘宝、京东等电子商务网站时，用户在网页中每次点击的相关信息（比如浏览的商品）会像水流一样实时发送到大数据分析平台，平台采用流计算技术对这些数据进行实时处理分析，构建用户画像，为其推荐感兴趣的相关商品。

流计算与离线批处理不同，它是在数据到达的同时即进行计算处理，计算结果实时输出。目前主流的流计算平台包括 Spark 的 DStream 流计算模型、雅虎推出的 S4 流计算引擎、Twitter 推出的 Storm 计算架构、Facebook 提出的流数据处理引擎 Puma、LinkedIn 用于日志处理的分布式消息队列 Kafka 和 Apache 软件基金会开发的开源流处理框架 Flink 等。

（3）图计算。大数据时代，许多大数据都是以大规模图或网络的形式呈现，如社交网络、传染病传播途径、交通路网等。这类以图形表征的数据在大数据系统需要处理的数据量中占有相当大的比例，因此，图数据的表达、建模、存储、处理成为大数据计算体系的一种特定类型。

针对图计算的并行计算架构，谷歌公司推出了基于 BSP（Bulk Synchronous Parallel）模型的分布式图计算框架 Pregel，可以支持图遍历、最短路径、PageRank 等图算法。Apache 开源项目也推出了基于 BSP 模型的分布式图计算框架 Hama。比较知名的图计算框架还有开源项目 Giraph、GraphLab 等，许多大型设计网站 Facebook、Twitter、LinkedIn 都采用 Giragh 来进行网络图谱分析计算。GraphLab 则是一个针对机器学习领域的图并行计算软件。

（4）查询分析计算。查询分析计算是一种企业常见的应用场景，主要面向大规模数据的存储管理和查询分析，用户输入查询语句，可以快速得到相关的查询结果。交互式计算可以运行在廉价商业硬件平台上，通过特定软件技术来实现超大规模数据的查询。

目前交互式查询计算产品主要有谷歌公司的 Dremel，Apache 培育项目 Impala 和 Hive。Hive 是基于 Hadoop 的一个数据仓库工具，提供完整的 SQL 查询功能，可以将 SQL 语句转换为 MapReduce 任务进行运行。其优点是学习成本低，可以通过类 SQL 语句快速实现简单的 MapReduce 统计，不必开发专门的 MapReduce 应用，十分适合数据仓库的统计分析。

1.6　大数据应用

1.6.1　大数据的行业应用

大数据应用场景包括各行各业对大数据处理和分析的应用，不同行业的用户有不同的需求，本节仅举几个代表性行业应用场景，说明各行业如何使用大数据创造价值。

1. 农业大数据应用

农业大数据就是一切与农业相关的数据，包括上游的种子、化肥和农药等农资研发数据，气象、环境、土地、土壤、作物、农资投入等种植过程数据，以及下游的农产品加工、市场经营、物流、农业金融等数据，贯穿整个产业链。农业大数据之所以大而复杂，是由于农业是带有时间属性和空间属性的行业，因而需要考虑多种因素在不同时间点和不同地域对农业的影响。

（1）大数据加速作物育种。传统的育种成本往往较高，工作量大，需要花费十年甚至更久的时间。而大数据加快了此进程，生物信息爆炸促使基因组织学研究实现突破性进展。首先，获得了模式生物的基因组排序；其次，实验型技术可以被快速应用。过去的生物调查习惯于在温室和田地进行，现在已经可以通过计算机运算进行，海量的基因信息流可以在云端被创造和分析，同时进行假设验证、试验规划、定义和开发。在此之后，只需要有相对很少的一部分作物经过一系列的实际大田环境验证，这样一来育种家就可以高效确定品种的适宜区域和抗性表现。

（2）大数据实现农产品追溯。跟踪农产品从农田到顾客的过程有利于防止疾病、减少污染和增加收益。当全球供应链越来越长时，跟踪和监测农产品也越来越重要。大数据可以在仓库储存和零售商店环节提高运营质量。食品生产商和运输商使用传感技术、扫描仪和分析技术来监测和收集产业链数据。在运输途中，通过带有 GPS 功能的传感器实时监测温度和湿度，当不符合要求时会发出预警，从而加以校正。销售点扫描能够在有问题或者需要召回食品时，甚至在产品卖出后需要召回时可以采取即时、高效的应对措施。基因组工具和大数据分析技术也被用于发现以食物为传播载体的病菌的传播规律，进而预测爆发期。

（3）大数据实现精准管理。农业生产过程中的影响因素非常多，是否能根据这些因素的瞬息变化及时做出合适的应对措施会影响到整年的收成。农田大数据能为农民提供及时精确的土壤健康、气候规律等数据和分析结果，指导农民作出正确决策。通过大数据分析会更精确地预测未来的天气，帮助农民做好自然灾害的预防工作，帮助政府实现农业的精细化管理和科学决策。农产品不容易保存，合理种植和养殖农产品对农民来说非常重要。借助于大数据提供的消费能力和趋势报告，政府将对农牧业生产进行合理引导，依据需求进行生产，避免产能过剩，造成资源和社会财富浪费。

（4）利用农业大数据可开展自动识别作物病虫害、智能识别生理状态、快速数果预测产量等应用。例如，当发现作物异常时，可通过手机拍摄作物叶片或者果实上传后，即可识别作物是否患有病虫害，患有什么病虫害，并获得防治措施。当用户需要判断作物当前生理状态时，也可通过手机拍摄作物图片上传，即可智能识别作物生理状态（健康与否），并获得针对地块特定作物的个性化生产管理方案。通过手机或无人机拍摄，可快速识别果实数量，根据果实成熟度等进行分类，告别人工数果，更准确掌握果园产量。

2. 教育大数据应用

教育大数据顾名思义就是教育行业的数据分析应用，大数据对教育行业产生了重大影响。基于大数据的个性化教学、科学化评价、精细化管理、智能化决策等，将对促进教育公平、提高教育质量、培养创新人才具有不可估量的作用。

（1）大数据可驱动教学模式重塑。大数据可以更精细地刻画师生教与学的特点，并针对性推送教学内容与服务，从而促使教学能够更有效；关注个体，真正实现因材施教，培养出符合信息化时代所需要的个性化、创新型人才。

（2）大数据驱动评价体系重构。随着多种云学习平台、学习终端的广泛应用，收集学生的过程性学习数据如学习行为、学习表现、学习习惯等成为可能。通过分析挖掘学生学习的全过程数据，可为学生的自我发展、教师的教学反思、学校的质量提升等提供基于数据的多元评价支持。

（3）大数据驱动精准教育。"人工智能＋大数据精准教育"能利用大数据技术，完成对学生学习进度、学力、习惯的跟踪和分析，能够准确进行用户画像，找到他们的知识薄弱点，形成用户学情报告，这可以帮助教师和学校更细致地了解每一个学生的情况，并有的放矢地制订更精准的学生学习计划。

（4）大数据驱动教育决策创新。对教育大数据的全面收集、准确分析、合理利用，已成为教育决策创新的重要驱动力。如美国国家教育统计中心通过应用大数据技术，创建了学生学习分析系统。借助这一系统，政府能够对各类学校的学生学习行为、学业成就、生源规划、家庭背景等海量信息进行深度挖掘，以此作为美国联邦政府及各州衡量教育发展、分配教育资源、促进教育改革的重要依据。

（5）大数据驱动教育管理变革。随着大数据时代的到来，对教育大数据进行深入挖掘和分析，将数据分析的结果融入学校的日常管理与服务之中，是为师生提供精细化与智能化服务的基础。以校园网络安全监管服务为例，美国康涅狄格大学利用大数据技术分析校园网站、应用程序、服务器及移动设备等产生的日常数据，并通过对海量日志文件的数据进行深度挖掘来检测与定位用户如非法入侵、滥用资源等异常行为，帮助教育管理人员全面掌握潜在问题与威胁，大幅提升校园网络系统的安全防护能力。

大数据时代，教育数据的分析将走向深层次挖掘，既注重相关关系的识别，又强调因果关系的确定，通过数据分析技术发现教育系统中实际存在的问题，比传统研究范式更准确评价当前现状，预测未来趋势。例如，麻省理工学院和哈佛大学的学者对大规模开放在线课程平台的教学视频操作行为进行分析，从中探寻学习者学习过程中的若干共性，并对这些共性与视频课程的呈现内容与方式进行相关分析，据此作为后续改善教学内容设计及呈现方式的重要依据。

3. 零售大数据应用

零售行业最有名气的大数据案例就是沃尔玛的啤酒和纸尿裤的故事以及 Target 通过向年轻女孩寄送纸尿裤广告而告知其父亲女孩怀孕的故事，这是典型的关联分析和精准广告案例。

零售行业大数据应用有两个层面。一个层面是零售行业可以了解用户的消费喜好和趋势，进行商品的精准营销，降低营销成本。例如，记录客户购买习惯，将一些日常需要的必备生活用品，在客户即将用完之前，通过精准广告的方式提醒客户进行购买，或者定期通过网上商城进行送货，既帮助客户解决了问题，又提高了客户体验。另一个层面是零售行业可以通过客户购买记录，了解客户关联产品购买喜好，将相关的产品放到一起来增加产品销售额，例如将洗衣服相关的化工产品如洗衣粉、消毒液、衣领净等放到一起进行销售，提高零售企业相关产品的销售额。另外，零售行业可以通过大数据掌握未来的消费趋势，有利于热销商品的进货管理和国际商品的处理。

未来考验零售企业的是如何挖掘消费者需求，以及如何高效整合供应链满足其需求。无论是国际零售巨头，还是本土零售品牌，都面临着日渐微薄的利润压力。因此，信息技术水平的高低成为能否获得竞争优势的关键要素。

4. 金融大数据应用

金融行业拥有丰富的数据，并且数据质量和数据维度都很好，应用场景较为广泛，典型的金融行业应用场景有银行数据应用场景、保险数据应用场景和证券数据应用场景。

（1）银行数据应用场景。银行的数据应用场景比较丰富，典型的数据应用场景集中在用户经营、数据风控、产品设计和决策支持等方面。现阶段，大数据在银行的商业应用还是以其自身交易数据和客户数据为主，外部数据为辅；描述性数据分析为主，预测性数据建模为辅；经营客户为主，经营产品为辅。

商业银行正在从经营产品转向经营客户，因此目标客户的寻找正在成为银行数据商业应用的主要方向，可以利用数据挖掘来分析出一些交易数据背后的商业价值，其中高端财富管理和理财客户的挖掘，成为吸收存款和理财产品销售的主要应用领域。银行可以依据物业费代缴来识别出高档住宅业主；利用银行卡刷卡记录来寻找定位高端财富管理人群，吸收其成为财富管理客户。银行还可以参考客户乘坐头等舱次数、出境游消费金额、境外数据漫游费用来为其提供白金卡服务。这种消费场景的关联应用是典型的大数据应用方式，也是目前数据营销和数据风控常用的场景。

（2）保险数据应用场景。保险产品主要有寿险、车险、保障险、财产险、意外险、养老险、旅游险等。保险行业数据业务场景是围绕保险产品和保险客户进行的，保险公司需收集整理客户信息，为客户建立人生档案，针对个人的生命周期各个阶段的不同需要，为客户提供保险产品。典型的数据应用有利用用户行为数据来制定车险价格（UBI），利用客户外部行为数据来了解客户需求，向目标用户推荐产品，例如依据自身数据（个人属性）、外部养车App活跃情况，为保险公司找到车险客户；依据自身数据（个人属性）、移动设备位置信息，为保险企业找到商旅人群，推销意外险和保障险；依据自身数据（家人数据）、人生阶段信息，为用户推荐理财保险、寿险、保障险、养老险、教育险；依据自身数据和外部数据，为高端人士提供财产险和寿险；利用外部数据，提升保险产品的精算水平，提高利润水平和投资收益。

（3）证券数据应用场景。证券行业拥有的数据类型有个人属性信息（如用户名称、手机号码、家庭地址、邮件地址等）以及交易用户的资产和交易纪录，同时还拥有用户收益数据。利用这些数据和外部数据，证券公司可以建立业务场景，筛选目标客户，为用户提供适合的产品，提高单个客户收入。证券行业借助客户的交易频率、资产规模、交易量的数据分析，对客户交易习惯和行为进行分析，可以帮助证券公司获得更多的收益。另外证券App交易的便捷性和良好的用户体验，也是提升用户黏性的重要方面。

证券公司除了利用企业财务数据来判断企业经营情况，还可以利用外部数据来分析企业的经营情况，为投融资以及自身投资业务提供有力支持。例如，利用移动 App 的活跃度和覆盖率来判断移动互联网企业经营情况，电商、手游、旅游等行业的 App 活跃情况完全可以说明企业运营情况。海关数据、物流数据、电力数据、交通数据、社交舆情、邮件服务器容量等数据可以说明企业经营情况，为投资提供重要参考。

5. 医疗大数据应用

医疗大数据来源非常广泛，主要包括三大类。第一类为医疗机构各类临床相关信息系统获得或产生的数据，如医院信息系统（HIS）数据、检验信息系统（LIS）数据、医学影像存档、传输系统（PACS）数据和电子病历（EMR）数据。第二类为个人健康与公共卫生数据，包括各类移动智能终端和智能可穿戴设备对人体进行各种健康监测所获得的数据，还包括现在移动互联网产生的医患互动数据，还包括各类个人身体健康检查、健康普查等数据。第三类为各类生物样本和各类组学数据。多种来源的数据导致医疗数据的种类多样，既包含以数值型数据为主的生化检查数据，也包含医疗文本、医学影像、文献信息、生物信息等类型的数据，形成了多态非结构化医疗大数据。

疾病风险预测是医疗大数据最重要的应用，它通过所收集整理的个人健康信息，分析并建立生活方式、环境、遗传等危险因素与健康状态之间的量化关系来进行可能性预测，帮助预测对象发现某些病的患病可能性和程度，从而针对患病概率比较大的项目采取积极有效的预防措施，或者到相关医疗机构做进一步的临床检查和预防性治疗，以便最大限度地预防或延缓患病的发生。例如，对恶性肿瘤患者进行早期预测，避免错过最佳治疗阶段；对脑卒中高风险患病人群，通过进行长期有效的体检数据监控，可提前预警其身体状况的变化。从个人角度，预测模型有助于患者更清楚地了解自己的发病风险，认识自己疾病的危险等级，提高对疾病危险因素防治的认知，建立"综合危险干预"的防治理念，从而更好地提供药物治疗或生活方式性干预。

精准医疗是应用现代遗传技术、分子影像技术、生物信息技术结合患者生活环境和临床数据来实现精准的治疗与诊断，制定具有个性化的疾病预防和治疗方案。近年来，精准医疗已成为全球医学界研究的热点。尤其是 2015 年 1 月 20 日，时任美国总统奥巴马在国情咨文中提出"精准医学"计划，更促进了精准医疗研究的发展。目前，基因理学、蛋白组学、转录组学、代谢组学、表现遗传学等每个组学的研究都得到了长足发展。然而，精准医疗离不开各大组学数据的融合分析。精准医疗的实现可为患者提供更精准、高效、安全和适宜的诊断及治疗手段。

医疗行业的数据应用一直在进行，但数据还没有被打通，这些孤立的数据还无法大规模应用。未来的发展方向是借助统一的大数据平台收集疾病的基本特征、病例和治疗方案，建立疾病数据库，帮助医生诊断疾病，为人类健康造福。

6. 交通大数据应用

伴随着我国国民经济的持续快速发展及城镇化进程的加快，城市机动车数量与日俱增。交通拥堵和交通污染情况日益严重，交通违章与交道事故频繁发生，这些日益严重的"现代化城市病"逐渐成为阻碍城市发展的瓶颈，智慧交通备受公众关注。

智慧交通整体框架分为三层，分别是物理感知层、软件应用层和分析预测管理层。其中，物理感知层负责通过硬件传感器采集交通状况和交通数据；软件应用层则通过数据清洗、转换、聚合，用整理后的数据支撑分析预警与交通规划辅助决策等；分析预判测试通过数据挖掘算法，实现交通规划、道路实时路况分析、智能诱导等功能。系统利用高清的视频监控、准确的智能识别等信息技术手段，增加管理容纳空间、减少管理耗费的时间和范围，不断提升管理质量和效率，整个系统由多种具有不同智能的智慧交通系统组成，以达到提高道路通行能力、减少道路交通事故、打击违法违章事件、提供准确出行信息服务的目标。

交通管理中大量传感器的介入势必产生大数据。在交通领域，海量的交通数据主要产生于各类交通的运行监控、服务，包括高速公路、干线公路的各类流量、气象监测数据，公交、出租车和客运车辆 GPS 数据等，数据量大且类型繁多，数据量也从 TB 级跃升到 PB 级。

交通大数据的应用可以使人们利用大数据分析城市交通管理中的各项信息，从而有效提高城市交通的管理效率。一方面，交通大数据可以更好地实现对交通数据的分析整合，并对交通管理的现状和未来作出合理的分析。另一方面，城市管理人员也可以将交通大数据的分析结果应用在交通规划之中，更有利于城市交通管理人员对信息的整合，从而提出更好的城市交通规划方案。

处理好交通供给和交通需求是智能交通的主要目的。智能交通的应用会使交通体系的分析、问题的诊断、测试等都更为便捷，智能交通一方面可以提供最合适、最节约资源的交通方式，另一方面也可以使人们对交通体系有更为清晰的了解。智能交通的使用还可以使交管部门更为方便快捷地寻找发生交通违章事故的重点地区，识别发生违章事件的驾驶员和车辆。对于这些区域，交管部门需要提前做好预警措施。另外，智能交通还可以针对以往的交通数据记录，对交通事故的频率、地点寻找相关联的规律，提前做好相对应的措施。

7. 社交大数据应用

用户画像

社交网络的主要作用是为一群拥有相同兴趣与活动的人创建在线社区，它为信息交流与分享提供了新的途径。社交网络已经得到普遍应用，作为社交网络的网站一般会有数以百万的登记用户，越来越多的人愿意在这个交互时代分享自己的见闻感受，通过手机、电脑产生了大量数据。社交网站有很多，知名的包括国外的 Google、Twitter、Facebook 等，国内流行的网站主要有人人网、QQ 空间、百度贴吧、新浪微博等。

据悉，美国最大的社交平台 Facebook 的注册用户目前已经超过 10 亿，每月上传的照片也已经超过 10 亿张，每天生成 300TB 以上的日志数据，而且表达数据的形式多种多样，既有文字类结构化数据，也包括图片、音频、视频等其他形式的非结构化数据。腾讯公司 2011 年 1 月推出的微信聊天应用程序，到 2019 年第一季度，微信月活跃用户数量突破了 11 亿，语音聊天、图片分享等功能获得了用户的极大青睐。

大数据技术可以将客户在互联网上的行为记录下来，对客户的行为进行分析，打上标签并进行用户画像。用户画像可以帮助广告主进行精准营销，将广告直接投放到用户的移动设备，其广告的目标客户覆盖率可以大幅度提高。

社交网络中大多涉及个人信息，因此成为大数据时代商家博弈的一大焦点。在开发社交网络中个人信息潜在价值的同时，如何保证个人信息安全，保证个人信息不被非法收集和不当利用，以及如何提高用户对于个人信息的可控性是大数据时代亟待解决的新问题。

1.6.2　大数据的商用途径

本节介绍大数据如何实现商业价值，主要从数据使用的几个层面来描述。

1. 数据化

大数据的价值

数据是产生价值的基础，如果没有数据，大数据只能是空中楼阁。所以，任何想要做大数据的政府、部门或企业，必须要先拥有数据，数据可以通过采集、爬取、购买等方式获取。

有了数据之后，还要实现数据的互通互联。最好的办法是建立一个统一的大数据平台，当所有数据上传到这个大数据平台后，数据自然会打通。互联必须做到数据标准化，不同的数据源在数据标准支持下，通过相互关联，才能产生更大的效应。

上述这些过程可以称为数据化的过程，也就是大数据的基本要素——数据的形成。

2. 算法化

数据在被获取之后，就可以被加工和使用了。严格意义上说，这里的加工是指采用大数据的相关技术对大数据进行加工、分析，并最终创造商业价值的过程，在这个过程中算法是核心。大数据引擎是一组算法的封装，数据是输入，通过引擎的转换输出数据中的价值，提供给更上层的数据产品或者服务，从而产生商业价值。

算法是"机器学习"的核心，机器学习又是"人工智能"的核心，是使计算机具有智能的根本途径。在过去 10 年里，机器学习促成了无人驾驶车、高效语音识别、精确网络搜索及人类基因组认知的大力发展。从根本上来说，只有数据是没有任何价值的，只有应用算法才能在业务过程中有效利用数据。

在不远的未来，所有业务都将成为算法业务，算法是真正打开数据价值的密钥。当算法迭代优化时，决定其方向的不仅是数据本身，更包含我们对业务本质的理解和创造的新业务。

3. 应用化（产品化）

把用户、数据和算法巧妙地连接起来的是数据应用（或数据产品），这也是大数据时代特别强调数据产品重要性的根本原因。大数据成功的最关键一步往往是一个极富想象力的创新应用，智能化数据产品的要求很高，不仅仅是与最终用户形成个性化、智能交互，而且还要有完好的用户体验与突破的技术创新。例如，金融行业的"秒贷"，就是基于算法的数据智能实时发挥作用，最终实现秒级放贷，这是传统金融服务无法想象的，这样的智能商业才是对传统商业的颠覆。

4. 生态化

大数据时代将催化出大数据生态。基于底层的技术平台，上层开放则可以形成丰富的生态。通过开放式的平台凝聚行业的力量，为更多的企业和个人提供大数据服务。大数据生态表现在以下两个方面。

（1）数据交换 / 交易平台。人工智能的基石就是数据，作为人工智能的第一要务，数据是最重要的。未来一个企业所用到的数据不仅仅是自身的数据，甚至是多个渠道交互的数据。对于大数据商业形态，数据一定是流动的，数据只有经过整合、关联，才能发挥更大的价值，但是数据要实现交换、交易，必须解决法律法规、数据标准等一系列问题。

（2）算法经济生态。算法是人工智能应用的基石，是大数据的核心价值。多个机器学习算法可以结合起来成为更强大的算法，从而更好地分析数据，充分挖掘数据中的价值。Gartner 公司认为，算法经济无可避免地将创造一个全新的市场。人们可以对各种算法进行买卖，为当下的公司汇聚大量的额外收入，并催生出全新一代的专业技术初创企业。在算法经济中，对于前沿的技术项目，无论是先进的智能助理，还是能够自动计算库存的无人机，最终都将落实成为实实在在的代码，供人们交易和使用。广义的算法存在于大数据的整个闭环之中，大数据平台、ETL（数据采集、数据清洗、数据脱敏等）、数据加工、数据产品等每一个层面都会有算法支持。算法可以直接交易，也可以包装成产品、工具、服务，甚至平台来交易，最终形成大数据生态中一个重要组成部分。人们将通过产品使用的算法来评价它的性能好坏。企业的竞争力也不仅仅在于大数据，还要有能够把数据转换为实际应用的算法。正在涌现的机器学习平台可凭借"模型作为服务"的方式，托管预训练过的机器学习模型，从而令企业能够更容易地开启机器学习，快速将其应用从原型转化成产品。

习题与思考

1. 试分析数据、信息、知识和智慧的特点和关联关系。
2. 请举例说明结构化数据、半结构化数据、非结构化数据的区别。
3. 什么是大数据的4V或5V特征？这一特征对大数据计算过程带来了什么样的挑战？
4. 请举例说明如何认识大数据思维。
5. 如何理解数据科学？
6. 大数据关键技术有哪些？
7. 结合一个具体例子说明大数据处理的一般过程。
8. 什么是数据挖掘？大数据分析挖掘方法有哪些？
9. 简述大数据的应用场景。

第2章　大数据获取和预处理

本章导读

　　大数据获取和预处理是大数据分析与挖掘的基础，获取的数据质量对数据分析的结果起着决定性的作用。大数据开启了一个大规模生产、分享和应用数据的时代，如何借助有效的工具和技术采集和获取来自各行各业中的有效信息成为大数据发展的关键因素。另一方面，在获取的大量原始数据中，通常都存在着大量不完整（有缺失值）、不一致、有异常的数据，影响着数据分析和挖掘的质量和效率，所以必须要进行数据清洗、集成、变换、规约等一系列的预处理，以此提高数据的质量。

　　本章首先对数据的主要来源、获取的主要途径、数据预处理涵盖的主要内容进行了概述，然后针对系统日志和网络数据两类主要的数据源，介绍数据采集的不同方法，最后对数据清洗、集成、变换、规约等数据预处理的相关概念及关键技术进行分析。同时，在网络数据采集和数据预处理知识讲解中，引入八爪鱼爬虫工具和 Kettle 数据预处理工具实例，加深读者对大数据获取和预处理技术知识的理解。

知识结构

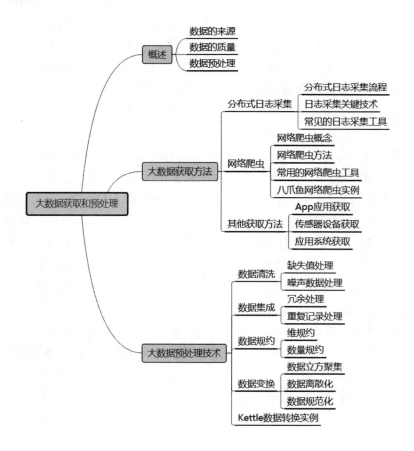

2.1 概述

数据获取又称数据采集，是指通过服务器日志、互联网、传感器、社交网络、移动互联网等方式获取各种类型的结构化、半结构化和非结构化的海量数据的过程，是大数据生命周期中的第一个环节。目前，如何保证数据采集的可靠性以及所采集数据的质量是大数据采集面临的主要挑战。数据预处理是指在数据分析挖掘之前对数据进行的一些处理工作，如数据清洗、数据集成、数据归约和数据变换等，这些数据预处理技术是进一步实现数据分析和挖掘的基础，能够显著提高数据挖掘的质量，降低实际分析所需要的时间。数据预处理是整个大数据处理流程中的一个重要步骤。

2.1.1 数据的来源

大数据时代，我们需要更加全面的数据来提高分析预测的准确度。大数据的来源非常丰富，除了网络浏览器记录的数据之外，我们使用的手机、智能手表、智能手环等各种可穿戴设备也在无时无刻地产生着数据；每个家庭中用的路由器、电视机、空调、冰箱等也逐渐智能化并具备了联网功能，这些家用电器在更好地服务我们的同时，也在产生着大量的数据；各类商户的 Wi-Fi、运营商的 4G 网络、无处不在的摄像头电子眼、百货大楼的自助屏幕、银行的 ATM、加油站以及遍布各个便利店的刷卡机等同样也都在产生着数据。

传统的数据采集来源单一，需要存储、管理和分析的数据量也相对较小，大多采用关系型数据库或数据仓库即可处理。在依靠并行计算提升数据处理速度方面，传统的数据库技术追求高度的一致性和容错性，难以保证其可用性和可扩展性。相对于传统的数据采集，大数据的数据采集信息量巨大，数据类型多种多样，既包括结构化数据，也包括半结构化和非结构化数据，需要采用分布式数据库对数据进行存储。

目前大数据的主要来源有以下几个途径，分别是系统日志、互联网、物联网和传统信息系统。

（1）系统日志数据。系统日志数据是指来自 Web 服务器、企业 ERP 系统、各种 POS 终端及网上支付等业务系统的数据。很多互联网企业平台每天都会产生大量的日志，如网络监控的流量管理、金融应用的股票记账和网站服务器记录的用户访问行为等，并且这些数据一般为流式数据，处理这些日志数据需要特定的日志系统，这些系统需要具备实时的在线分析和分布式并发的离线分析功能，并具有高度的可靠性和可扩展性。目前使用最广泛的、用于系统日志的海量数据采集工具有 Hadoop 的 Chukwa、Cloudera 的 Flume、Facebook 的 Scribe 和 LinkedIn 的 Kafka 等，这些工具均采用分布式架构，能满足每秒数百 MB 的日志数据采集和传输需求。

（2）互联网数据。互联网是大数据信息的主要来源，采集什么样的信息、采集到多少信息以及哪些信息，直接影响着大数据应用最终效果的发挥。互联网数据主要来自两个方面，一方面是用户通过网络所留下的痕迹（如浏览网页、发送邮件等），另一方面是互联网运营商在日常运营中生成和累积的用户网络行为数据。

用户每天的常规上网活动都会产生大量数据，从网络购物、打电话、上网冲浪到访问社交网站，每一分钟都有大量新的数据产生。据统计，平均每秒有 200 万用户在使用谷歌搜索，Facebook 用户每天共享的次数超过 40 亿，Twitter 每天处理的推特数量超过 3.4 亿。更令人震惊的是，全球每 5 分钟都会在网络商店支出超过 100 万美元。在每分钟的时间里：全球电子邮件用户共计发出 2.04 亿封电子邮件；谷歌会处理 200 万次搜索；YouTube 用户会上传 48 小时的新视频；Facebook 用户会共享 68.4 万 bit 的内容……所有这些都是海量数据的呈现。

由于互联网数据量极为庞大，针对互联网数据的采集通常通过网络爬虫实现，可以通过 Python 或 Java 等语言来完成爬虫的编写，通过在爬虫上增加一些智能化的操作，使爬虫来模拟人工，自动高效地获取网络信息。

（3）物联网数据。物联网是在互联网基础上延伸和扩展的网络，是物物相连的互联网，其用户端延伸和扩展到了任何物品与物品之间的信息交换和通信，实现了物物相息。物联网是大数据的重要来源，主要通过传感器、条形码以及无线射频识别（Radio Frequency Identification，RFID）等技术获取大数据。随着物联网在各行各业的推广应用，物联网上每时每刻都会产生海量数据，如来自传感器、量表和其他设施的数据、定位系统数据等。IDC（Internet Data Center）预测，到 2025 年全球物联网设备数将达到 416 亿台，产生 79.4ZB 的数据量；GSMA（全球移动通信系统协会）则认为，到 2025 年全球接入 5G 网络并实现互联的设备将达到 250 亿台。

物联网的数据大部分是非结构化和半结构化数据，采集方式通常有两种，一种是报文，另一种是文件。在采集物联网数据时，往往需要制定一个采集的策略，重点是采集的频率（时间）和采集的维度（参数）。

（4）传统信息系统数据。传统信息系统也是大数据的一个来源，虽然传统信息系统数据占的比例较小，但是由于传统信息系统的数据主要以结构化数据为主，数据结构清晰，数据的准确性比较高，因此传统信息系统的数据往往具有较高的价值密度。传统信息系统的数据采集往往与业务流程关联紧密，但是所采集的数据往往具有较大的局限性，如实时性不足、数据维度不足等。

2.1.2　数据的质量

数据的质量通常是指数据值的质量，数据如果能满足其应用要求，它就是高质量的。数据质量是数据分析有效性和准确性的基础，也是获取准确和有效信息的必要保障。企业的数据质量与业务绩效之间存在着直接联系，高质量的数据可以使公司保持竞争力并在经济动荡时期立于不败之地。数据质量的评估标准主要包括四个方面：完整性、准确性、一致性和及时性。

大数据之数据质量

（1）完整性。完整性指的是数据的记录和信息是否完整，是否存在缺失状况。数据缺失主要分为两种情况，一种是整条数据记录的缺失，另一种是数据记录中某个字段信息的缺失。例如，某次考试共有 200 名考生参加，但是最后的考试成绩单中却只有 190 人，则可能出现了记录的缺失。另外，在考试成绩单中，每个考卷分数都应对应唯一一个准考证号，当准考证号字段出现空值时，则可能出现了字段信息的缺失。

完整性是数据质量最为基础的一项评估标准。数据不完整会大大降低数据本身的价值，造成统计结果不准确。

（2）准确性。准确性是指数据中记录的信息和数据是否准确，是否存在异常或错误。

例如，考试成绩单中分数出现负数或订单中手机号码出现非 11 位数字，这些数据都是问题数据。确保数据的准确性也是保证数据质量必不可少的一部分。为了保证数据的准确性，可采取的措施有建立准确性评估规则、准确值范围评估规则；进行专家经验评估；如果数据的重要等级高，可设定一段时间为校验期等。

（3）一致性。一致性是指存储在不同系统中的同一个数据是否存在差异或相互矛盾。例如，多个数据库具有同一份用户 ID 数据，则在这些数据库中，用户 ID 这一数据必须是同一种数据类型，长度也需要保证一致。再如，两张表中都存储了用户的电话号码，但在用户的电话号码发生改变时只更新了一张表中的数据，那么这两张表中就有了不一致的数据。

一致性也是评价数据质量的一个重要标准，直接对不一致的数据进行分析，可能会产生与实际相违背的分析结果。

（4）及时性。及时性是指数据从产生到可以查看的时间间隔。保障数据能够及时产出，这样才能体现数据的价值。一般决策支持分析师都希望当天就能看到前一天的数据，而不是等几天才能看到某一个数据分析结果，否则就失去了数据及时性的价值，使得分析工作毫无意义。

大数据时代，对数据及时性的要求越来越高，越来越多的应用希望数据是小时级别或实时级别的。例如，阿里巴巴"双 11"的交易大屏数据就做到了秒级。再如，一些实时监控系统需要实时采集反映设备运行状态、性能、参数的数据，通过传输网络实时将数据显示到维护人员的监控台上，保证维护人员可以对被监控设备进行实时高效的管理。

2.1.3　数据预处理

通常情况下，大数据采集完成后，收录的数据都会存在不完整（有缺失值）、不一致、数据异常等问题，这些"脏"数据会降低数据的质量，影响数据分析的结果。因此，在进行数据分析之前，需要对原始数据进行预处理，以提高数据挖掘的质量。通过数据预处理工作，可以使残缺的数据完整，并将错误的数据纠正、多余的数据去除，进而将所需的数据挑选出来进行数据集成。数据预处理的主要流程为数据清洗、数据集成、数据归约与数据变换。

（1）数据清洗。数据清洗是对数据进行重新审查和校验的过程，其处理过程通常包括遗漏数据处理、噪声数据处理以及不一致数据处理。针对遗漏数据有很多种处理方法，如忽略遗漏数据记录、手工填写、使用默认值、均值或同类别均值填充、使用最可能的值填充等，其中最后一种方法最大程度地利用了当前数据所包含的信息来帮助预测所遗漏的数据，是一种较为常用的方法。噪声数据指数据中存在着错误或异常的数据，一般可采用分箱、回归、聚类分析等方法来去除噪声。在实际数据库中，由于一些人为因素或其他原因，记录的数据可能存在不一致的情况，这种情况有时可以手工处理。此外，知识工程工具也可以用来检测违反规则的数据。

（2）数据集成。数据集成是一个数据整合的过程，将来自多个数据源且拥有不同结构、不同属性的数据整合归纳在一起形成一个统一的数据集合。数据集成需要考虑许多问题，如实体识别问题、冗余问题、数据冲突问题等。由于不同的数据源定义属性时命名规则可能不同，因此如何实现它们之间的相互匹配也是需要解决的一个重要问题。例如，如何确定一个数据库中的 Custom_id 和另一个数据库中的 Custom Number 指的是同一实体？数据冗余则是另一个重要问题。如果一个属性能由另一个或另一组属性"导出"，则此属性可能是冗余的。例如，成绩表中平均成绩属性就是一种冗余，显然它可以根据成绩属性计算出来。有些冗余可通过相关分析进行检测，常用的冗余相关分析方法有皮尔逊积矩系数、卡方检验、数值属性的协方差等。数据冲突指两个数据源中，同样的属性，但是属性值可能不同。例如，价格属性在不同数据库中可能采用不同的货币单位。对待这种问题，需要对数据进行调研，尽量明确造成冲突的原因，如果数据的冲突实在无法避免，就需要考虑冲突数据是否都要保留、是否要进行取舍等问题。

（3）数据归约。数据归约的主要目的是降低数据规模，在接近或保持原始数据完整性的同时将数据集规模大大减小，这样在归约后的数据集上进行挖掘将更有效，并可产生几乎相同的分析结果。数据归约方法类似数据集的压缩，可从维度归约和数量归约两个方面来实现。

（4）数据变换。数据变换是对数据进行转换或归并，从而构成一个适合数据处理的描述形式，以便于后续的信息挖掘，如数据规范化、离散化等。规范化处理是对属性数据按照一定比例进行缩放，使之落在一个特定的小区间，以便于进行综合分析，如 [-1,1] 区间或 [0,1] 区间。规范化常常用于神经网络、基于距离计算的最近邻分类和聚类挖掘的数据预处理。数据离散化是指将连续的数据进行分段，使其变为一段段离散化的区间，分段的原则有基于等距离、等频率或优化的方法。决策树、朴素贝叶斯等算法都是基于离散型数据展开的。

除了上述数据预处理方法外，数据也会通过其他操作进行处理，例如，针对高维数据进行降维或特征选择、特征提取等。

数据预处理的工作事实上很多，由于针对不同数据集考虑的不一样，很难建立一个统一的数据预处理过程和技术，使其适用于所有类型的数据集。因此，需要综合考虑数据的特征、数据分析的要求以及数据集的其他因素，然后选择合适的数据预处理策略。

2.2 大数据获取方法

大数据环境下数据来源非常丰富且数据类型多样，数据来源不同，大数据获取的方法也不相同。本节针对大数据的主要来源，分别介绍相应的获取方法，如分布式日志采集、网络爬虫、传感器数据获取以及应用系统获取等。

2.2.1 分布式日志采集

2.2.1.1 分布式日志采集流程

在网络系统中，各式各样的服务产生着各种日志文件，如网络设备、操作系统、Web 服务器、各种应用等。随着时间的推移，这些数据的价值越来越大，也越来越被重视，通过日志采集系统对数据进行保存、分析，可以获得其更多更大的商业或社会价值。

目前，日志一般通过 Log4J 写入到日志文件中并做定期归档和清理，这种日志存储方式不利于查找问题，更不能做一些统计分析。日常运维大多依靠熟悉代码的开发人员利用 Linux 命令行通过特定的字符串模式去匹配查找日志，效率低下。因此对于大数据分布式应用，日志的统一收集、检索、分析的需求更加迫切。

分布式日志采集与分析的主要流程是利用日志采集组件进行离线或在线采集，然后将日志以消息的方式通过数据管道发送到日志分析组件，日志分析组件对日志解析和分析的结果生成存储文件，保存到数据库中，如图 2-1 所示。

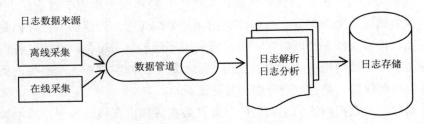

图 2-1 日志采集及分析流程

可以将这一流程想象为教师评判作业的流程，如图 2-2 所示。

步骤 1：学生代表收取每一位学生的作业。

步骤 2：收取完成后统一交给教师。

步骤 3：教师评判作业。

步骤 4：教师登统学生成绩。

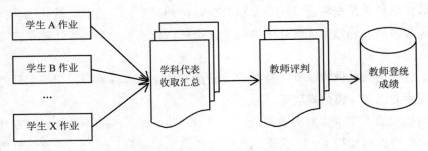

图 2-2 教师评判作业的流程

在教师评判作业的流程中，如果没有收取作业，那么教师只能到每位学生那里分别去评判作业并抄录成绩，效率极其低下。分布式采集的出发点及优势就是将分散于各个不同服务器的数据通过数据管道统一收集分析，进而提高效率。

依据流程中的主要功能差异，将日志收集及分析划分为如下几个主要部分。

（1）采集组件：包括离线采集和在线采集。

（2）数据管道：连接采集组件及日志分析组件，构成两者之间的数据通道。

（3）日志处理：主要包括解析、抽取、过滤、转换等过程，将非结构化的日志记录转化为结构化的、易于存储和检索的日志信息。

（4）存储与检索：收集日志后进行存储并提供检索与分析功能。

2.2.1.2 日志采集关键技术

1．日志采集模式

许多公司的平台每天都会产生大量的日志，并且一般为流式数据，日志采集系统要能够从各种日志源上收集日志，并将收集的数据集中存储，便于进行集中统计分析处理。在日志采集过程中，日志采集 Agent 在其中扮演着重要的角色。简单来说，一个日志采集的 Agent 是一个将数据从源端投递到目的端的程序，通常目的端是一个具备数据订阅功能的集中存储。这样做的主要目的是将日志分析和日志存储解耦。同一份日志可能会有不同的消费者感兴趣，消费者获取到日志后的处理方式也会有所不同，通过对数据存储和数据分析进行解耦，消费者可以订阅自己感兴趣的日志，从而选择对应的分析工具进行分析。

　　一般的日志采集可以分为两种模式：推模式和拉模式。推模式指由 Agent 主动向目的端发送日志，目的端在接收到日志之后将数据存储起来。拉模式指由 Master 主动发起日志获取动作，然后在各个 Agent 上将日志拉到 Master 节点。仍以教师收取作业为例。推模式指学生完成作业后，主动将作业提交给教师。这种模式实时性好，但对教师评判作业完成时间、评判作业效率要求较高，如果某一时刻有多位学生同时提交作业，有可能造成教师来不及处理提交的作业。因此要注意推送频率控制，以及失败后的重试机制。拉模式指教师需要评判作业时，向学生索取作业。这种模式实时性较差，难以获取最新的作业。在具体的日志采集过程中需根据实际情况选择合适的日志采集方式。

　　2. 消息队列传递模式

　　消息队列对于分布式日志采集尤为重要，主要采用异步通信降低应用耦合，保证消息的顺序性、可靠性。分布式消息传递基于可靠的消息队列，在生产者和消费者之间异步传递消息，主要有两种消息传递模式：点对点消息传递模式、发布—订阅消息传递模式。

　　（1）点对点消息传递模式。在点对点模式中，消息生产者将消息发送到一个队列中，此时，将有一个或多个消费者来消费该队列中的消息，需要说明的是消息队列中每个消息只能被消费一次。当一个消费者消费了队列中的某个消息之后，该消息将从消息队列中删除。该模式利用队列先进先出的特性，即使有多个消费者同时消费某个消息，也能保证数据处理的顺序。点对点消息传递模式如图 2-3 所示。

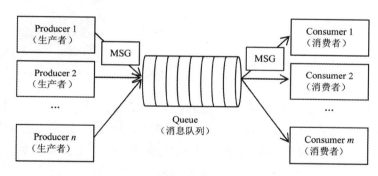

图 2-3　点对点消息传递模式

　　（2）发布—订阅消息传递模式。在发布—订阅模式中，消息的生产者将消息发布到一个 Topic 中，消费者可以订阅一个或多个 Topic，同一个 Topic 也可以被多个消费者消费，消息被消费后不会立即被删除。发布—订阅消息传递模式如图 2-4 所示。

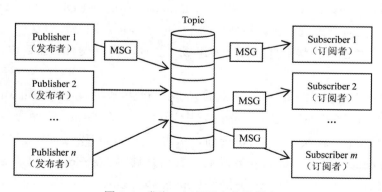

图 2-4　发布—订阅消息传递模式

2.2.1.3 常见的日志采集工具

很多互联网企业都有自己的海量数据采集工具，多用于系统日志采集，如 Hadoop 的 Chukwa、Cloudera 的 Flume、LinkedIn 的 Kafka 和 Facebook 的 Scribe 等。这些工具采用分布式架构，满足大规模分布式日志采集的需求。本节分别对上述几种常见的日志采集工具进行介绍。

1. Chukwa

Chukwa 是一个开源的用于监控大型分布式系统的数据收集系统，构建在 Hadoop 的 HDFS 和 MapReduce 框架之上，可用于监控大规模 Hadoop 集群的整体运行情况，并对它们的日志进行分析。另外，Chukwa 还包含了一个强大而灵活的工具集，可用于展示、监控和分析已收集的数据。Chukwa 架构如图 2-5 所示。

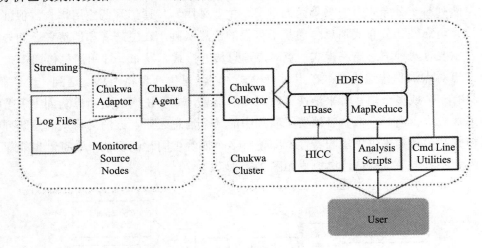

图 2-5　Chukwa 架构

（1）Adaptor。Adaptor 是直接采集数据的接口和工具。每一种类型的数据对应一个 Adaptor，Chukwa 对常见的数据来源均提供了相应的 Adaptor，如命令行输出、Log 文件和 HttpSender 等。默认情况下，Adaptor 会由消息触发运行，如日志文件出现新的日志。或者定期运行，如每分钟读取日志。如果这些 Adaptor 还不够用，用户也可以方便地自己实现一个 Adaptor 来满足需求。

（2）Agent。Agent 负责给 Adaptor 提供各种服务，将 Adaptor 收集的数据通过 HTTP 传递给 Collector，并定期记录 Adaptor 的状态，以便 Adaptor 出现故障后能迅速恢复。通常一个 Agent 可以管理多个 Adaptor。

（3）Collector。Agent 采集到的数据通过 Collector 存储到 HDFS 上。HDFS 擅长于处理少量大文件，而对于大量小文件的处理则不是它的强项。正是针对这一点，Chukwa 设计 Collector 这个角色，先将数据进行合并组成大文件，再写入 HDFS 系统，从而避免了小文件的大量写入。

同时，为防止 Collector 成为性能瓶颈或成为单点产生故障，Chukwa 可以设置多个 Collector，Agent 随机地从 Collector 列表中选择一个 Collector 传输数据。如果当前 Collector 失败或繁忙，就换下一个 Collector，从而可以实现负载的均衡。

（4）MapReduce 作业。Hadoop 集群上的数据是通过 MapReduce 作业来实现数据分析的。在 MapReduce 阶段，Chukwa 提供了 Demux 和 Archive 两种内置的作业类型。

- Demux 负责对数据的分类、排序和去重。Demux 在执行过程中，通过数据类型和配置文件中指定的数据处理类，执行相应的数据分析工作，把非结构化的数据结构化，抽取其中的数据属性。由于 Demux 的本质是一个 MapReduce 作业，因此我们可以根据自己的需求制定自己的 Demux 作业，进行各种复杂的逻辑分析。
- Archive 则负责把同类型的数据文件合并，一方面保证了同一类数据都在一起，便于进一步分析，另一方面减少文件数量，减轻 Hadoop 集群的存储压力。

（5）HICC。HICC 是 Chukwa 数据展示端的名称。在展示端，Chukwa 提供了一些默认的数据展示 Widget，可以使用列表、曲线图、多曲线图、柱状图、面积图等展示一类或多类数据。而且在 HICC 展示端，对不断生成的新数据和历史数据，采用 Robin 策略防止数据的不断增长增大服务器压力，并在时间轴上对数据进行"稀释"，可以提供长时间段的数据展示。

2. Flume

Flume 是一个分布式、可靠、高可用的海量日志采集、聚合和传输的系统，其支持在日志系统中定制各类数据发送方，用于收集数据；同时，Flume 提供对数据进行简单处理的能力。

Flume 可看作一个管道式的日志数据处理系统。数据流由事件（Event）驱动，Event 是 Flume 的基本数据单位，每个 Event 由日志数据和消息头组成，这些 Event 由外部数据源生成。

Flume 运行的核心是 Agent。Flume 以 Agent 为最小的独立运行单位，它是一个完整的数据收集工具，含有三个核心组件，分别是 Source、Channel、Sink。通过这些组件，数据可以从 Web Server 等源地址一步步流入 HDFS 系统。Flume 核心结构如图 2-6 所示。

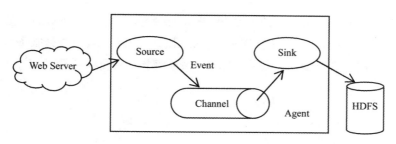

图 2-6　Flume 核心结构

（1）Source。Source 是数据的收集端，主要负责获取数据并进行格式化，进一步将数据封装到事件（Event）里，最后将事件推入 Channel 中。

Flume 支持多种数据格式的读取，包括 Avro Source、Exce Source、Spooling Directory Source、NetCat Source、Syslog Source、HTTP Source、HDFS Source 等。如果内置的 Source 无法满足需要，Flume 还支持自定义 Source。Source 工作流程如图 2-7 所示。

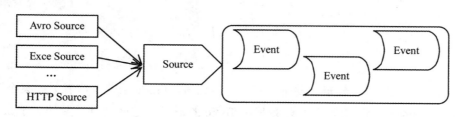

图 2-7　Source 工作流程图

（2）Channel。Channel 是连接 Source 和 Sink 的组件，它可以将事件暂存到内存中，也可以持久化到本地磁盘上，直到 Sink 处理完该事件。Flume 主要提供 Memory Channel、JDBC Chanel、File Channel 等类型。具体使用哪种Channel，需要根据具体的使用场景来确定。

Memory Channel 可以实现高速的吞吐，但是无法保证数据的完整性。它是一个不稳定的隧道，其原因在于它在内存中存储所有事件，如果进程意外死掉，任何存储在内存的事件将会丢失，另一方面内存的空间受到计算机 RAM 大小的限制。

而 File Channel 在这方面具有优势，只要磁盘空间足够，它就可以将所有事件数据存储到磁盘上。File Channel 是一个持久化的隧道，由于它将事件存储到磁盘中，因此，即使进程死掉、操作系统崩溃或重启，都不会造成数据丢失，从而保证数据的完整性与一致性。

（3）Sink。Flume Sink 是存储组件，负责取出 Channel 中的数据，并保存在文件系统、数据库系统等存储系统中，或者提交到远程服务器。Flume 也提供了各种 Sink 的实现，包括 HDFS Sink、Logger Sink、Avro Sink、File Roll Sink、Null Sink、HBase Sink 等。Sink 工作流程如图 2-8 所示。

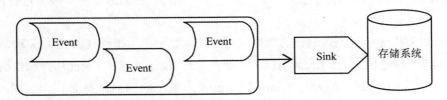

图 2-8　Sink 工作流程图

3. Kafka

Kafka 是 LinkedIn 公司开发的一个分布式、支持分区的、多副本的、基于 ZooKeeper 协调的分布式日志系统，可以用于 Web/Nginx 日志、访问日志、消息服务等。Kafka 主要应用场景是日志收集系统和消息系统。Kafka 系统架构如图 2-9 所示。

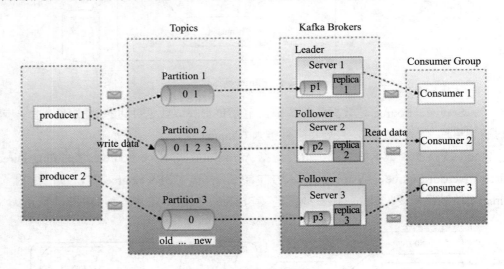

图 2-9　Kafka 系统架构

Kafka 实际上是一个分布式发布—订阅消息系统。Producer（生产者）向某个 Topic 发布消息，而 Consumer（消费者）订阅某个 Topic 的消息，进而一旦有新的关于某个 Topic 的消息，Broker 会传递给订阅它的所有 Consumer。

在 kafka 中，消息是按 Topic 组织的。Topic 是一个消息的集合。每个 Topic 可以有多个生产者向它发送消息，也可以有一个或多个消费者来消费该 Topic 中的消息。而每个 Topic 又会分为多个 Partition，这样便于管理数据和进行负载均衡，如图 2-10 所示。

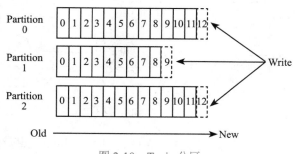

图 2-10　Topic 分区

Topic 中每个分区是有序的，并且被不断追加。每条数据都有一个顺序的 ID，该 ID 被称作 Offset，也就是偏移量。Kafka 保存所有数据，除非该数据超过了配置信息中的保存期限，例如如果在配置文件中配置的过期时间是 2 天，那么数据在进入 Kafka 之后的两天内是可以被消费的，超过两天后这些数据将会被删除以释放空间。消费者可以按照自己的喜好来选择消费这些数据，例如消费者可以每次启动从头开始消费，也可以设定某个 Offset 重复消费某些数据，甚至可以跳过数据从最新的 Offset 开始消费。

这种特性的好处是带来消费的独立性及互不干扰性。比如，消费者 A 可随意地消费 Topic 内的数据而不用担心它是否会影响到消费者 B 的消费。

Kafka 中有三个主要角色，分别为 Broker、Producer 和 Consumer。

（1）Broker（代理）。Kafka 单个节点称为 Broker，一个 Kafka 服务就是一个 Broker，多个 Broker 可以组成一个 Kafka 集群。

（2）Producer（生产者）。Producer 是数据的发布者，负责将消息发布到 Kafka 的 Topic 中。Broker 接收到生产者发送的消息后，将该消息追加到当前用于追加数据的 Segment 文件中。生产者发送的消息，存储到一个 Partition 中，生产者也可以指定数据存储的 Partition。

（3）Consumer（消费者）。Consumer 从 Broker 处读取数据。消费者订阅一个或多个主题，并通过从代理中提取数据来使用已发布的消息。

4．Scribe

Scribe 是 Facebook 开源的日志收集系统，在 Facebook 内部已经得到广泛应用。它能够从各种日志源上收集日志，存储到一个中央存储系统上，以便于进行集中统计分析处理。但目前 Facebook 已经不再更新和维护 Scribe。

Scribe 从各种数据源上收集数据，放到一个共享队列上，然后将消息推送到后端的中央存储系统上，为日志的"分布式收集，统一处理"提供了一个可扩展的、高容错的方案。Scribe 最重要的特点是容错性好。当中央存储系统出现故障时，Scribe 可以暂时把日志写到本地文件中，待中央存储系统恢复性能后，Scribe 把本地日志续传到中央存储系统上。另外，Scribe 通常与 Hadoop 结合使用，Scribe 用于向 HDFS 中推送日志消息，而 Hadoop 通过 MapReduce 作业进行定期处理。

Scribe 的架构比较简单，主要包括三部分，分别为 Scribe Agent、Scribe 和存储系统，如图 2-11 所示。

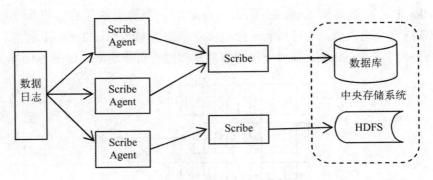

图 2-11　Scribe 架构

（1）Scribe Agent。Scribe Agent 实际上是一个 Thrift Client，也是向 Scribe 发送数据的唯一方法。Scribe 内部定义了一个 Thrift 接口，用户使用该接口将数据发送给不同的对象。

（2）Scribe。Scribe 接收 Thrift Client 发送过来的数据，并根据配置文件将不同 Topic 的数据发送给不同的存储对象用于持久化数据。Scribe 提供了各种各样的存储系统，如 File、HDFS 等，且可将数据加载到这些存储系统中。

（3）存储系统。存储系统用于持久化数据，当前 Scribe 支持多种类型的存储系统，包括 File（文件）、Buffer（双层存储）、Network（另一个 Scribe 服务器）、Bucket（包含多个 Store）、Thrift File（写到一个 Thrift File Transport 文件中）等。

2.2.2　网络爬虫

随着网络和信息技术的不断普及，网络数据呈现出爆炸式的指数级增长。如果单纯靠人力进行数据信息的采集，不仅工作烦琐、效率低下，而且搜集的成本也会不断提高。网络爬虫也被称为网络蜘蛛、网络蚂蚁、网络机器人等，它可以代替人类自动地在互联网中进行数据信息的采集与整理，该方法可以按照一定的规则大批量采集目标页面内容，如网页文本、图片、音频、视频等，并可对数据进行进一步处理，人们借此能够更好、更快地获取并使用他们感兴趣的信息，为进一步更深层次的数据分析和挖掘提供有力支持。

2.2.2.1　网络爬虫概念

大数据时代，网络爬虫在互联网中的地位越来越重要。如何自动、高效地从海量的互联网网络数据中获取感兴趣的信息是互联网数据抓取面临的重要问题，网络爬虫应运而生。

网络爬虫是按照一定规则，自动地抓取网络信息的程序或脚本。如果把互联网比作一张大网，网络爬虫就是在这张网上爬来爬去的蜘蛛，如果它在网上爬行的过程中遇到了资源，它就会抓取下来。另外，在抓取一个网页数据时，如果在这个网页中发现了一条道路，也就是指向其他网页的超链接，那么它就可以爬到另一个网页上来获取数据，这样，整个连在一起的大网对这只蜘蛛来说都是触手可及的。

根据其系统结构和开发技术，网络爬虫大致可分为四种类型：通用网络爬虫、聚焦网络爬虫、增量式网络爬虫、深层网络爬虫。实际的网络爬虫系统通常是将几种爬虫技术结合实现的。

（1）通用网络爬虫。通用网络爬虫又称全网爬虫，它将爬取对象从一些种子 URL（Uniform Resource Location）扩充到整个网络，主要为门户站点搜索引擎和大型 Web 服务提供商采集数据，如百度、360、搜狗、必应等搜索引擎。

通用网络爬虫具有以下特点：爬取目标资源在全互联网中，爬取目标数据巨大，对爬取性能和存储空间要求较高，对于爬取页面的顺序要求相对较低；由于待刷新的页面太多，通常采用并行工作方式，但需要较长时间才能刷新一次页面；由于抓取目标是尽可能大地覆盖网络，因此爬取的结果中会包含大量用户不需要的网页。

（2）聚焦网络爬虫。聚焦网络爬虫又被称为主题网络爬虫，指选择性地爬取那些与预先定义好的主题相关的页面的网络爬虫。

与通用网络爬虫相比，聚焦网络爬虫可过滤掉海量网页中与主题不相关的或者相关度较低的网页，极大地节省了硬件和网络资源。同时，保存的页面也由于数量少而更新快，可以很好地满足一些特定人群对特定领域信息的需求。

（3）增量式网络爬虫。增量式网路爬虫指对已下载网页采取增量式更新和只爬取新产生的或者已经发生变化的网页的爬虫，它能够在一定程度上保证所爬取的页面是尽可能新的页面。

增量式爬虫具有以下特点：增量式爬虫只会在需要的时候爬取新产生或发生更新的页面，并不重新下载没有发生变化的页面，可有效减少数据下载量，减小时间和空间上的耗费；增量式爬虫要具有能够辨别网页页面是否有更新数据或者是否有新的相关网页出现的能力，因此增加了爬取算法的复杂度和实现难度。

（4）深层网络爬虫。Web 页面按存在方式可分为表层网页和深层网页。所谓表层网页指的是传统搜索引擎可以索引的页面，以超链接可以到达的静态网页为主构成；而深层网页是那些大部分内容不能通过静态链接获取的、隐藏在搜索表单后的，只有用户提交一些关键词才能获得的 Web 页面，比如需要输入用户名和密码才能访问的页面。在互联网中，深层网页数量往往比表层网页数量多得多，另外深层网页的信息量往往比普通网页的信息量更多、质量更高，普通的搜索引擎由于技术限制而搜集不到这些高质量、高权威的信息，针对常规网络爬虫的不足，深层网络爬虫对其结构加以改进，增加了表单分析和页面状态保持两个部分。

深层网络爬虫通过提交表单的方式访问并爬取深层页面信息，爬虫爬取过程中最重要的部分就是表单填写，包含两种类型：第一种是基于领域知识的表单填写，简单来说就是建立一个填写表单的关键词库，在需要填写的时候，根据语义分析选择对应的关键词进行填写；第二种是基于网页结构分析的表单填写，此方法一般无领域知识或仅有有限的领域知识，根据网页结构进行分析，将网页表单表示成 DOM 树，从中提取表单字段的值。

2.2.2.2　网络爬虫方法

1. 网络爬虫工作原理

网络爬虫一般是从预先设定的一个或若干个初始网页的 URL 开始，获取初始网页上的 URL 列表，然后按照一定的规则抓取网页。每当抓取一个网页时，爬虫会提取该网页上新的 URL 并放入未抓取的 URL 队列中，接着再从未抓取的队列中取出一个 URL 再次进行新一轮的抓取，不断重复上述过程，直到队列中的 URL 抓取完毕或者满足系统其他停止条件，爬取才会结束。

网络爬虫的基本工作流程如图 2-12 所示，具体步骤如下：

步骤 1：选择一部分网页，以这些网页的链接地址作为种子 URL，放入待抓取 URL 队列。

步骤 2：从待抓取 URL 队列依次读取 URL，并将 URL 通过 DNS 解析，把链接地址转换为网站服务器对应的 IP 地址，将 IP 地址和网页相对路径名称交给网页下载器，网页下载器负责将对应的网页下载下来，存储到已下载网页库中。

步骤 3：将下载网页的 URL 放入已抓取队列中，这个队列记录了爬虫系统已经下载过的网页 URL，以避免系统的重复抓取。

步骤 4：在下载网页中抽取出所有新的 URL，并在已下载的 URL 队列中进行检查，如果此 URL 没有被抓取过，则将其放入待抓取 URL 队列中。

步骤 5：重复步骤 2 至步骤 4，形成循环，直到待抓取 URL 队列为空。

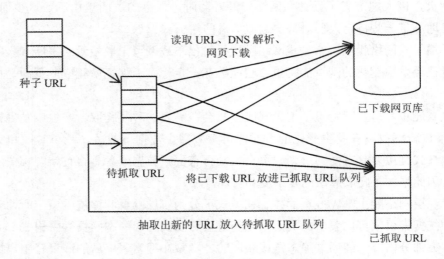

图 2-12　网络爬虫的基本工作流程

网络爬虫在具体爬取过程中，在遵循上述基本流程的基础上，不同类型爬虫的实现原理也存在着一定的差异。例如：聚焦网络爬虫为了更好地选择与主题相关的网页进行爬取，需要根据一定的网页分析算法过滤与主题无关的链接，保留有用的链接并将其放入等待抓取的 URL 队列，另外还需根据一定的搜索策略从队列中选择下一步要抓取的 URL。

2.　网络爬虫抓取策略

在网络爬虫系统中，待抓取 URL 队列是很重要的一部分，待抓取 URL 队列中的 URL 顺序排列决定了抓取网页的顺序，而决定这些 URL 排列顺序的方法，叫作抓取策略。网页的抓取策略主要有深度优先搜索、广度优先搜索和最佳优先搜索三种，由于深度优先搜索在很多情况下会导致爬虫的陷入问题，因此目前常用的是广度优先搜索和最佳优先搜索方法。以下对三种抓取策略一一进行介绍。

（1）深度优先搜索。深度优先搜索策略指网络爬虫从初始网页开始，选择一个 URL 进入，在下载网页中获取到新的 URL，接着选择一个再进入，如此不断深入，直到返回的网页中没有 URL 为止。爬虫在完成一个爬行分支后会返回到上一个页面，继续选择该页面中其他 URL，接着处理下一个分支。当所有 URL 遍历完毕后，爬行任务结束。

深度优先策略在搜索时会不断地往深处去，如果不加限制，就会沿着一条路径无限制地扩展下去，使搜索陷入巨大的漩涡中。另外，门户网站提供的链接往往最具价值，PageRank 很高，每深入一层，网页价值和 PageRank 都会相应地有所下降，因此过度深入抓取到的网页价值是很低的，这也意味着深度优先搜索策略不一定能得到最优解。

（2）广度优先搜索。广度优先搜索策略指网络爬虫会先抓取初始网页中的所有网页，然后再选择其中的一个链接网页，继续抓取在此网页中链接的所有网页，当同一层次的页面全部搜索完毕后，再深入下一层继续搜索，直到底层为止。

在广度优先搜索策略中，由于只有搜索完上一层中所有 URL 后，才开始继续搜索下一层，这就保证了对浅层的优先处理，从而保证以最短路径找到结果。同时，当遇到一个无穷尽的深层分支时，可以避免出现无法结束爬行的问题。

（3）最佳优先搜索。最佳优先搜索策略按照一定的网页分析算法，预测候选 URL 与目标网页的相似度，或与主题的相关性，根据"最好最优原则"进行访问，选取评价最好的一个或几个 URL 进行抓取，它只访问经过网页分析算法预测为"有用"的网页。

最佳优先搜索策略是一种局部最优搜索算法，因此在爬虫抓取路径上的很多相关网页可能会被忽略。为避免这一问题，在具体应用中，需要将最佳优先搜索策略结合具体的应用情况进行改进，以跳出局部最优点。

3. 爬虫的合法性

通过网络爬虫，我们可以在互联网上采集到所需的数据资源，但是同样，使用不当也可能会引发一些比较严重的问题。因此，在使用网络爬虫时，我们需要做到"盗亦有道"。

目前，大多数网站允许将所爬取的数据用于个人使用或科研领域，但如果将爬取的数据用于商业，则有可能会触犯法律。

在使用爬虫爬取网站数据时，需要遵守网站所有者针对爬虫行为所制定的爬虫协议，也称为 Robots 协议。网站通过 Robots 协议告诉搜索引擎哪些页面可以抓取，哪些页面不能抓取。当使用爬虫访问一个站点时，首先要查看该站点根目录下是否存在 Robots.txt 文件，如果存在，要按照该文件中的内容来确定访问的范围；如果该文件不存在，则可以访问网站上所有没有被口令保护的页面。

下面以京东网站的 Robots.txt 文件为例来看该网站对爬虫有哪些限制。访问 https://www.jd.com/robots.txt 可查看 Robots.txt 文件内容。

```
User-agent: *
Disallow: /?*
Disallow: /pop/*.html
Disallow: /pinpai/*.html?*
User-agent: EtaoSpider
Disallow: /
User-agent: HuihuiSpider
Disallow: /
User-agent: GwdangSpider
Disallow: /
User-agent: WochachaSpider
Disallow: /
```

在上述 Robots.txt 文件中，京东网站禁止所有爬虫爬取与 /?*、/pop/*.html 和 /pinpai/*.html?* 匹配的路径。同时，京东网站禁止用户代理为 EtaoSpider、HuihuiSpider、GwdangSpider 和 WochachaSpider 的爬虫爬取该网站的任何资源。

2.2.2.3 常用的网络爬虫工具

如何方便快捷地开发自己想要的爬虫是每一个爬虫开发者最为关心的问题。网络爬虫框架的出现使得爬虫的开发与应用变得更加便捷。这些框架将爬虫的一些常用功能和业务逻辑进行了封装，开发者可以直接在其基础上进行爬虫的定制和开发。目前网络上有很多爬虫框架供开发者使用，不同语言不同类型的爬虫框架都有，如 Java 网络爬虫（Nutch、Crawler4j、Heritrix、Webmagic、WebCollector）、Python 网路爬虫（Scrapy、PySpider）、

C/C++ 网络爬虫（Cobweb、Larbin、Spider）等。以下介绍几种具有代表性的开源网络爬虫框架。

（1）Nutch。Nutch 是一个开源的、Java 实现的分布式网络爬虫，它提供了用户运行自己的搜索引擎所需的全部工具，包括全文搜索和网络爬虫。Nutch 采用基于 Hadoop 的分布式处理模型，可以实现多机分布抓取、存储和索引。另外 Nutch 提供了一种插件框架，使得其对各种网页内容的解析以及各种数据的采集、查询、集群、过滤等功能能够方便地进行扩展。同时，此框架使得 Nutch 的插件开发非常容易，第三方插件层出不穷，极大地增强了 Nutch 的功能。

Nutch 的不足之处在于：Nutch 是一个大型的搜索引擎框架，主要用于通用数据的爬取，对精确爬取没有特别考虑。如果用户需要开发一个做精准数据爬取的爬虫，用 Nutch 做数据抽取，则会浪费很多时间在不必要的计算上。另外，Nutch 在满足通用需求的同时，牺牲了一些定制化开发的特性，因此 Nutch 的定制化开发成本较高。

（2）Scrapy。Scrapy 是基于 Python 开发的开源爬虫框架，主要用于抓取 Web 站点并从页面中提取数据，其应用非常广泛，可以应用在包括数据挖掘、信息处理或存储历史数据等一系列的程序中。Scrapy 使用 Twisted 异步网络框架来处理网络通信，可以加快下载速度，并且包含了各种中间件接口，可以灵活地完成各种需求。Scrapy 通过各种管道（Pipeline）和中间件（Middleware）能够非常方便地对其功能进行扩展开发。

Scrapy 的不足之处：Scrapy 框架可实现单机多线程爬取，但不支持分布式部署。Scrapy 框架默认不提供页面 JS 渲染服务，需要用户自己实现，这样用户才可以得到动态加载的数据。

（3）Heritrix。Heritrix 是一个由 Java 开发的开源网络爬虫，对网站内容全部下载，不会修改页面中的任何内容。Heritrix 可获取完整的、精确的站点内容的深度复制，包括视频、音频、图像以及其他非文本内容，抓取并把这些内容存储在磁盘中。Heritrix 具有强大的可扩展性，用户可任意选择或扩展各个组件，实现特定的抓取逻辑。同时，Heritrix 的爬虫定制参数很多，如设置输入日志、设置多线程采集模式、设置下载速度上限等，用户可以通过修改组件的参数，来更加灵活高效地定制自己的爬虫。

Heritrix 的不足之处：由于 Heritrix 中每个爬虫都是单独进行工作的，无法合作完成爬取任务，因此很难实现分布式爬虫。另外，相对于 Nutch，Heritrix 仅仅是一个爬虫工具，没有提供搜索引擎，因此不能完成搜索引擎的全部工作，只能完成爬虫阶段的爬取工作。

（4）爬虫工具。利用开源网络爬虫框架，开发人员可以快速便捷地开发满足自己要求的网络爬虫。另外，对于不具备开发能力或开发能力较弱的用户，还可以直接使用一些网络爬虫软件来获取数据。这些软件一般不需要编写代码，只需进行一些必要参数的设置，即可在网络中快速爬取所需数据资源，还可将数据以 Excel、数据库等形式导出。目前各种网络爬虫软件逐渐涌现，如八爪鱼采集器、火车头采集器、后羿采集器、神箭手云爬虫等。

2.2.2.4　八爪鱼网络爬虫实例

八爪鱼数据采集系统以分布式云计算平台为核心，可以在很短的时间内，轻松从各种不同的网站或者网页获取大量的规范化数据，帮助任何需要从网页获取信息的客户实现数据自动化采集、编辑、规范化，摆脱对人工搜索及收集数据的依赖，从而降低获取信息的成本，提高效率。

使用八爪鱼采集器前，必须先安装，然后注册为用户。

1．安装八爪鱼采集器

在使用八爪鱼采集器爬取数据之前，首先需要在自己的计算机上安装此软件。访问八爪鱼采集器的官网 https://www.bazhuayu.com，并下载该软件的安装包，本例下载版本为8.1.20。双击相应的安装文件进行安装，整个安装过程只需根据安装程序的提示一步步进行即可，比较简单。

2．登录八爪鱼采集器

打开安装到计算机中的八爪鱼采集器，会弹出登录界面。单击"免费注册"按钮进入八爪鱼采集器官网注册一个账号。注册完成后，在登录界面（图 2-13）输入注册的用户名和密码，单击"登录"按钮，即可进入八爪鱼采集器的操作界面。

图 2-13　八爪鱼采集器登录界面

八爪鱼采集器提供了两种采集模式：使用模板采集和自定义采集。使用模板采集指的是通过八爪鱼内置的采集模板快速采集数据。八爪鱼官方提供了一些国内主流网站的采集模板，用户可直接使用这些模板进行数据采集，只需输入几个参数（网址、关键词、页数等），就能在几分钟内快速获取目标网站（如京东、淘宝、58 同城等）数据，如图 2-14 所示的热门采集模板部分。自定义采集是八爪鱼进阶用户使用最多的一种模式，需要自行配置采集规则，通过配置规则模拟人浏览网页的操作对网页数据进行抓取，可以实现全网98% 以上网页数据的采集。下面采用自定义采集方式举例说明整个网页数据的采集过程。

图 2-14　八爪鱼采集器操作界面

使用八爪鱼采集器
爬取网页数据

【例 2-1】使用八爪鱼采集器爬取猫眼电影 TOP100 榜单信息,包括排名、电影名称、主演、上映时间和评分。

在开始采集之前,首先明确需要采集的目标网页地址和采集需求。这里所要爬取的目标网页地址为 https://maoyan.com/board/4,如图 2-15 所示。页面上显示的排名、电影名称、主演、上映时间和评分就是所要爬取的目标数据。另外,在爬取完当前页面数据后,需要翻页继续爬取多页信息。

图 2-15　猫眼电影 TOP100 页面

明确目标后,即可利用八爪鱼采集器来采集所需数据,操作步骤如下:

步骤 1:新建自定义任务。

在八爪鱼采集器操作界面中,单击"新建"按钮,选择"自定义任务"选项,进入新建任务窗口,将要爬取的目标网页地址输入或复制粘贴到编辑区域,如图 2-16 所示。

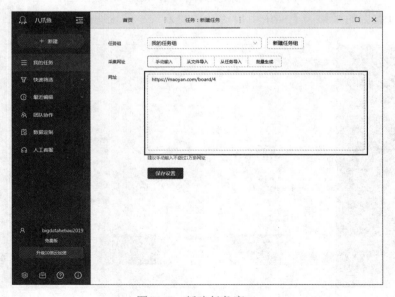

图 2-16　新建任务窗口

在新建任务窗口中输入或粘贴目标网址后，单击"保存设置"按钮，则会在八爪鱼采集器操作界面中自动加载该网页内容，在网页加载过程中，若出现验证信息需要手动验证，同时八爪鱼采集器会对页面数据进行自动识别和采集，识别完毕后操作界面上方显示网页内容，下方的数据预览框中可以看到自动采集的数据字段列表，如图 2-17 所示。

图 2-17　八爪鱼采集器自动加载网页

需要注意的是，如果自动采集的数据与我们所需要的数据基本一致，则直接在此基础上对采集字段进行添加或删除即可完成数据的采集，过程比较简单，具体方法可参见图 2-14 中八爪鱼采集器操作界面中的"自定义配置采集数据"视频。如果自动采集的数据不是想要的结果，则需要单击图 2-17 中"操作提示"对话框中的"取消"按钮，手动配置采集规则。本例中，我们可以看到八爪鱼采集器自动采集的结果并不是所需要采集的数据，因此这里单击"取消"按钮，进入采集配置页面，如图 2-18 所示。在此页面右侧可进一步配置采集规则，并可在左侧查看和修改操作流程图。

图 2-18　八爪鱼采集器采集配置页面

步骤2：设置循环翻页。

本例需要爬取多页电影排行信息，在设置采集规则时，要先建立翻页循环，使得采集器能够模拟浏览器的翻页动作，从而完成多页数据的采集。在图2-18所示的配置页面中，拖动页面右侧滚动条至页面底部，然后单击猫眼页面中的"下一页"按钮，在弹出的"操作提示"对话框中，选择"循环点击下一页"选项，如图2-19所示。此时在操作流程图中会自动建立一个翻页循环，如图2-20所示。

图2-19 设置循环翻页

图2-20 操作流程图显示循环翻页

这里可进一步对循环结束条件进行设置，不设置会默认爬取所有页面。例如，如果只爬取前3页数据，可在操作流程图中选中"循环翻页"框，单击框上右侧的设置按钮进行设置。在所显示的详细信息中找到"退出循环设置"选项，设置退出循环条件为"循环执行次数等于 3"，如图 2-21 所示。设置完成后，单击"应用"按钮保存。

图 2-21　设置翻页循环结束条件

步骤 3：设置提取字段。

建好翻页循环后，就可以采集当前网页上的数据了。首先提取"排名"字段，单击页面中某一部影片的排名信息，在弹出的"操作提示"对话框中选择"选中全部"选项，进一步选择"采集以下元素文本"，在页面下方的数据预览框中会自动生成所要爬取的字段，单击字段名右侧的编辑按钮，将字段名修改为"排名"。按照此方法，在页面中依次单击某一部影片的电影名称、主演、上映时间和评分，生成所要爬取的其他字段。由于页面中评分数据分成了整数和小数两部分，因此将评分数据设置成两个字段。这里将各字段名分别修改为电影名称、主演、上映时间、评分整数及评分小数，如图 2-22 所示。

此时采集规则已经配置完成，单击界面上方的"保存"按钮将所建任务保存好。

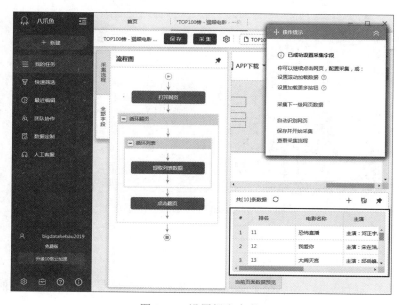

图 2-22　设置提取字段

步骤 4：启动采集。

提取字段设置好后，就可以开始采集数据了。单击界面上方的"采集"按钮，并在弹出的对话框中单击"启动本地采集"，即可开始采集。采集任务开始后，会弹出一个新对话框显示该任务的爬取进度和爬取结果，如图 2-23 所示。本例由于设置了只爬取 3 页，因此共采集 30 条数据。

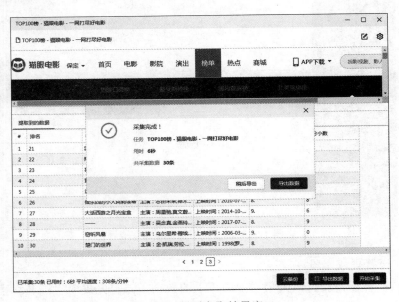

图 2-23　显示爬取结果窗口

步骤 5：导出数据。

采集完成后，单击"导出数据"按钮，可选择合适的格式将结果导出。这里选择导出为 Excel 文件，导出结果如图 2-24 所示。

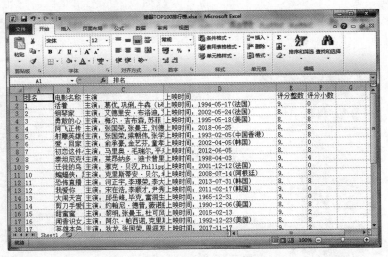

图 2-24　Excel 文件中的导出结果

2.2.3　其他获取方法

前面介绍了系统日志以及网络数据的获取方法，本节将针对大数据的其他来源分别介绍其获取方法。

1. App 应用获取

近年来，随着以智能手机为代表的移动终端的普及和推广，移动互联网越来越受到重视。同时，各种手机 App 如雨后春笋般涌现出来。App 可以实现各种各样的功能，且方便实用，因此受到各类用户的普遍欢迎。这些 App 每天产生着海量的数据，例如，地图 App 获取的位置、通信 App 获取的电话号码、天气类 App 获取的温湿度等。这些数据也是大数据信息的重要来源。

移动 App 实际上也是通过 HTTP 协议与服务器进行交互的，我们只要分析出接口地址及参数含义，就能像采集普通网站那样采集 App 的数据。因此 App 数据的获取也可采用网络爬虫来自动实现，针对普通网站的网络爬虫工具基本都支持 App 的爬取。

一般来说网络数据爬取有两个来源，一个是网页，另一个是移动终端（手机 App）。由于 App 的反爬虫能力没有那么强，而且数据大多是以 JSON 形式传输的，因此 App 的爬取相比普通网页的爬取更加容易。具体思路：在 PC 端运行抓包工具，如 Fiddler、Charles、WireShare 等，然后通过设置代理的方式使手机处于抓包软件的监听之下，从而获得手机 App 的各个网络请求和相应过程，接着就可以使用爬取网页的方法来爬取 App 数据了。

2. 传感器设备获取

传感器是把自然界中的各种物理量、化学量、生物量转化为可测量的电信号的装置与元件，各类传感器的大规模部署和应用是构成物联网不可或缺的基本条件。目前，传感器已经渗透到诸如工业生产、智能家居、海洋探测、生物工程等各个领域。可以毫不夸张地说，从茫茫的太空，到浩瀚的海洋，以至各种复杂的工程系统，几乎每一个现代化项目都离不开各种各样的传感器。

传感器通常用于测量物理变量，一般包括声音、温湿度、水位、风速、压力、电流等。传感器采集数据一般是采取采样方式，即隔一定时间(称采样周期)对同一点数据重复采集，采集的数据大多是瞬时值，也可是某段时间内的一个特征值。传感器采集的数据可以是模拟量，也可以是数字量。如果采集的数据是模拟量，则传感器需将模拟信号输出到计算机的 AD 板卡或其他采样装置，AD 板卡将模拟量转换为数字量成为计算机可以识别的数据。另一方面，如果采集的数据是数字量，最直接的方式是传感器带有总线接口，如 RS-232、RS-485、CAN 等，计算机通过相应总线直接读取传感器的信号。

为了对数据进行检测和解析处理，传感器还应具备一定的端口检测能力，对于一些高级的传感器还可增加自动学习并识别高层次协议的能力，即协议智能识别能力。根据我们的实际需要，需选择并设计合适的传感器进行数据采集。

在日常生活中，如温度计、麦克风、DV 录像机、手机拍照功能等都属于传感器数据采集的一部分，支持图片、音频、视频等文件的采集工作。

3. 应用系统获取

一些企业会使用传统的关系型数据库 MySQL 或 Oracle 等来存储数据，除此之外，Redis 和 MongoDB 这样的 NoSQL 数据库也常用于数据的存储。对于这些数据库中存储的海量数据，可采用以下方法来进行数据的同步和复制。

（1）直接连接源数据库。通过规范的接口，如 JDBC 等，去读取源数据库的数据。这种方式比较容易实现，但是如果数据源的业务量比较大，可能会对其性能有所影响。

（2）通过数据文件进行同步。从源数据库导出或生成数据文件，然后通过文件系统同步到目标数据库中。这种方式适合数据源比较分散的情况，在数据文件传输前后必须做校验，同时还需要对文件进行适当的压缩和加密，以免文件过大，同时保障数据的安全性。

（3）通过数据库日志进行同步。目前大多数数据库支持生成数据日志文件，可以使用这个数据日志文件来进行增量同步。这种方式对系统性能影响较小，同步效率也较高。

对于科研院所、企业、政府等拥有的保密性很高的数据，可以通过与企业或研究机构合作，采用系统特定接口进行数据采集，从而降低数据被泄露的风险。

2.3　大数据预处理技术

大数据预处理就是对原始数据进行必要的清洗、集成、规约、变换等一系列的处理工作，目的是提高数据质量，使之达到挖掘算法进行知识获取研究所要求的最低规范和标准。通过数据预处理工作，可以纠正错误的数据、去除多余的数据、挑选并集成所需的数据、转换数据的格式，从而达到数据格式一致化、数据信息精练化。总而言之，经过预处理之后，可以获取数据分析挖掘所要求的数据集。大量的事实表明，在数据挖掘工作中，数据预处理所占的工作量达到了整个工作量的 60% ～ 80%。

2.3.1　数据清洗

原始数据中常见的问题有数值缺失、噪声数据、异常数据等，数据清洗就是通过填充缺失的数据值、平滑噪声数据、识别和删除离群点等方法，达到纠正错误、标准化数据格式、清除异常和重复数据的目的。

2.3.1.1　缺失值处理

理想情况下，数据集中的每条记录都应该是完整的，然而，在实际应用中会存在大量的不完整数据。造成缺失数据的原因很多，包括由于人工输入时的疏忽而漏掉，或者在填写调查问卷时，被调查人不愿意公布一些信息等。在数据集中，若某记录的属性值被标记为空白或未知，则认为该记录存在缺失值，是不完整的数据。

对缺失数据进行处理的方法主要有删除具有缺失数据的数据元组、直接分析有缺失的数据集、填充缺失值。

1. 删除具有缺失数据的数据元组

删除缺失记录的思想是将有缺失数据的数据元组直接删除掉，使数据集中没有缺失数据。这种方法简单易行，尤其是在缺失数据的数据量占整个数据集数据量的比例很小的情况下。然而这种方法会因为只留下完整的元组，导致分析的数据集数量变小，尤其是在缺失率很大的情况下，会造成数据集里包含的信息减少，导致数据挖掘分析的结果出现偏差。

2. 直接分析有缺失的数据集

忽略缺失数据，不删除具有缺失数据的数据元组，也不对缺失数据集进行填补，直接在具有缺失数据的数据集上进行数据挖掘与分析。这种思路可以节约大量时间，也可避免因填充缺失数据而产生的噪声，然而数据集中缺失数据导致有用信息的流失，可能会使得挖掘结果产生偏差。

3. 填充缺失值

填充缺失值就是将数据元组中具有缺失数据的值重新填进去，使数据集具有完整性，保持原有特征不被破坏，为后面的数据挖掘做准备。常用的数据缺失值填充方法如下：

（1）人工填写缺失值。即用户人工填写缺失的数据，这是因为用户最了解自己的数据，这个方法引起的数据偏离问题最小。但该方法很费时，尤其是当数据集很大、存在很多缺失值时，靠人工填写的方法不具备实际的可行性。

（2）使用一个全局常量填充缺失值。通常可将缺失属性值用一个常量（如"Unknown"或数字"0"）替换。如果大量缺失值都采用同一属性值，则挖掘程序可能会误认为它们属性相同，从而得出有偏差甚至错误的结论，因此该方法并不十分可靠。

（3）使用属性的中心度量（如均值、中位数或众数，可查阅资料补充理解）填充缺失值。根据数据分布特点，如果数据是对称分布，则可以使用均值来填充缺失值；如果数据分布是倾斜的，则使用中位数来填充缺失值。这种方法的本质是利用已存数据的信息来推测缺失值，并用推测值来填充。

（4）使用同类样本的属性均值或者中位数填充缺失值。例如，可以先将潜在客户按收入水平分类，然后用具有相同收入水平的客户的平均收入或者收入中位数替换未知客户收入水平的缺失数据值。

（5）使用最可能的值填充缺失值。即利用机器学习方法，比如回归、贝叶斯、决策树、神经网络等方法确定填充的缺失值。

缺失值的填充方法很多，但是用上述方法进行填充也可能会产生数据偏差，从而导致填充的缺失值不正确，具体情况还需综合考虑各种因素进行决策。

2.3.1.2　噪声数据处理

噪声数据是一组测量数据中由随机错误或偏差引起的孤立数据。噪声数据往往使得数据超出了规定的数据域，对后续的数据分析结果造成不良的影响，消除噪声的主要数据处理方法有以下几种。

1. 分箱

"分箱"是将属性的值域划分成若干连续子区间。如果一个属性值在某个子区间范围内，就把该值放进这个子区间所代表的"箱子"内。把所有待处理的数据（某列属性值）都放进箱子后，对每个箱子中的数据采用某种方法进行处理。

对数据进行分箱主要有以下 4 种方法：

（1）等深分箱法：将数据集按记录数分箱，每箱具有相同的记录数，称为箱子的深度。

（2）等宽分箱法：将数据集在整个属性值的区间上平均分布，每个箱子的区间范围是一个常量，称为箱子宽度。

（3）最小熵法：在分箱时考虑因变量的取值，使分箱后箱内达到最小熵。

（4）用户自定义区间法：根据数据的特点，指定分箱方法。

数据分箱后，再对每个分箱中的数据进行局部平滑，常用的方法有以下 3 种：

（1）平均值平滑：同一分箱中的所有数据用平均值代替。

（2）边界值平滑：用距离最小的边界值代替箱子中的所有数据。

（3）中值平滑：取箱子的中值，代替该箱子中的所有数据。

表 2-1 是等深分箱法的一个示例。首先对原始的 16 个数据进行排序，通常为升序。按照等深分箱法对 16 个数据进行等深分箱，每箱 4 个记录。分箱后，采用平均值平滑和中值平滑两种方法的结果参见表 2-1 后面 4 行数据。

表 2-1　等深分箱法示例

原始数据	80，90，100，150，300，250，1600，230，200，210，170，400，-800，500，530，550			
排序后	-800，80，90，100，150，170，200，210，230，250，300，400，500，530，550，1600			
等深分箱	-800，80，90，100	150，170，200，210	230，250，300，400	500，530，550，1600
平均值平滑	-132.5	182.5	295	795
平滑后	-132.5，-132.5，-132.5，182.5，295，295，795，295，182.5，182.5，182.5，295，-132.5，795，795，795			
中值平滑	85	185	275	540
平滑后	85，85，85，185，275，275，540，275，185，185，185，275，85，540，540，540			

平滑前和平滑后的数据曲线如图 2-25 所示。从图中可以看到数据中两个比较明显的异常值被平滑。另外，平滑后的曲线能够说明，平均值平滑的方法受异常值的影响较大，而中值平滑方法不易受到离群点影响。

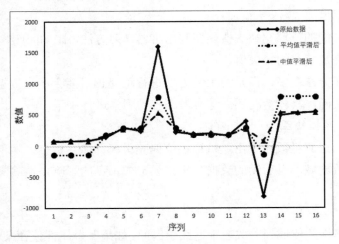

图 2-25　数据平滑前后对比

2. 回归

回归是一种统计学上分析数据的方法，其目的在于发现两个变量或者多个变量之间是否相关，即建立函数关系。数据平滑也可以用函数拟合方法来进行。线性回归涉及找出拟合两个属性（或变量）的"最佳"直线，使一个属性能够预测另一个。多元线性回归是线性回归的扩展，它涉及多个属性，并且数据拟合到一个多维面。使用回归方法找出适合数据的数学方程，也能够帮助消除噪声。

3. 离群点分析

聚类可用来检测噪声数据，即所谓的离群点。聚类将类似的值组织成群或"簇"。直观来说，落在簇集合之外的值被视为离群点。图 2-26 显示了 3 个数据簇，落在簇集合之外的值可以看作离群点。

许多数据平滑的方法也用于数据离散化（一种数据变换方式）和数据归约。例如，上面介绍的分箱技术减少了每个属性不同值的数量，这就是一种形式的数据归约。概念分层是一种数据离散化形式，也可以用于数据平滑。例如，"价格"的概念分层可以把实际"价格"的值映射到"便宜的价格""中等的价格"和"昂贵的价格"，从而减少挖掘过程需要处理的值的数量。

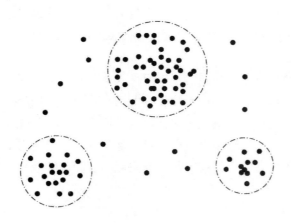

图 2-26　顾客在城市中的位置图

2.3.2　数据集成

大数据往往来自多个数据源。对于来自不同数据源的数据来说，它们具有高度异构的特点：不同的数据模型、不同的数据类型、不同的命名方法、不同的数据单元等。当需要对这些异构数据的集合进行处理时，首先需要有效的数据集成方法对这些数据进行整合。数据集成指将不同数据源的数据统一融合在一个数据集中，并提供统一数据视图的整合方式。

一般来说数据集成的常用方式有以下两种：

（1）物化式。进行数据分析之前涉及的数据块被实际交换和存储到同一物理位置（如大数据存储云平台），即从原数据库移动到其他位置。

（2）虚拟式。数据并没有从数据源中移出，而是在不同的数据源之上增加转换策略，并构建一个虚拟层来提供统一的数据访问接口。虚拟式数据整合通常使用中间件技术，在中间件提供的虚拟数据层之上定义数据映射关系。同时，虚拟层还负责将不同数据源的数据在语义上进行融合，即在查询时做到语义一致。例如，不同产品销售公司的销售数据中，"利润"的表达各有不同，在虚拟层中需要提供处理机制，将不同的"利润"数据转化为同一种含义的数据，供用户进行分析使用。

物化式和虚拟式的集成方式如图 2-27 所示。

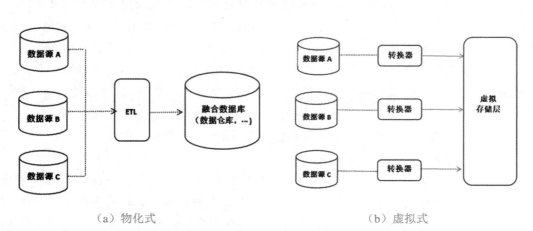

（a）物化式　　　　　　　　　　　　　　（b）虚拟式

图 2-27　数据集成方式

数据集成的本质是整合数据源，因此多个数据源中字段的语义差异、结构差异、字段间的关联关系，以及数据的冗余重复都会是数据集成面临的问题。

2.3.2.1 冗余处理

冗余是数据集成的一个重要问题。一个属性（如年收入）如果能由另一个或另一组属性"导出"，则这个属性可能是冗余的。属性名称的不一致也可能导致数据集中的冗余。

有些冗余可以被相关分析检测到。例如，给定两个属性，根据可用的数据分析，可以度量一个属性能在多大程度上蕴涵另一个。对标称数据，可以使用卡方检验；对数值数据，可以使用相关系数和协方差。它们都评估一个属性的值如何随着另一个变化。

1. 标称数据的卡方检验

例如，标称数据的两个属性 A 和 B，假设 A 有 c 个不同值 $a_1, a_2, a_3, ..., a_c$，B 有 r 个不同值 $b_1, b_2, b_3, ..., b_r$。用 A 和 B 描述的数据元组可以用一个相依表显示，共 c 列、r 行。令 (a_i, b_j) 表示属性 A 取 a_i，属性 B 取 b_j 的联合事件，每个可能的联合事件都在表中有自己的单元，则 χ^2 值（又称皮尔逊卡方统计量）公式如下：

$$\chi^2 = \sum_{i=1}^{c} \sum_{j=1}^{r} \frac{(o_{ij} - e_{ij})^2}{e_{ij}}$$

式中：o_{ij} 是联合事件 (a_i, b_j) 的观测频度（即实际计数）；e_{ij} 是联合事件 (a_i, b_j) 的期望频度，公式如下：

$$e_{ij} = count(A=a_i) \times count(B=b_j)/n$$

式中：n 是数据元组的个数；$count(A=a_i)$ 是 A 中具有值 a_i 的元组个数；$count(B=b_j)$ 是 B 中具有值 b_j 的元组个数。卡方值在所有的 $r \times c$ 个单元上计算。

注意：卡方统计检验假设 A 和 B 是独立的，检验基于显著性水平，具有自由度 $(r-1) \times (c-1)$。如果拒绝该假设，则称 A、B 是统计相关的。

2. 数值数据的相关系数

对于数值数据，可以通过 A 和 B 的相关系数估计两个属性的相关度 r_{AB}。

$$r_{AB} = \frac{\sum_{i=1}^{n} (a_i - \overline{A})(b_i - \overline{B})}{(n-1) S_A S_B}$$

式中：n 是元组个数；a_i 和 b_i 分别是元组 i 在属性 A 和 B 的值；$\overline{A}$ 和 $\overline{B}$ 分别是属性 A 和 B 的均值（或称为期望值）；S_A 和 S_B 是属性 A 和 B 的标准差。r_{AB} 的取值范围是 $[-1,1]$，如果取值为 0，则代表 A 和 B 是独立的，不存在相关性。如果该结论小于 0，则 A 和 B 是负相关，即一个值随着另外一个值的减小而增加，意味着其中一个属性会阻止另外一个属性出现。如果该结论大于 0，则 A 和 B 是正相关，也就是说，一个值随着另外一个值的增加而增加，并且该值越大，相关性越强，意味着 r_{AB} 值越大，属性 A 或者属性 B 可以作为冗余删除。

关于相关系数的相关知识在第 4 章还会有详细介绍，这里不再详述。

2.3.2.2 重复记录处理

理想情况下，对于任何一个实体，数据库中应该有且仅有一条与之对应的记录。然而，在现实情况中，数据可能存在数据输入错误的问题，如数据格式、拼写上存在的差异（如"Apple 公司""apple 公司""苹果公司"是同一实体的多条记录）。这些差异会导致不能正确地识别出标识同一实体的多条记录，且对于同一实体，在数据仓库中会有多种不同的表示形式，即同一实体对象可能对应多条记录。重复记录会导致错误的分析结果，因此有必要去除数据集中的重复记录，以提高分析的精度和速度。

消除数据集里的重复记录时，首要的问题就是如何判断两条记录是否重复。这需要比较记录的相关属性，根据每个属性的相似度和属性的权重，加权平均后得到记录的相似度。如果两条记录的相似度超过了某一阈值，则认为这两条记录是指向同一实体的记录，反之，认为是指向不同实体的记录。

重复记录检测常用的方法是基本近邻排序算法，该算法的基本思想是：将数据集中的记录按指定关键字（Key）排序，在排序后的数据集上移动一个固定大小的窗口，通过检测窗口里的记录判定它们是否匹配，以此减少比较记录的次数。具体来说，基本近邻排序算法的主要步骤包括以下三步：

步骤 1：生成关键词。通过抽取数据集中相关属性的值，为每个实例生成一个关键词。

步骤 2：数据排序。按关键字对数据集中的数据排序，目的是尽可能使潜在的重复记录调整到一个邻近区域内，从而将进行记录匹配的对象限制在一定范围之内。

步骤 3：合并。在排序的数据集上依次移动一个固定大小的窗口，数据集中每条记录仅与窗口内的记录进行比较。假设窗口包含 m 条记录，则每条新进入窗口的记录都要与先前进入窗口的 $m-1$ 条记录进行比较，看是否存在重复记录。依次移动窗口，直到数据集的最后位置结束。

2.3.3　数据归约

数据归约指在尽可能保持数据原貌的前提下，最大限度地精简数据量。数据归约得到的数据集比原数据集小得多。数据归约导致的较小数据集需要较少的内存和处理时间，因此可以使用占用计算资源更大的挖掘算法，但能够产生同样的（或几乎同样的）分析结果。数据归约策略包括维归约和数量归约等。

2.3.3.1　维归约

维归约就是减少所考虑的随机变量或属性的个数。维归约方法一般使用主成分分析，它把原数据变换或投影到较小的空间。属性子集选择是另一种维归约方法，其中不相关、弱相关或冗余的属性将被检测和删除。

1.　主成分分析

假定待归约的数据由 n 个属性或维描述的元组或数据向量组成。主成分分析（Principal Component Analysis，PCA，又称 Karhunen-Loeve 或 K-L 方法）搜索 k 个最能代表数据的 n 维正交向量，其中 $k \leqslant n$。这样，原来的数据投影到一个小空间上，这就是维归约。PCA 常常能够揭示先前未曾察觉的联系，并因此允许解释不寻常的结果。

PCA 最基本的原理是搜索 k 个标准正交向量，这些向量称为主成分，输入数据是主成分的线性组合。对主成分按"重要性"或强度降序排列，去掉较弱的成分实现归约。主成分本质上充当数据的新坐标系，提供关于方差的重要信息。既然主成分根据"重要性"降序排列，就可以通过去掉较弱的成分（即方差较小的那些成分）来归约数据。使用最强的主成分，应当能够很好地重构原数据的近似。

PCA 可以用于分析有序和无序的属性，并且可以处理稀疏和倾斜数据。多于二维数据的多维数据，可以通过将其归约为二维数据来处理。主成分可以用作多元回归和聚类分析的输入。

2．属性子集选择

属性子集选择通过删除不相关或冗余的属性（或维）减少数据量。属性子集选择的目标是找出最小属性集，使数据类的概率分布尽可能接近使用所有属性的原分布。在缩小的属性集上进行数据挖掘还有其他的优点：减少了属性数目，使模式更易于理解。

如何找出原属性集中的一个"好的"子集？对属性子集的选择通常使用压缩搜索空间的启发式算法。通常这些算法是贪心算法，即在搜索属性空间时，总是做看上去的最佳选择。在实践中，这种贪心算法是有效的，并可以逼近最优解。

属性子集选择的贪心（启发式）算法主要包括如下几种：

（1）逐步向前选择。该过程由空属性集开始，选择原属性集中最好的属性，并将它添加到该集合中。在其后的每一次迭代，将在原属性集剩下的属性中挑选最好的属性添加到该集合中。

（2）逐步向后删除。该过程由整个属性集开始。每一步都删除掉尚在属性集中的最坏属性。

（3）向前选择和向后删除。向前选择和向后删除的方法可以结合在一起，每一步选择一个最好的属性，并在剩余属性中删除一个最坏的属性。

（4）决策树归纳。决策树归纳旨在构造一个类似于流程图的结构，每个内部（非树叶）节点表示一个属性上的测试，每个分枝对应测试的一个结果；每个外部（树叶）节点表示一个类预测。在每个节点，算法总是选择"最好"的属性，将数据划分成类。

这些方法的结束条件可以不同。属性选择过程可以使用一个度量阈值来确定何时停止。属性选择过程可以在满足以下条件之一时停止：①预先定义所要选择的属性数；②预先定义的迭代次数；③是否增加（或删除）任何属性都不产生更好的子集。

这些方法的示例见表 2-2。

表 2-2　部分贪心（启发式）算法示例

向前选择	向后删除	决策树归纳
初始属性集： $\{A1,A2,A3,$ $A4,A5,A6\}$ 初始化归约集： $\{\}$ $=>\{A1\}$ $=>\{A1,A4\}$ $=>$ 归约后的属性集： $\{A1,A4,A6\}$	初始属性集： $\{A1,A2,A3,$ $A4,A5,A6\}$ $=>\{A1,A3,A5,A6\}$ $=>\{A1,A4,A5,A6\}$ $=>$ 归约后的属性集： $\{A1,A4,A6\}$	初始属性集： $\{A1,A2,A3,A4,A5,A6\}$ （决策树：根节点 $A4?$，Y 分支到 $A1?$，N 分支到 $A6?$；$A1?$ 的 Y 分支到 $Class1$，N 分支到 $Class2$；$A6?$ 的 Y 分支到 $Class1$，N 分支到 $Class2$） $=>$ 归约后的属性集： $\{A1,A4,A6\}$

在某些情况下，可能基于其他属性创建一些新属性。这种属性构造可以帮助提高准确性和对高维数据结构的理解。通过组合属性，属性构造可以发现数据属性间联系的缺失信息，这对于知识发现很有用。

2.3.3.2　数量归约

数量归约就是用替代的、较小的数据表示形式替换原数据。这些方法可以是参数的或非参数的。对参数方法而言，使用模型估计数据，一般只需要存放模型参数，而不存放实际数据（离群点可能也要被存放）。回归和对数线性模型就是例子。存放数据归约表示的非参数方法包括直方图、抽样等。下面对这些方法进行介绍。

1. 参数化归约

回归和对数线性模型可以用来近似给定的数据。在线性回归中，通过对数据建模使之拟合到一条直线。例如，可以将随机变量 Y（称作因变量）表示为另一随机变量 X（称为自变量）的线性函数，公式如下：

$$Y = \alpha + \beta X$$

假定 Y 的方差是常量，系数 α 和 β（称为回归系数）分别为直线的 Y 轴截距和斜率。系数可以用最小二乘法求得，使得数据的实际直线与该拟合直线间的误差最小。多元回归是线性回归的扩充，允许用两个或多个自变量的线性函数对因变量 Y 建模。

对数线性模型一般用于近似离散的多维概率分布。给定 n 维元组的集合，每个元组看作 n 维空间的点。可以使用对数线性模型基于维组合的一个较小子集，来估计多维空间中每个点的概率，使得高维数据空间可以由较低维空间构造。因此，对数线性模型也可以用于维归约和数据平滑。

2. 直方图

直方图使用分箱近似数据分布，是一种流行的数据归约形式。属性 A 的直方图将 A 的数据分布划分为不相交的子集或桶。桶放在水平轴上，桶的高度（和面积）代表值的平均频率。如果每个桶只代表单个属性值 / 频率对，则该桶被称为单值桶，如图 2-28 所示。

为了进一步压缩数据，通常桶表示给定属性的一个连续区间，如图 2-29 所示，使用等宽直方图表示每 10 美元价格产品簇的销售量。

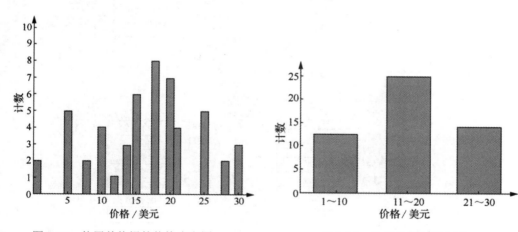

图 2-28　使用单值桶的价格直方图　　　　图 2-29　价格的等宽直方图

上面介绍的单属性直方图可以推广到多个属性，多维直方图可以表现属性间的依赖。对存放具有高频率的离群点，单值桶是有用的。

3. 抽样

抽样也是一种数据归约技术，它允许用比数据小得多的随机样本（子集）表示大型数据集。假定大型数据集 D 包含 N 个元组，下面给出常用的抽样方法。

（1）不放回简单随机抽样（SRSWOR）：从 D 的 N 个元组中抽取 s 个样本（$s<N$）；其中 D 中任何元组被抽取的概率均为 $1/N$，即所有元组被抽到的机会是相等的。

（2）有放回简单随机抽样（SRSWR）：该方法类似于 SRSWOR，不同在于当一个元组被抽取后，记录它之后会放回去。这样，一个元组被抽取后，它又被放回 D，以便它可以再次被抽取。

（3）簇抽样：如果 D 中的元组被分组放入 M 个互不相交的"簇"中，则可以得到簇的 s 个简单随机抽样（SRS），其中 $s<M$。例如，数据库中元组通常一次取一页，这样每页就可以视为一个簇。

（4）分层抽样：如果 D 被划分成互不相交的部分（被称作"层"），则通过对每一层的简单随机抽样（SRS）就可以得到 D 的分层抽样。特别是当数据倾斜时，这可以帮助确保样本的代表性。例如，可以得到关于顾客数据的一个分层抽样，其中分层创建顾客的年龄组。这样，具有最少顾客数目的年龄组肯定能够被代表。

抽样示例如图 2-30 所示。

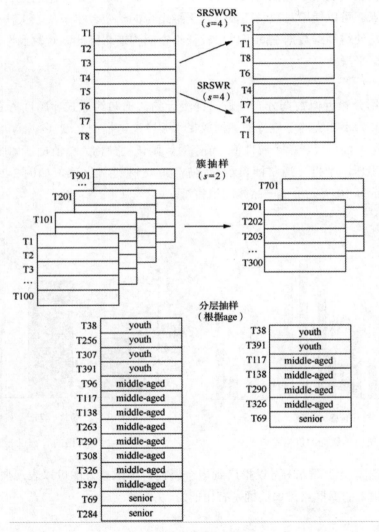

图 2-30　抽样示例

采用抽样进行数据归约的优点是，得到样本的花费正比于样本集的大小 s，而不是数据集的大小 N。因此，抽样的复杂度可能亚线性（Sublinear）于数据的大小。其他数据归约技术至少需要完全扫描 D。对固定的样本大小，抽样的复杂度仅随数据的维数线性增加；而其他技术如直方图，复杂度随 D 呈指数增长。

2.3.4　数据变换

通俗地说，数据变换就是对数据格式统一化，目的是更好地完成数据挖掘。通常挖掘算法对数据格式有自身特定的限制，这就要求在进行数据挖掘前，将这些格式不一样的数据集进行数据格式的转换，使得所有数据的格式统一化。

2.3.4.1　数据立方聚集

数据聚集对数据进行分类和汇总。例如，可以聚集季度销售数据，计算年销售量。通常，这一步用来为多个抽象层的数据分析构造数据立方体。

如图 2-31（a）所示，销售数据按季度显示；图 2-31（b）通过数据聚集提供了年度销售额。可以看出，结果数据量小得多，但并不丢失分析任务所需的信息。

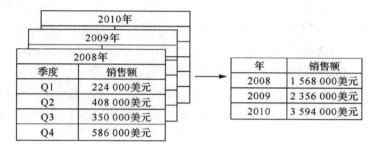

（a）销售数据按季度显示　　　　　（b）年度销售额

图 2-31　某分店销售数据

通过图 2-31，读者会对数据立方体有一个感性的认知。在最低抽象层创建的立方体被称为基本方体。基本方体应当对应于感兴趣的个体实体。换言之，最低层应当是对分析可用的或有用的。最高层抽象的立方体被称为顶点方体。不同层创建的数据立方体被称为方体，因此"数据立方体"可以被看作方体的格。

2.3.4.2　数据离散化

离散化技术是一种重要的数据变换方法，通常在分类或关联规则分析（第 4 章讲述）中使用。连续型数据转换为离散型数据一般包含两个子任务：①判断需要多少个离散型数据；②如何把连续型数据映射到离散型数据上。在第 1 步中，先对连续型数据进行排序，然后指定 n-1 个点把数据分为 n 个区间。在第 2 步中，把落在同一个区间内的所有连续型数据都映射到相同的离散型数据上。因此，离散化问题就变成了如何划分区间的问题。

分类和聚类分析都是离散化技术，通过将属性值划分成簇或组，来离散化数值属性。前面讲述的分箱法也可以用于离散化数据。

常见的离散化示例是学生的学习成绩，一种是通过百分制给出，另外一种是分为优、良、中、可、差五级。二者之间建立一种映射关系可看作离散化方法。

2.3.4.3　数据规范化

不同变量的极差（最大和最小值的差）往往存在很大差异。例如，假设我们对美国职业棒球大联盟感兴趣，球员的平均击球率在 0 ～ 0.4 之间变化，而一个赛季的本垒打数则介于 0 ～ 70。这种极差上的差异对一些数据挖掘算法，将会导致具有较大极差的变量对结果产生不良影响。也就是说，具有较大可变性的本垒打数将会起到主导作用。因此，我们应该对数值变量进行规范化处理，以便标准化每个变量对结果的影响程度。下面介绍几种常用规范化方法。

数据规范化案例

1. 最小 - 最大规范化

最小 - 最大规范化（Min-Max Normalization）又称离差标准化，是对原始数据的线性转化，将数据按比例缩放至一个特定区间。假设原来数据分布在区间 [min,max]，要变换到区间 [min′,max′]，公式如下：

$$v' = \min' + \frac{v - \min}{\max - \min}(\max' - \min')$$

当多个属性的数值分布区间相差较大时，使用最小 - 最大规范化可以将这些属性值变换到同一个区间，这对于属性间的比较以及计算对象之间的距离很重要。

下面是一组序列数据变换前后的对比情况，如图 2-32 所示。

给定一个长度为 100 的序列数据集合，图 2-32（a）显示它的取值范围是 [20,80]，均值为 48，方差为 189，同时显示经过变换后的序列图形，可以明显看出其被向下平移，压缩到区间 [0,1] 内，均值为 0.5，方差为 0.05。

图 2-32（b）的直方图给出原始数据的分布情况，图 2-32（c）的图形是等比例放大了经过变换后序列的形状，图 2-32（d）是分布直方图。虽然变换后序列的取值范围为 [0,1]，但等比例放大后，形状并没有发生变化，说明最小 - 最大规范化只是对原始数据进行了线性变换，即对原始数据经过平移以及缩放操作，方差和均值均会改变，但数据分布形态（直方图）不变。

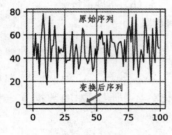

（a）原始序列和变换后的序列

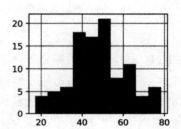

（b）原始序列的分布直方图

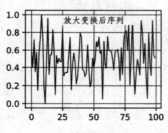

（c）放大的变换后序列

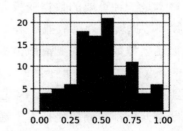

（d）变换后序列的分布直方图

图 2-32　最小 - 最大规范化

2. Z-score 标准化

Z 分数（Z-score）也叫标准分数（Standard Score），用公式表示为

$$Z = \frac{x - \bar{x}}{s}$$

式中：x 为原始数据；$\bar{x}$ 为 x 的均值，s 为 x 的标准差。经过 Z-score 标准化变换后的数据，其均值为 0，方差为 1。

Z 分数表示原始数据和样本均值之间的距离是以标准差为单位计算的。原始数低于平

均值时 Z 为负数，反之则为正数。标准分数可以回答这样一个问题：以标准差为度量单位，一个原始分数与整体平均数的距离是多少？在平均数之上的分数会得到一个正的标准分数，在平均数之下的分数会得到一个负的标准分数。

对满足不同正态分布的多个属性进行 Z 分数变换，可以将这些正态分布都变换成标准正态分布，利用标准正态分布的性质，可以对不同属性的数据进行分析和相互比较。根据正态分布的性质，如果知道一个数值的标准分数即 Z-score，就可以非常便捷地在标准正态分布表中查到该标准分数对应的概率值。任何数值，只要符合正态分布的规律，均可使用标准正态分布表查询其发生的概率。因此，我们可以通过计算标准分数，对来自不同属性或者数据集合的数据进行比较。下面我们来看一个例子。

给定两个长度为 100 的正态分布序列，变换前后的数据分别如图 2-33（a）和图 2-33（b）所示。对于不同序列中同为 60 的两个数值，它们在各自的集合里处于什么样的水平呢？如何使得两个集合的数具有可比性？

为了显示清晰，在图 2-33（c）和图 2-33（d）中，将变换后的序列数据进行放大。通过 Z 分数变换为标准分数后，可以定量地分析上述问题。

图 2-33（a）中的 60 化为标准分数是 $\dfrac{60-55.74}{19.12}=0.22$

图 2-33（b）中的 60 化为标准分数是 $\dfrac{60-59.83}{6.51}=0.03$

根据标准正态分布表，可得 $p(X \leqslant 0.22)=58.17\%$ 以及 $p(X \leqslant 0.03)=51.20\%$。由此可知，图 2-33（a）中的 60 大约处于 58.71% 的位置，而图 2-33（b）中的 60 则处于 51.20% 的位置。

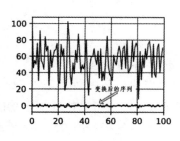

（a）正态分布序列 1

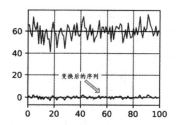

（b）正态分布序列 2

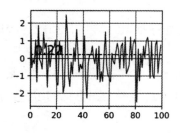

（c）样本 1 变换为标准分数之后

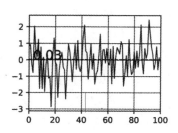

（d）样本 2 变换为标准分数之后

图 2-33　Z-score 变换示例

需要说明的是，当数据的各个属性值范围差异较大时，或者在数据服从正态分布的情况下，Z 分数变换很有用，特别是对线性回归、逻辑回归以及线性判别分析等算法。Z 分数变换的缺点在于假如原始数据不是高斯分布，标准化的数据分布效果并不好。

3. 小数定标规范化

小数定标规范化确保每一个规范化值都在 -1 ～ 1 之间，公式如下：

$$X^*_{\text{decimal}} = \frac{X}{10^d}$$

其中，d 表示具有最大绝对值的数据位数。假设数据 X=4997 是最大值，其绝对值为 |4997|=4997，则对应 d=4。小数定标规范化时，就把变量中所有的数据除以 10^4。假设数据集 X 的最小值是 1613，则最小和最大值的小数定标规范化为 0.1613 和 0.4997。

2.3.5 Kettle 数据转换实例

Kettle 是一个开源 ETL（Extract Transform Load）工具，由 Java 编写。其主要功能是对源数据进行抽取、转换、装入和加载数据，也就是将源数据整合为目标数据。Kettle 支持各种关系型数据库、非关系 NoSQL 数据源以及 Excel、Access 小型数据源。Kettle 的数据处理功能也很强大，除了选择、过滤、分组、连接、排序常用的功能外，其提供的 Java 表达式、正则表达式、Java 脚本、Java 类等功能非常适合各种数据处理。

1. 安装 Kettle

访问网址 https://sourceforge.net/projects/pentaho/，并下载该软件的安装包，该软件为绿色版本，解压后运行 Spoon.bat 或 Spoon.sh 可启动 Kettle。注意，Kettle 运行时依赖 JRE 环境。

2. Kettle 组成

Kettle 中有两种脚本文件，分别是转换（Transformation）和作业（Job）。转换完成数据的基础转换，作业则完成整个工作流的控制，Kettle 包括以下 3 个部分：

- Spoon：转换 / 作业设计工具（GUI 方式）。
- Kitchen：作业执行器（命令行方式）。
- Span：转换执行器（命令行方式）。

Spoon 是一个图形用户界面，它允许运行转换或者作业，其中转换是用 Span 工具来运行，作业是用 Kitchen 来运行。Span 是一个数据转换引擎，它可以执行很多功能。例如从不同的数据源读取、操作和写入数据。Kitchen 是一个可以运行利用 XML 或数据资源库描述的作业，通常作业是在规定的时间间隔内用批处理的模式自动运行。

3. Kettle 转换及其相关概念

转换是 ETL 解决方案中最主要的部分，它负责处理抽取、转换、加载各阶段对数据行的各种操作。

（1）步骤：Kettle 转换包括一个或多个步骤，如读取文件、过滤输出行、数据清理或将数据加载到数据库。步骤是转换中的基本组成部分，它是一个图形化的组件，可以通过配置步骤的参数，使它完成相应的功能。

（2）跳：转换中的步骤通过跳来连接，跳就是步骤之间带箭头的连线，跳定义了步骤之间进行数据传输的单向通道，允许数据从一个步骤向另一个步骤流动。在 Kettle 里，数据的单位是行，数据流就是数据行从一个步骤到另一个步骤的移动，数据流的另一个同义词就是记录流。从程序执行的角度看，跳实际上是两个步骤之间进行数据行传输的缓存。因为在转换里每个步骤都依赖前一个步骤获取字段值，所以当创建新跳的时候，跳的方向是单向的，不能是双向循环的。

图 2-34 显示了一个简单的转换案例，该转换从数据库中读取数据并写入 Microsoft Excel 表格。两个步骤分别为"表输入"和"Microsoft Excel 输出"。配置"表输入"步骤的参数，可以使这个步骤从指定的数据库中读取指定关系表的数据；配置"Microsoft Excel 输出"步骤的参数，可以使这个步骤向指定的路径创建一个 Excel 表格，并写入数据。当这两个步骤用跳（箭头连接线）连接起来的时候，"表输入"步骤读取的数据通过跳传输给了"Microsoft Excel 输出"步骤。这个跳对"表输入"而言，是个输出跳；对"Microsoft Excel 输出"而言，是个输入跳。

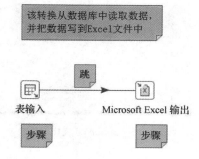

图 2-34　Kettle 的简单转换案例

（3）注释：除了步骤和跳，转换还包括注释。注释是一个小的文本框，可以放在转换流程图的任何位置，注释的主要目的是使转换文档化。

4. Kettle 转换实例

【例 2-2】利用 Kettle 工具，读入 student.xlsx 文件，将其中的重复记录去除，然后输出分隔符为逗号的 student.csv 文件。student.xlsx 文件的内容如图 2-35（a）所示，其中学生"李红"的记录重复。输出的 student.csv 文件的内容如图 2-35（b）所示。

Kettle 数据转换实例

	A	B	C	D	E	F	G
1	学号	姓名	性别	班级	年龄	身高	成绩
2	20190101	张三	男	1901	17	175	86
3	20190105	李红	女	1901	18	170	89
4	20190105	李红	女	1901	18	170	89
5	20190212	王明	男	1902	17	172	78
6	20190220	林军	男	1902	19	176	90
7	20190306	张霞	女	1903	18	165	88
8	20190318	赵刚	男	1903	18	173	79

（a）数据源 student.xlsx 文件

```
student.csv
1  学号,姓名,性别,班级,年龄,身高,成绩
2  20190101,张三,男,1901,17,175,86
3  20190105,李红,女,1901,18,170,89
4  20190212,王明,男,1902,17,172,78
5  20190220,林军,男,1902,19,176,90
6  20190306,张霞,女,1903,18,165,88
7  20190318,赵刚,男,1903,18,173,79
8
```

（b）目标输出 student.csv 文件

图 2-35　数据转换实例的数据输入和输出结果

明确目标后，利用 Kettle 数据转换功能完成该任务，操作步骤如下：

步骤 1：创建转换。

运行 Spoon.bat 后，进入 Spoon 可视化界面，启动完毕后的界面如图 2-36 所示，分为

转换和作业两个功能。在"文件"菜单中选择"新建",然后选择"转换",即可创建一个新的转换文件。

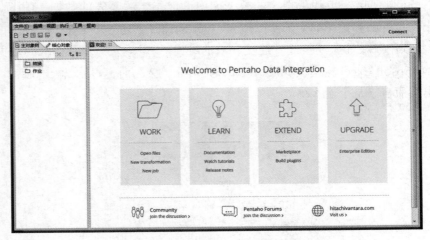

图 2-36　Spoon 可视化界面

步骤 2:保存转换。

将该文件命名保存为"第一个转换",出现如图 2-37 所示的界面,窗口中空白部分称为空画布,可在这个空画布上进行可视化编程。

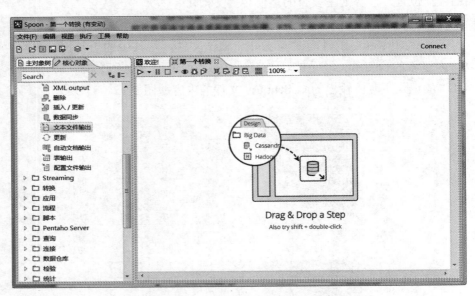

图 2-37　创建转换后的空画布界面

步骤 3:创建步骤。

此案例中有 3 个步骤需要创建,分别是 Excel 输入、去除重复记录、文本文件输出,下面分别介绍 3 个步骤的创建过程。

如图 2-38 所示,Spoon 左上角的"核心对象"选项卡中,以文件夹分类方式存放了各种类型的步骤,单击某个文件夹即可展开该文件夹中所有的步骤,也可在左上角"步骤"搜索框中,输入步骤的大体名称,进行模糊查找。

首先在"核心对象"选项卡中单击"输入"文件夹,展开输入类型的所有步骤,按住鼠标左键拖曳"Excel 输入"步骤到画布中。这样,在画布中就创建了一个新步骤。

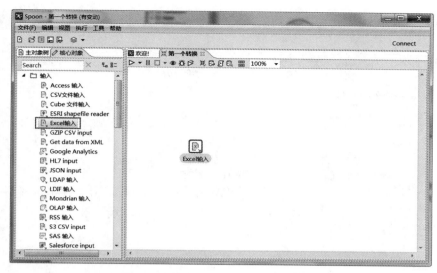

图 2-38 创建一个"Excel 输入"步骤

用同样的方法在"核心对象"选项卡中单击"转换"文件夹，选择"去除重复记录"步骤并拖曳到画布中。继续在"核心对象"选项卡中单击"输出"文件夹，在展开的输出类型的所有步骤中选择"文本文件输出"步骤，拖曳到图 2-39 所示画布中的位置。

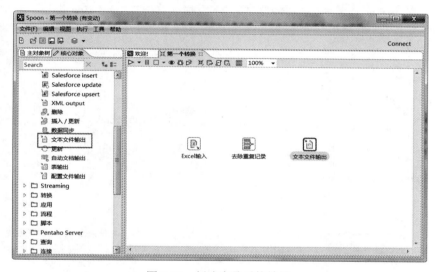

图 2-39 创建步骤后的效果

步骤 4：创建转换的跳，连接步骤。

此案例中有两个跳需要创建，分别连接"Excel 输入"和"去除重复记录"，以及"去除重复记录"和"文本文件输出"，下面分别介绍这两个跳的创建过程。

首先，将鼠标移动到"Excel 输入"步骤，在弹出的菜单中单击 ⤷ 图标（图 2-40），将箭头拖动到"去除重复记录"，待箭头变成蓝色时，松开鼠标左键，即可建立两个步骤之间的跳，用同样的方法连接"去除重复记录"和"文本文件输出"两个步骤，完成两个"连接跳"后的效果如图 2-41 所示。

步骤 5："Excel 输入"步骤的配置。

双击"Excel 输入"步骤图标可以打开该步骤配置界面，配置包含多项内容，下面逐一说明。

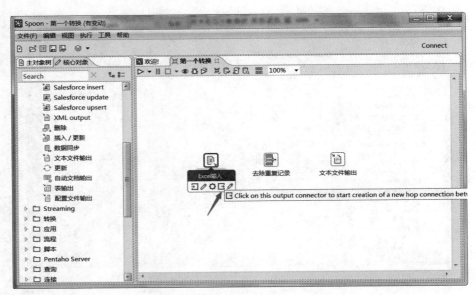

图 2-40　创建跳连接步骤

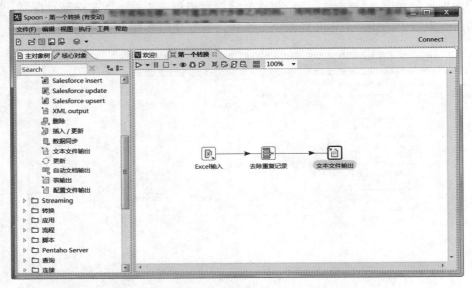

图 2-41　创建跳后的效果

（1）"文件"选项卡的配置。"文件"选项卡的配置如图 2-42 所示，将"表格类型（引擎）"配置为"Excel 2007 XLSX（Apache POI）"（输入的文件扩展名为 xlsx，属于 Excel 2007 以上版本的文件）。"浏览"按钮用于选择输入的文件位置和文件名，这里选择 student.xlsx 文件所在路径作为输入文件，然后单击"增加"按钮，把文件增加到"选中的文件"列表中。

（2）"工作表"选项卡的配置。"工作表"选项卡的配置如图 2-43 所示，单击"获取工作表名称"按钮，系统将打开图 2-44 所示的"输入列表"对话框。

在"输入列表"对话框中，将"可用项目"的"Sheet1"放到"你的选择"栏目中，完成效果如图 2-44 所示。

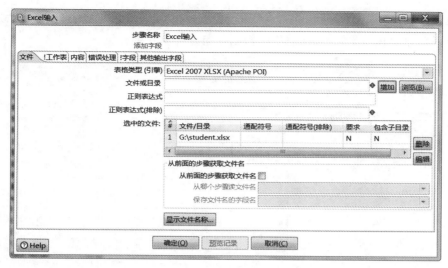

图 2-42 "Excel 输入"步骤配置—文件

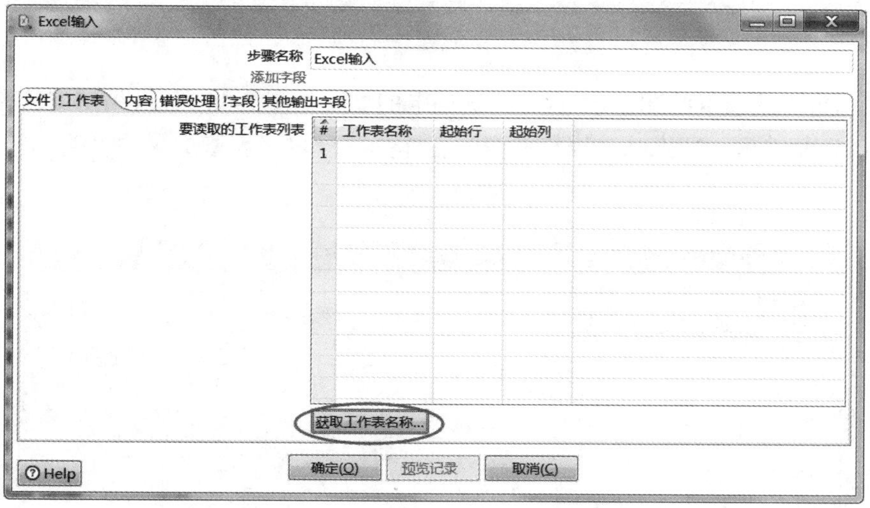

图 2-43 获取工作表名称

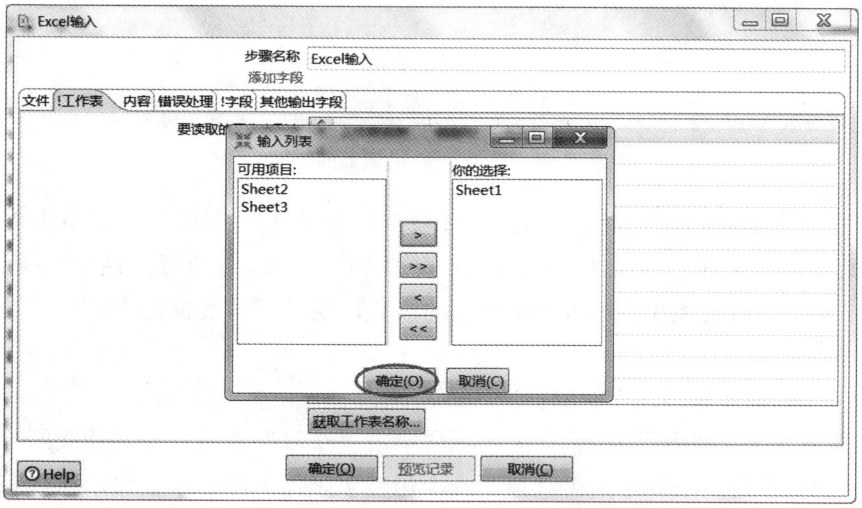

图 2-44 将 Sheet1 添加到"你的选择"栏目中

完成工作表选择配置后,回到图 2-45 所示界面。在"要读取的工作表列表"中,"起始行"和"起始列"都填 0,因为 Excel 表格的数据从第 0 行第 0 列开始。

图 2-45 设置起始行起始列

(3)"内容"选项卡的配置。"内容"选项卡的配置如图 2-46 所示,采用默认配置即可。勾选"头部"复选框,即意味着表格的第一行作为字段名,表格文字的"编码"采用默认编码即可。

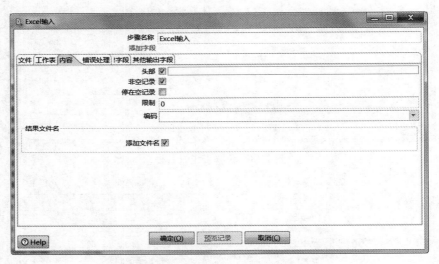

图 2-46 "内容"选项卡的配置

(4)"字段"选项卡的配置。"字段"选项卡的配置如图 2-47 所示。单击"获取来自头部数据的字段"按钮,系统将获取 Sheet1 表的所有字段,获取到的字段及配置信息在字段列表中显示。配置类型为 Number 字段的格式,通过下拉选择为"#",可以不显示小数点。

步骤 6:"去除重复记录"的配置。

"去除重复记录"的配置如图 2-48 所示,单击"获取"按钮,可以获取所有字段作为比较字段,这些字段用于判定是否重复。选中相应字段行,按 Delete 键,可以删除比较字段。单击字段右边的 ▼ 按钮,也可以更换字段。还可以设置是否忽略大小写。

图 2-47　"字段"选项卡的配置

图 2-48　"去除重复记录"的配置

注意：去除重复记录一般基于一个已经排好序的输入，如果输入没有排序，则仅有两个连续的记录行被正确处理。

步骤 7："文本文件输出"的配置。

双击"文本文件输出"按钮，可打开该步骤配置界面，包含文件、内容、字段配置，"文件"选项卡的配置如图 2-49 所示，此项通过"浏览"按钮选择输出文件位置和名字，此处确定为 G:\student，扩展名为 CSV。内容和字段设置用默认值即可。

步骤 8：运行转换。

单击如图 2-50 所示的"启动"按钮，开始运行程序，在弹出的对话框中单击"启动"按钮运行此转换，系统将在指定路径输出文件 student.csv，同时 Spoon 将显示转换执行日志。

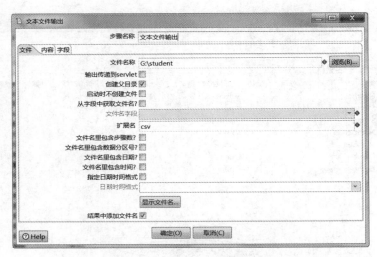

图 2-49　"文件"选项卡的配置

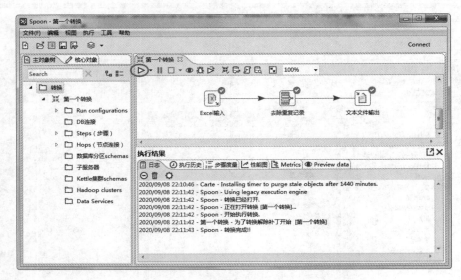

图 2-50　转换执行成功

习题与思考

1．大数据来源有哪些？

2．列举常见的日志采集平台及其工作原理。

3．什么是网络爬虫？简述网络爬虫的工作原理。

4．数据清洗的主要任务是什么？常用的数据清洗技术有哪些？

5．数据集成需要考虑哪些问题？请查阅相关资料。

6．数据归约的目的是什么？有哪些常用的技术？

7．数据变换的主要任务是什么？常用的数据变换技术有哪些？

8．使用八爪鱼采集器，爬取豆瓣网关于影片《哪吒之魔童降世》的短评信息，内容包括用户名、星级评分、评论内容和评论时间。

网址：https://movie.douban.com/subject/26794435/comments?status=P。

提示："评分"字段提取后需要进行进一步的设置。由于系统默认抓取的是所选元素的文本，而"评分"字段所要抓取的是所选元素的 class 属性的值，而非文本内容，因此按默认抓取，所得结果为空。单击"评分"字段后的"更多字段操作"图标按钮，进一步选择"自定义抓取方式"选项，在打开的窗口中选择"抓取元素属性值"，选择属性名称为 class 即可。

9．假设有如下收入数据（单位：万元，递增排序）：3,6,7,7,8,9,9,10,10,12,12,12,15,15,15,18,18,18,20,20,20,20,24,24,30,30，回答如下问题：

（1）计算数据的均值、中位数和众数。

（2）将数据划分到大小为 4 的等深箱中，给出每个箱中的数据。

（3）分别给出利用箱均值平滑数据的结果和中值平滑数据的结果。

10．利用习题 9 中的数据，回答如下问题：

（1）使用 Min-Max 规范化变换将年收入值为 22 的数据变换到 [0.0,1.0] 区间。

（2）使用 Z-score 标准化变换年收入值为 22 的数据，其中数据的标准差为 7.46。

（3）使用小数定标规范化变换年收入值为 22 的数据。

第 3 章　大数据存储与管理

本章导读

数据存储和管理技术负责对数据的分类、编码、存储、索引和查询等，可以概括为数据的存储（写入）和查询检索（读取）两大功能。传统的关系型数据库管理侧重于追求应用的通用性、数据的一致性和系统的高性能等目标。但在大数据时代，数据量增大、数据类型复杂和使用场景特定化需求的特性使得分布式文件系统、非关系型数据库 NoSQL、新型数据存储与管理 NewSQL、云存储等模式得到了快速发展。

本章首先对数据库存储与管理技术的发展历程进行概述；然后介绍关系型数据库的基本知识以及关系型数据库查询语言，这是学习大数据存储与管理的基础；最后介绍大数据时代常用的几种分布式存储与管理技术，主要是分布式文件系统，列族、键值、文档和图等 4 种非关系型数据库技术 NoSQL，以及新兴的大数据存储管理技术 NewSQL、云存储等。为便于读者理解，对各种数据存储管理技术结合案例进行了讲解。

知识结构

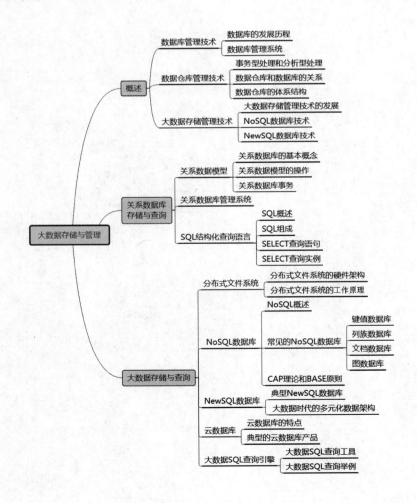

3.1　概述

数据存储与管理是利用计算机硬件和软件技术对数据进行有效的收集、存储、处理和应用的过程，这个过程同样也贯穿了大数据处理过程的始终，无论是新采集的海量原始数据，还是处理过程中的临时数据，或是最后的数据处理结果，都需要高效的存储与管理。但是，大数据时代，除了数据量巨大以外，数据的结构特征也越来越复杂，数据存在着结构化、半结构化、非结构化等多种数据类型，使得数据的存储和管理方式也有很大的区别。本节主要讲述在数据存储与管理技术发展的过程中，有代表性的数据库管理技术、数据仓库管理技术和大数据时代的新型数据管理技术。

3.1.1　数据库管理技术

数据库是建立在计算机存储设备上的仓库，它按照数据结构来组织、存储和管理数据。数据库管理方式的出现是为了解决当时文件系统存在的数据不能共享、数据冗余大和数据不一致等问题而提出来的。简单来说，数据库可看作电子化的文件柜，用户可以对文件中的数据进行新增、截取、更新、删除等操作。严格来说，数据库是长期储存在计算机内、有组织的、可共享的数据集合，数据库中保存的数据结构既描述了数据间的内在联系，便于数据增加、更新和删除，也保证了数据的独立性、可靠性、安全性与完整性，提高了数据共享程度和数据管理效率。

（1）数据库的发展历程。20 世纪 60 年代后期，计算机管理的对象规模越来越大，应用范围也越来越广泛，数据量出现急剧增长，同时多种应用、多种语言互相覆盖地共享数据集合的要求越来越强烈，数据库技术应运而生。20 世纪 70 年代，IBM 公司的 Edgar Frank Codd 开创了关系数据库理论。20 世纪 80 年代，随着事务处理模型的完善，关系数据管理在学术界和工业界取得主导地位，并一直保持到今天。在 Edgar Frank Codd 发表的一系列论文中，他建议将数据独立于硬件来存储，用户使用一种非过程语言来访问数据，不再要求用户掌握数据的物理组织方式，使得关系数据库的使用更加简便。关系数据库的核心是将数据保存在由行和列组成的简单表中，各个表之间的关联关系通过简单表来表达，这种做法使得关系数据库的基本数据结构非常统一。在后续的论文中，Codd 又提出了针对关系型数据库系统的具体指导原则，开创了关系数据库和数据规范化理论的研究，他因此获得了 1981 年的图灵奖，关系数据库也很快成为数据库市场的主流。

（2）数据库管理系统。数据库作为信息存储的应用已经成为基础部分，对于获取到的大量数据，则需要一种强大的、灵活的管理系统来进行有效的组织、存储和管理，以便进一步发挥这些数据的价值，数据库管理系统就承担着数据组织、存储和管理的任务。

数据库管理系统（Database Management System，DBMS）由一组计算机程序构成，是一个通用软件系统，它能够对数据库进行有效的管理，包括数据存储结构的定义、数据操作机制的提供、数据的安全性保证以及多用户情况下数据完整性的管理等。

DBMS 的目标是提供一个可以方便、高效地存取数据库信息的环境，它是应用程序与数据库之间的桥梁，应用程序通过数据库管理系统来访问数据库。数据库、数据库管理系统和应用程序之间的关系如图 3-1 所示。

数据库的发展历程

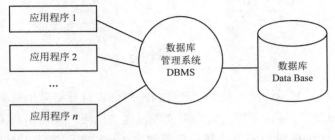

图 3-1　数据库、数据库管理系统和应用程序之间的关系

关系数据库管理系统（RDBMS）是管理关系数据库的系统软件，它以具有国际标准的 SQL（Structured Query Language）作为关系数据库的基本操作接口。通过 SQL，关系数据库中的数据能被灵活地组合、拆分、转换，使用户和应用程序能够非常方便地处理其中的数据，常用的关系数据库管理系统有 Oracle、Microsoft SQL Server、MySQL、DB2 等。

3.1.2　数据仓库管理技术

数据库管理技术主要以数据库为中心进行事务处理和分析处理，随着各类应用的深入和数据数量的积累，人们逐渐意识到通过挖掘数据之间的联系能够发现数据中隐藏的价值。也就是说，我们希望数据库既能做事务处理，也能进行联机分析处理。但实际上，事务处理和分析处理具有极不相同的性质，事务性数据处理要求数据的一致性、完整性、存取频率高、处理时间短，而分析决策型应用往往来自不同数据源，数据存取频率低、处理时间长。因此，现有的数据库技术无法实现这种复合任务，直接用事务处理环境来支持决策分析往往行不通，于是数据仓库管理技术应运而生。

1. 事务型处理和分析型处理的区别

数据处理大致可以划分为事务型处理（又称联机事务处理，OLTP）和分析型处理（又称联机分析处理，OLAP）两类。事务型处理一般针对的是具体业务，通过对一个或一组数据的查询和修改，为特定应用服务；分析型处理一般针对某个主题通过综合大量历史数据处理，服务于决策支持。表 3-1 列出了两种不同数据处理类型的区别。

表 3-1　事务型处理与分析型处理的区别

比较项目	事务型处理的特点	分析型处理的特点
用户	操作人员	管理人员、决策人员
应用特性	日常操作处理	分析决策
操作	更新操作为主	查询操作为主
操作数据量	一次操作数据量小	一次操作数据量大
数据特点	最新的、细节的、二维的	历史的、聚集的、多维的
时间要求	具有实时性	对时间要求不严格
并发访问量	非常高	不高
数据库设计	面向应用	面向主题
主要应用	数据库	数据仓库

2. 数据仓库和数据库的关系

数据仓库是在数据库已经大量存在的情况下，为进一步挖掘数据资源和决策需要而产生的，它并不是所谓的"大型数据库"。数据仓库比较公认的定义由 W. H. Inmon 给出，即"数据仓库（Data Warehouse）是一个面向主题的（Subject Oriented）、集成的（Integrated）、相对稳定的（Non-Volatile）、反映历史变化的（Time Variant）数据集合，用于支持管理决策"。数据仓库主要有如下特点：

（1）数据仓库是面向主题的。数据仓库中的数据是按照一定的主题域进行组织的。主题是指用户使用数据仓库进行决策时所重点关心的方面，一个主题通常与多个事务型信息系统相关。

（2）数据仓库是集成的。数据仓库的数据来自分散的事务型数据，将所需数据从原来的数据中抽取出来，进行加工与集成、统一与综合之后才能进入数据仓库。

（3）数据仓库是不可更新的。数据仓库主要为决策分析提供数据，一般不可再修改，涉及的操作主要是数据的查询，并定期进行数据追加。

（4）数据仓库是随时间而变化的。随着时间的推移，数据仓库不断增加新的数据内容，同时旧数据会被不断删除。

数据仓库技术的出现弥补了传统数据库在分析型处理、提供决策支持分析方面的不足。数据仓库的数据来自事务型数据库，经过一系列的抽取、转换、加载的处理，变成对终端用户有用的信息，形成一个新的集成系统。与传统数据库相比，数据仓库具有数据继承与分析能力。数据仓库的出现并不是要取代传统事务型数据库，而是以传统的事务型数据库为基础，建立一个用于支持管理层决策分析的综合信息分析应用系统。表 3-2 列出了数据仓库和传统事务型数据库的区别。

表 3-2　数据仓库与传统事务型数据库的区别

比较项目	传统事务型数据库	数据仓库
总体特征	高效、即时的事务处理	以提供决策支持为目标
面向用户	业务人员	管理决策人员
功能目标	面向业务操作	面向数据分析
存储内容	以当前业务数据为主	主要是以发生的历史数据为主
基础结构	关系型	多维型
关系结构	3NF 三级范式	星型或雪花型结构
使用频率	很高	较低
访问特征	读取与写入并重	读取为主
数据规模	较小	较大

3. 数据仓库的体系结构

数据仓库的体系结构如图 3-2 所示，通常包含四个层次：数据源、数据存储和管理、数据分析和挖掘引擎、数据应用。

（1）数据源：数据仓库的数据来源，包括了外部数据、现有事务型数据库业务系统和文档资料等。

（2）数据存储和管理：这一层完成数据的抽取、清洗、转换和加载等数据预处理任务以及数据仓库的监视、运行和维护等工作。数据源中的数据采用 ETL 工具以固定的周期加载到数据仓库中。数据的存储和管理包括数据仓库、数据集市、数据仓库检测、运行与维护工具和元数据管理等。

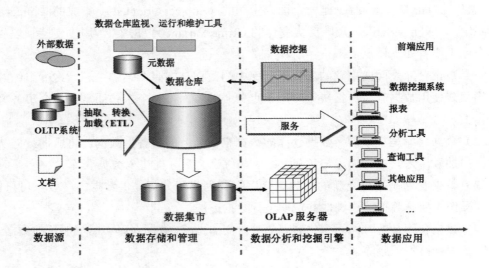

图 3-2　数据仓库体系结构

（3）数据分析和挖掘引擎：为前端工具和应用提供数据服务，可以直接从数据仓库中获取数据供前端应用使用，也可以通过 OLAP 服务器为前端应用提供更加复杂的数据服务。OLAP 服务器提供了不同聚集粒度的多维数据集合，使得应用不需要直接访问数据仓库中的底层细节数据，大大减少了数据计算量，提高了查询响应速度。OLAP 服务器还支持针对多维数据集的上钻、下探、切片、切块和旋转等操作，增强了多维数据分析能力。

（4）数据应用：这一层次直接面向最终用户，包括数据查询工具、自由报表工具、数据分析工具、数据挖掘工具和各类应用系统。

大数据时代，面对大规模的数据和复杂的数据类型，现有的数据仓库管理技术也面临着计算和存储的挑战，如何设计适应大数据分析处理的计算模式和数据存储方式将成为解决大数据分析处理问题的关键。

近年来，开源框架 Hadoop 已经成为大数据分析处理的基础平台。Hadoop 基于 HDFS 与 MapReduce，实现了分布式的文件系统、并行编程模型、并行执行引擎，较好地解决了传统数据仓库所不能解决的问题，数据仓库开始在大数据计算平台上进行融合和应用。

3.1.3　大数据存储管理技术

数据仓库解决了结构化数据的处理和分析应用问题，但是大数据是传统数据处理软件难以处理的大量数据集，需要处理的数据量急剧增大，数据类型也变得非常复杂，使用场景从通用向特定需求过渡，性能与效率的要求也不断提高。为了解决这些问题，分布式文件系统、NoSQL 数据库、NewSQL 等大数据存储与管理新技术应运而生。

1.　大数据存储管理技术的发展

2010 年前后，随着云计算技术逐步落地，存储设备等硬件成本快速下降，互联网、物联网等数据规模快速增长，能够低成本、高效率处理海量异构数据的大数据存储与查询技术快速发展。谷歌公司为满足搜索业务的需求，推出以分布式文件系统 GFS（Google

File System)、分布式计算框架 MapReduce、列族数据库 BigTable 为代表的新型数据管理与分布式计算技术，解决了海量数据的存储成本、计算效率、灵活查询方式给传统数据管理技术带来的挑战。Doug Cutting 领衔的技术社区研发了对应的开源版本，在 Apache 开源社区形成了 Hadoop 大数据技术生态。依托 Apache 等开源社区，Hadoop 技术生态不断迭代，又提出了面向内存计算的 Spark 大数据处理软件栈、各类型 NoSQL 数据库，以及分布式文件系统之上的数据查询技术等一系列大数据时代的新型数据管理技术。

2. NoSQL 数据库技术

关系型数据库（RDBMS）具有数据一致性好、事务机制完善、查询语言标准化、查询效率高、技术成熟等特点，一直以来是数据存储管理系统的主流，但在面对超大规模数据量、大量非结构化或半结构化数据的大数据计算问题时，面临着不能有效地存储半结构化和非结构化的数据，也不能有效地支持分布式文件系统上的并行计算模型等问题。随着大数据处理兴起的非关系型数据库 NoSQL（Not Only SQL）以其扩展性好、能有效处理非结构化或半结构化数据、支持高并发计算模型的特点，在互联网、医疗卫生、电子商务等领域得到了广泛应用。目前流行的 NoSQL 数据库主要有键值对数据库、文档数据库、列族数据库和图数据库 4 种，典型的 NoSQL 产品有 Danga Interactive 的 Memcached、10gen 的 MongoDB、Facebook 的 Cassandra、Google 的 BigTable 及其开源系统 HBase、Amazon 的 Dynamo、Apache 的 Redis 等。

NoSQL 是 Not Only SQL 的缩写，它不是对关系型数据库的否定，而是对关系型数据库所不擅长的部分进行补充。在实际应用中，不仅要依靠 SQL 关系型数据库，还要采用 NoSQL 技术。关系型数据库（RDBMS）与 NoSQL 数据库的区别见表 3-3。

表 3-3　RDBMS 和 NoSQL 数据库的区别

比较项目	RDBMS	NoSQL
数据类型	结构化数据	半结构化、非结构化数据
数据库结构	需要事先定义，是固定的	不需要事先定义，并可以灵活改变
数据一致性	ACID 特性保持严密的一致性	存在临时的不保持严密一致性的状态（结果匹配性）
扩展性	基本是向上扩展，由于需要保持数据的一致性，因此性能下降明显	通过横向扩展可以在不降低性能的前提下应对大量访问，实现线性扩展
服务器	一般以在一台服务器上工作为前提	以分布、协作式工作为前提
故障容忍性	为了提高故障容忍性，需要很高的成本	有很多无单一故障点的解决方案，成本低
查询语言	SQL	支持多种非 SQL 语言
数据量	较小规模数据	较大规模数据

3. NewSQL 数据库技术

除了常用的 NoSQL 数据库技术外，NewSQL 数据库技术最近几年也得到迅速发展。NewSQL 数据库技术是各种新的可扩展 / 高性能数据库的简称，这类数据库不仅具有 NoSQL 对海量数据的存储管理能力，还保持了传统数据库支持的 ACID 和 SQL 等特性。目前，具有代表性的 NewSQL 数据库主要包括 Spanner、Clustrix、VoltDB、NimbusDB、ScaleDB 等。

3.2　关系数据库存储与查询

关系数据库就是用关系数据模型描述的数据库，是目前普遍使用的数据库管理技术。下面将分别从关系模型、关系数据库管理系统和 SQL 结构化查询语言三个方面介绍关系数据库。

3.2.1　关系数据模型

关系数据库建立在关系数据模型之上，主要用来存储结构化数据并支持数据的插入、查询、更新和删除等操作。关系数据模型的基本结构是关系，一个关系对应着一个二维表，二维表的名字是关系名，比如表 3-4 记录了主要农业国某年粮食产量与耕地情况，是一个关系，可以命名为 Agriculture，表 3-5 存储了主要农业国家的基本信息，是另一个关系，可命名为 Country。从表中可以看出，关系数据模型的二维表格反映事物及其联系的数据描述是以平面表格形式体现的。关系数据模型的这种数据结构非常适合表示现实世界的数据，因为人们工作、生活中用到的很多数据都是放在表格中的，例如工资表、成绩单、购物清单、消费记录等。在使用基于关系数据模型的数据库来管理数据时，只需要根据现实中的表格结构创建一些数据库表，然后将数据录入到数据库表中即可。因此，在各种场合下，人们常常不区分"表"和"关系"这两个术语。

表 3-4　部分国家某年粮食产量与耕地情况（Agriculture）

国家	粮食总产量	耕地面积
中国	6.17	150.4
美国	4.4	166.9
印度	3.13	153.5
巴西	1.17	66.1
加拿大	0.56	47.4

注　粮食总产量单位：亿吨；耕地面积单位：万平方公里。

表 3-5　部分国家基本情况（Country）

国家	所属大洲	国土面积	人口数量
中国	亚洲	959.7	14.24
美国	北美洲	982.66	3.29
印度	亚洲	328.76	13.44
巴西	南美洲	851.2	2.09
加拿大	北美洲	997.6	0.37

注　国土面积单位：万平方公里；人口数量单位：亿。

1. 关系数据库的基本概念

根据上面的关系表格举例，我们介绍一下关系模型中的一些术语。

（1）关系（Relation）。关系是一个属性数目相同的元组集合，即一个关系就是一张规范化的二维表格，如 Agriculture、Country 就是两个关系。

（2）元组（Tuple）。二维表中的行称为元组，每一行都是一个元组。如果把关系看成一个集合，则集合中的元素就是元组。

（3）属性（Attribute）。表中的列称为属性，可给每一个属性都起一个属性名。同一个关系中，每个元组的属性数目相同。

例如，Agriculture 关系有五个元组和三个属性，属性名分别为"国家""粮食总产量""耕地面积"。

（4）域（Domain）。属性的取值范围，即不同元组对同一个属性的值所限定的范围。

例如：一个逻辑属性只能是逻辑真和逻辑假两个取值，人的年龄一般取值在 $0 \sim 130$ 岁，性别只能从男、女中选择。

（5）码（或关键字）（Key）。能够唯一标识一个元组的属性或属性集合，例如，"国家"就是两个表 Agriculture、Country 的关键字，它可以唯一确定某一个国家的基本情况或者粮食产量。

（6）关系模式（Relation Schema）。对关系的描述称为关系模式，也就是属性的集合。其格式为：

关系名（属性名 1，属性名 2，…，属性名 n）

例如，Agriculture 关系包含三个属性，关系模式可以表示为：

Agriculture（国家，粮食总产量，耕地面积）

根据上述定义，可以看出关系是元组的集合，并具有以下性质。

● 列是同质的，即每一列中的分量是同类型的数据，来自同一个域。

● 每一列称为属性，不同的列属性名不能相同。

● 关系中没有重复的元组，任意一个元组在关系中都是唯一的。

● 元组的顺序可以任意交换。

● 属性在理论上是无序的，但在使用中按习惯考虑列的顺序。

● 所有的属性值都是不可分解的，即不允许属性又是一个二维表。

2. 关系数据模型的操作

关系数据模型的操作分为更新和查询两类，其中，更新可细分为插入（Insert）、修改（Update）、删除（Delete），查询包括选择（Select）、投影（Project）、并（Union）、差（Except）和连接（Join）等。关系数据模型的操作通常可以由两种关系查询语言来表达：关系代数和关系演算。不管是哪种关系语言，它们都以形式化（公式化）的方式定义了一系列对关系的操作，上面提到的更新、查询都可以用这些关系操作来组合实现。下面通过例子解释关系的更新和查询操作。

（1）插入：将一个新的行加入到现有关系中，例如，当增加一个国家的信息时，就需要为该国家的国家名称、粮食总产量、耕地面积建立一个新的元组。

（2）修改：对关系中已有的数据进行修改，这种修改特指对各种属性值进行修改。例如，可以修改某个国家的耕地面积（假定耕地面积发生变化）。显然，修改操作通常需要一种查找机制的配合，这将在下文的选择操作中提到。

（3）删除：如果关系中的一些数据不再需要，可以用删除操作将它们从关系中彻底去掉。与修改操作相似，删除操作通常需要和选择操作配合使用。

（4）选择：从关系中选取满足条件的元组。例如，从 Country 表中选出亚洲国家。当然，选择操作得到的结果是一个元组集合，也是一个关系。

（5）投影：从关系中抽取出若干属性形成一个新的关系。例如，从 Country 表中找到国家的人口信息，则可以用投影操作从 Country 表中抽出这两列，形成一个关系。

（6）并和差：关系是元组的集合，因此同类关系之间可以当作集合进行操作。关系的并操作就是将两个同类关系中的元组集合合并起来形成新的关系，而差操作则是将两个同类关系的元组集合进行差运算找出其中不同的元组集合。

（7）连接：很多时候需要把外散在不同关系中的数据关联在一起查看，此时就会用到连接操作。例如，想知道一个国家的粮食总产量和人口数量，这两个信息分别在两个表中，此时就需要将 Country 表和 Agriculture 表连接起来，形成一个属性更多的关系，连接后的结果关系就能清晰地显示所需信息。

3. 关系数据库事务

关系数据库管理系统基本都是面向多用户的，系统在运行时会有很多用户同时对数据库中的数据进行各种操作，而且不同用户同时操作同一个数据的情况也经常发生。例如，如果一个国家的信息同时被两个用户修改，那么就很容易发生不良后果。

为了避免不良现象，关系数据库必须严格遵循 ACID 事务处理原则，ACID 原则如下：

- A（Atomicity）：原子性，指事务必须是原子工作单元，对于数据修改，要么全都执行，要么全都不执行。
- C（Consistency）：一致性，指事务在完成时，必须使所有数据都保持一致状态。
- I（Isolation）：隔离性，指由并发事务所做的修改必须与任何其他并发事务所做的修改隔离。
- D（Durability）：持久性，指事务完成之后，它对于系统的影响是永久性的，该修改即使出现致命的系统故障，数据也要保持一致。

关系型数据库强调 ACID 原则，可以满足对事务性要求较高或者需要进行复杂数据查询的数据操作，可以充分满足数据库操作的高性能和操作稳定性的要求，较好地满足银行等领域对数据一致性的要求，得到了广泛的商业应用。

3.2.2　关系数据库管理系统

1. 商业 RDBMS 产品

自关系数据模型被提出以来，IBM、Oracle 等企业以及开源社区研发了众多的关系数据库管理系统（RDBMS）。经过几十年的发展，关系数据库管理系统获得了长足的发展，许多机构的在线交易处理系统、内部财务系统、客户管理系统等大多采用了 RDBMS。目前市场上占有份额较大的商业 RDBMS 产品主要有 Oracle、DB2、SQL Server。

（1）Oracle。Oracle 是美国 Oracle 公司出品的大型数据库管理系统软件，目前最新版本为 Oracle 21c，其版本号末尾的 c 代表云（Cloud），表明了 Oracle 对云客户的重视。2017 年，Oracle 宣布了自己的自治数据库和自治数据库云计划，其目标是让数据库能够 100% 自我管理，这在数据库产业界和研究界掀起了一波"智能 + 数据库"的热潮。

（2）SQL Server。SQL Server 最初由微软、Sybase 和 Ashton-Tate 三家公司共同开发，后来微软专注于在自家的 Windows 操作系统上开发 SQL Server，而 Sybase 则专注于 SQL Server 在 UNIX 操作系统上的应用（后来更名为 ASE）。现在所谈的 SQL Server 是指微软公司推出的关系数据库管理系统，它和广泛使用的 Windows 系列操作系统紧密结合，具有使用方便、可伸缩性好、与相关软件集成程度高等优点。但这同时也是 SQL Server 历史上最大的缺点：跨平台力差，因为它无法在类 UNIX 操作系统上运行。目前，微软已经开始修正这一缺点，最新的 SQL Server 2019 已经可以支持 Linux 系统。

（3）DB2。DB2 产自关系数据模型的起源地 IBM 公司，它也被很多人认为是最早使用 SQL 的数据库产品。DB2 主要应用于大型应用系统，具有较好的可伸缩性，可运行在所有常见的服务器操作系统平台上。DB2 有众多版本，小到支持移动计算的 Everyplace，大到支持企业级应用的 Enterprise Edition，目前 DB2 在国内银行业有较多应用，总体而言，DB2 流行度要低于上述两种商业 RDBMS。

除了上述几款 RDBMS 产品之外，还有不少国产的商业 RDBMS 产品，例如人大金仓的 KingBase、武汉达梦的 DM、南大通用的 GBase 等。虽然国产 RDBMS 在流行度和性能上相比于 Oracle 等巨头的 RDBMS 还有较大差距，但也都在国内不同的领域找到了自己的市场。随着国内几大互联网巨头的纷纷参与，国产 RDBMS（包括其他类型的 DBMS）将会取得长足的进步。

2．开源 RDBMS 产品

RDBMS 的发展也离不开开源社区的参与，现在比较流行的开源 RDBMS 产品有 MySQL、PostgreSQL 和 SQLite。

（1）MySQL。MySQL 是一个关系型数据库管理系统，由瑞典 MySQL AB 公司开发，目前属于 Oracle 旗下产品。MySQL 是最流行的关系数据库管理系统之一，特别是在 Web 应用方面，是最好的 RDBMS 应用软件。MySQL 软件分为社区版和商业版，由于其体积小、速度快、总体拥有成本低、开放源码，一般中小型网站的开发都选择 MySQL 作为网站数据库。在 DB-Engines 的流行度排行中，目前 MySQL 稳居第二。

（2）PostgreSQL。现在被称为 PostgreSQL 的对象 - 关系型数据库管理系统是从 Michael Stonebraker（2014 年图灵奖得主）领导的 Postgres 发展而来的。经过十几年的发展，PostgreSQL 是世界上可以获得的最先进的开放源码的数据库系统，它提供了多版本并行控制，支持几乎所有 SQL 构件（包括子查询、事务和用户定义类型与函数），并且获得众多开发语言（包括 C、C++、Java、Perl、Tel 和 Python）绑定。PostgreSQL 在全球拥有很多用户，2019 年 11 月的 DB-Engines 流行度排行显示，PostgreSQL 位居 Oracle、MySQL 和 SQL Server 之后，排名第四。在国内，近年来 PostgreSQL 社区也蓬勃发展，2017 年中国用户大会已经发展到 500 人以上的规模，也有很多企业开始基于 PostgreSQL 来开发自主可控的数据库管理系统。

（3）SQLite。SQLite 是 D.Richard Hipp 用 C 语言编写的开源嵌入式数据库引擎，它支持大多数的 SQL92 标准，并且可以在所有主要的操作系统上运行。相对于上述两种开源 RDBMS 来说，SQLite 的目标领域是嵌入式或者轻量级应用。随着物联网、移动设备的流行，SQLite 将在这些领域找到很多应用机会。

3.2.3　SQL 结构化查询语言

SQL 的全称为 Structured Query Language（结构化查询语言），它利用一些简单句子构成基本语法，用来存取数据库的内容。SQL 简单易学，已经成为关系型数据库系统中使用最广泛的语言。

1．SQL 概述

SQL 结构化查询语言是高级的非过程化编程语言，允许用户在高层数据结构上工作。

它不要求用户指定对数据的存放方法，也不需要用户了解具体的数据存放方式，所以具有底层结构完全不同的数据库系统，也可以使用相同的结构化查询语言作为数据输入与管理的接口。结构化查询语言语句可以嵌套，这使它具有极大的灵活性和强大的功能。

20 世纪 70 年代初，IBM 公司圣何塞实验室的 Edgar Frank Codd 提出关系和关系运算的概念，奠定了关系型数据库的理论模型基础。与 Edgar Frank Codd 同属于 IBM 圣何塞实验室的 D.D.Chamberlin 和 R.F.Boyce 在研制 System R 的过程中，提出了一套规范语言 SEQUEL（Structured English QUEry Language），并在 1976 年 11 月的 IBM Journal of R&D 上公布新版本 SEQUEL/2，1980 年才正式将其改名为 SQL。

1979 年，Oracle 公司首先提供商用的 SQL，其后 IBM 公司在 DB2 和 SQL/DS 数据库系统中也实现了 SQL。1986 年 10 月，美国国家标准化组织（ANSI）采用 SQL 作为关系数据库管理系统的标准语言（ANSI X3.135—1986），后为国际标准化组织（ISO）采纳为国际标准。1989 年，ANSI 采纳在 ANSI X3.135—1989 报告中定义的关系数据库管理系统的 SQL 标准语言，并将其称为 ANSI Sot.89，该标准替代 ANSI X3.135—1986 版本，之后每隔一定时间，ISO 都会更新新版本的 SQL 标准，目前最新的版本已经更新到 2016。

虽然 SQL 是一种意图统一各类系统查询语言的国际标准，但目前各种关系数据库管理系统产品对 SQL 的支持程度并不统一。不过各种关系数据库管理系统中 SQL 语言的大部分语法元素和结构具有共通性，这也解决了各系统对 SQL 支持不完全所带来的问题。

2. SQL 组成

按照不同的功能，SQL 语言包含六个部分。

（1）数据查询语言（Data Query Language，DQL）：其语句用以从表中获得数据，确定数据怎样在应用程序中给出。

（2）数据操作语言（Data Manipulation Language，DML）：其语句分别用于添加、修改和删除操作。

（3）事务控制语言（Transaction Control Language，TCL）：其语句能确保被 DML 语句影响的表的所有行及时得以更新。

（4）数据控制语言（Data Control Language，DCL）：其语句实现权限控制，确定单个用户和用户组对数据库对象的访问权限。

（5）数据定义语言（Data Definition Language，DDL）：其语句用于在数据库中创建新表或修改、删除表，为表加入索引等。

（6）指针控制语言（Cursor Control Language，CCL）：其语句用于对一个或多个表单独行的操作。

3. SELECT 查询语句

数据查询是对关系数据库最常用的操作，在 SQL 中，使用 SELECT 语句进行数据库查询，该语句应用灵活、功能强大。

SELECT 查询语句的基本格式：

```
SELECT [ALL | DISTINCT] <字段表达式1>[,<字段表达式2> AS [表达式] [,...]]
FROM <表名1> [,<表名2> [,...]]
[WHERE <筛选条件表达式>]
[GROUP BY <分组表达式>[HAVING <分组条件表达式> ]]
[ORDER BY <字段>[ASC | DESC]]
```

语句说明如下：

（1）SELECT 语句是由 SELECT 子句、FROM 子句和 WHERE 子句组成的查询块，方括号表示该部分语句可选。

（2）整个 SELECT 语句的含义是：根据 WHERE 子句的筛选条件表达式，从 FROM 子句指定的表中找出满足条件的记录，再按 SELECT 语句中指定的字段次序，筛选出记录中的字段值构造一个显示结果表。

（3）如果有 GROUP 子句，则将结果按 < 分组表达式 > 的值进行分组，该值相等的记录为一个组。

（4）如果 GROUP 子句带 HAVING 短语，则只有满足指定条件的组才会显示输出。

（5）如果有 ORDER 子句，表示输出结果按照升序或降序排列。

4．SELECT 查询实例

下面的例子是针对表 3-4 和表 3-5 的查询语句和查询结果。

【例 3-1】针对表 3-4 中的数据，查询粮食总产量超过 2 亿吨的世界主要农业国的粮食总产量和耕地面积，并按耕地面积从大到小排序。

SELECT 查询实例

查询语句为

```
SELECT 国家, 粮食总产量, 耕地面积
FROM Agriculture
WHERE 粮食总产量>2
ORDER BY 耕地面积 DESC
```

根据查询条件，得到的查询结果见表 3-6。

表 3-6　例 3-1 的查询结果

国家	粮食总产量	耕地面积
美国	3.63	166.9
印度	2.16	153.5
中国	5.01	150.4

注　粮食总产量单位：亿吨；耕地面积单位：万平方公里。

【例 3-2】对表 3-4 和表 3-5 所示数据，查询亚洲主要农业国耕地面积、人口数量及人均耕地面积（亩 / 人）。

查询语句为

```
SELECT Country.国家,耕地面积,人口数量,CONVERT(DECIMAL(13,2),耕地面积/人口数量*0.15)
AS 人均耕地面积
FROM Country, Agriculture
WHERE Country.国家= Agriculture.国家 AND 所属大洲='亚洲'
```

根据查询条件，得到的查询结果见表 3-7。

表 3-7　例 3-2 的查询结果

国家	耕地面积	人口数量	人均耕地面积
中国	150.4	14.24	1.58
印度	153.5	13.44	1.71

注　耕地面积单位：万平方公里；人口数量单位：亿；人均耕地面积：亩 / 人。

【例 3-3】对表 3-4 和表 3-5 所示数据，查询各大洲主要农业国耕地总面积、粮食总产量，

并按照洲粮食总产量升序排列。

查询语句为

```
SELECT 所属大洲 as 洲, SUM(耕地面积) as 洲耕地总面积,SUM(粮食总产量) as 洲粮食总产量
FROM Country, Agriculture
WHERE Country.国家= Agriculture.国家
GROUP BY 所属大洲
ORDER BY 洲粮食总产量
```

根据查询条件，得到的查询结果见表 3-8。

表 3-8　例 3-3 的查询结果

洲	洲耕地总面积	洲粮食总产量
南美洲	66.10	1.17
北美洲	214.30	4.96
亚洲	303.90	9.30

注　洲耕地总面积单位：万平方公里；洲粮食总产量单位：亿吨。

需要说明的是，上述三个案例，是基于微软 SQL Server 数据库管理系统编写的。如果使用其他的数据库管理系统（如 MySQL 或 Oracle），在语句表达上可能会略有不同（主要是一些函数的格式，如例 3-2 中的 CONVERT 函数、DECIMAL 函数等），具体实现时，则可根据系统规定进行修改。

3.3　大数据存储与查询

大数据存储技术是为了解决超大规模数据量、大量非结构化或半结构化的大数据存储和快速分析等问题提出的。随着大数据处理技术的发展，基于分布式文件系统的非关系型数据库 NoSQL 以其扩展性好、能有效处理非结构化或半结构化数据、支持高并发计算模型等特点得到了比较广泛的应用，并推动了新型数据库 NewSQL 技术的发展。

3.3.1　分布式文件系统

分布式文件系统（Distributed File System，DFS）是指文件系统管理的物理存储资源不仅存储在本地节点上，还可以通过网络连接存储在集群中的其他节点上。分布式文件系统可以有效解决备份、安全、可扩展等数据存储和管理的难题，每个节点可以分布在不同的地点，通过网络进行节点间的通信和数据传输，用户无须关心数据存储在哪个节点上，如同使用本地文件系统一样管理和存储数据。分布式文件系统是大数据存储系统的重要组成部分，也是支撑大数据处理过程中上层应用的基础。

（1）分布式文件系统的硬件架构。分布式文件系统把文件分布存储到多个计算机节点上，成千上万的计算机节点构成集群。与之前使用多个处理器和专用高级硬件的并行化处理装置不同的是，目前的分布式文件系统采用的计算机集群都由普通硬件构成，大大降低了硬件上的开销。计算机集群的基本架构如图 3-3 所示，集群中的计算机节点存放在机架（Rack）上，每个机架可以存放 8 ～ 64 个节点，同一机架上的不同节点之间通过网络互联，多个不同机架之间采用另一级网络或交换机互联。

（2）分布式文件系统的工作原理。分布式文件系统在物理结构上由计算机集群中的多

个节点构成。这些节点分为两类：一类叫"主节点"（Master Node），或称为"名称节点"（Name Node）；另一类叫"从节点"（Slave Node），或称为"数据节点"（Data Node）。系统将文件分成若干块进行存储，每个块通常备份 3 份，以保证数据的可靠性。名称节点负责文件和目录的创建、删除和重命名等，同时管理数据节点和文件块的映射关系。客户端只有访问名称节点才能找到请求的文件块所在位置，进而到相应位置读取所需文件块。数据节点负责数据的存储和读取：在存储时，由名称节点分配存储位置，然后由客户端把数据直接写入相应数据节点；在读取时，客户端从名称节点获得数据节点和文件块的映射关系，然后到相应位置访问文件块。数据节点也要根据名称节点的命令创建、删除数据块和冗余复制。分布式文件系统的工作原理如图 3-4 所示。

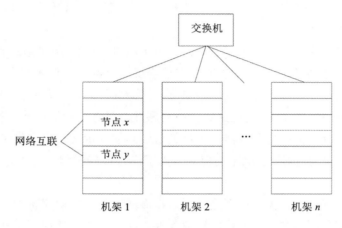

图 3-3　计算机集群的基本架构

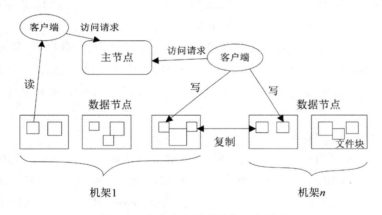

图 3-4　分布式文件系统的工作原理

目前，众多处理海量数据的公司都有其自己的分布式文件系统，如谷歌公司的 GFS（Google File System）、淘宝网的 Taobao File System（TFS）、IBM 公司的 GPFS（General Parallel File System）、阿里巴巴的 Alibaba Distribute File System（ADFS）。另外，开源的分布式文件系统 HDFS、NFS、pN-FS、xFS、PIOUS、PVFS、Lustre 等也得到了广泛应用。在第 6 章中，我们会对大数据处理架构 Hadoop 中的分布式文件系统 HDFS（Hadoop Distributed File System）进行较为详细的介绍。

3.3.2　NoSQL 数据库

随着大数据技术的日趋完善，各大公司及开源社区都陆续发布了一系列新型数据库来解决海量数据的组织、存储及管理问题。目前，工业界主流的处理海量数据的数据库有四种，分别是键值对数据库、文档数据库、列族数据库和图数据库，在四种数据库上也都相继解决了交互式查询问题。

1. NoSQL 概述

NoSQL 是对非关系数据库的统称，它所采用的数据模型不是传统关系数据库的关系模型，而是类似键值、列族、文档等的非关系模型，没有固定的表结构，通常也不存在连接操作，也没有严格遵守关系数据库的 ACID 约束。因此与关系数据库相比，NoSQL 具有灵活的水平可扩展性，可以支持海量数据存储；支持分布式并行编程，可以较好地应用于大数据时代的各种数据管理。当应用场合需要简单的数据模型、灵活性的系统、较高的数据库性能和较低的数据库一致性时，NoSQL 数据库是一个很好的选择。通常 NoSQL 数据库具有以下三个特点。

（1）灵活的可扩展性。传统的关系型数据库由于自身设计机理的原因，通常很难实现"横向扩展"，在面对数据负载大规模增加时，往往需要通过升级硬件来实现"纵向扩展"。但是，当前的计算机硬件制造已经达到一个限度，性能提升的速度开始趋缓，已经远远赶不上数据库系统负载的增加速度，而且配置高端的高性能服务器价格不菲。相反，"横向扩展"仅需要非常普通廉价的标准化服务器，不仅具有较高的性价比，也提供了理论上近乎无限的扩展空间。NoSQL 数据库在设计之初就是为了满足横向扩展的需求，因此天生具备良好的水平扩展能力。

（2）灵活的数据模型。关系模型是关系数据库的基石，它以完备的关系代数理论为基础，具有规范的定义，遵守各种严格的约束条件。这种做法虽然保证了业务系统对数据一致性的需求，但也意味着无法满足各种新兴的业务需求。相反，NoSQL 数据库采用键值、列族等非关系模型，允许在单个数据元素里存储不同类型的数据。

（3）与云计算紧密融合。云计算具有很好的水平扩展能力，可以根据资源使用情况进行自由伸缩，各种资源可以动态加入或退出。NoSQL 数据库可以凭借自身良好的横向扩展能力，充分利用云计算基础设施，很好地融入到云计算环境中，构建基于 NoSQL 的云数据库服务。

2. 常见的 NoSQL 数据库

按照存储架构设计的不同，NoSQL 数据库可分为键值数据库、列存储数据库、文档数据库和图形数据库四大类。键值数据库有 Redis、Amazon DynamoDB、Aerospike 等，列族数据库（也称为列存储数据库）有 HBase、Cassandra、HYPERTABLE 等，文档数据库包括 MongoDB、Couchbase、MarkLogic 等，图数据库则有 Neo4j、Infinite Graph 等，如图 3-5 所示。

图 3-5　常见的 NoSQL 数据库

（1）键值数据库。键值（Key-Value）数据库有一个特定的 Key 和一个指针指向特定的 Value（图 3-6）。Key 可以用来定位和查询具体的 Value。Value 对数据库而言透明不可见，不能对 Value 进行索引和查询。Value 可以用来存储任意类型的数据，包括整型、字符型、数组、对象等。

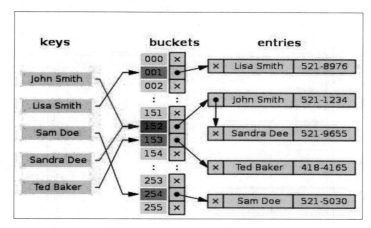

图 3-6　键值数据库

Redis（Remote Dictionary Server）即远程字典服务，是一个开源的使用 C 语言编写的日志型键值数据库，它使用字典结构存储数据，如图 3-6 所示。Redis 字典中的键值除了可以是字符串，还可以是其他类型数据。

在 Redis 中使用命令来读写数据，就相当于 SQL 语言的关系型数据库，请参看下面的实例。

【例 3-4】Redis 命令操作。

在 Linux 终端输入 redis-cli 命令，即可打开连接 redis 命令行：

```
root@655d3152e586:~# redis-cli
127.0.0.1:6379>
```

Redis 命令操作

使用 set 命令设置给定 key 的值，使用 get 命令获取指定 key 的值：

```
127.0.0.1:6379> set book_name1 "NoSQL and Hadoop"
OK
127.0.0.1:6379> get book_name1
"NoSQL and Hadoop"
```

使用 append 命令为指定的 key 追加值：

```
127.0.0.1:6379> append book_name1 " (Second Edition)"
(integer) 33
127.0.0.1:6379> get book_name1
"NoSQL and Hadoop (Second Edition)"
```

使用 getrange 命令获取存储在指定 key 中字符串的子字符串：

```
127.0.0.1:6379> getrange book_name1 0 4
"NoSQL"
```

使用 mget 命令返回所有（一个或多个）给定 key 的值：

```
127.0.0.1:6379> set book_name2 "Redis Tutorial"
OK
127.0.0.1:6379> mget book_name1 book_name2
1) "NoSQL and Hadoop (Second Edition)"
2) "Redis Tutorial"
```

（2）列族数据库。列族数据库由多个行构成，每行数据包含多个列族，不同的行可以具有不同数量的列族，属于同一列族的数据会被存放在一起（图3-7）。每行数据通过行键进行定位，与这个行键对应的是多个列族。从这个角度来说，列族数据库可以被视为一个键值数据库。列族数据库支持高压缩比，大规模数据下对数据字段的查询高效，但不适用于实时删除或更新整条记录，也不支持数据表连接操作。

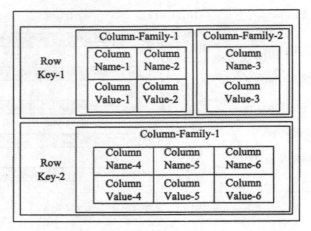

图 3-7　列族数据库

HBase 是一个高可靠、高性能、可伸缩的分布式列族数据库，是谷歌公司 BigTable 的开源实现，主要用来存储非结构化和半结构化的松散数据。HBase 采用表来组织数据，表由行和列组成，列划分为若干个列族。图 3-8 显示了 HBase 存储数据的一个示例，表中每个行由行键（Row Key）来标识。一个 HBase 表被分组成许多"列族"（Column Family）的集合，列族里的数据通过列限定符（列）来定位。通过行、列族和列限定符确定一个"单元格"（Cell），单元格中存储的数据被视为字节数组 Byte。多个 Cell 在一起组成一个存储（Store），划分的依据是列族。多个 Store 构成一个区域（Region），一张表可以是多个 Region，划分的依据是行键，如图 3-8（a）所示。每个单元格都保存着同一份数据的多个版本，这些版本采用时间戳进行索引，HBase 中需要根据行键、列族、列限定符和时间戳来确定一个单元格，因此，可以视为一个"四维坐标"，即行键、列族、列限定符、时间戳，如图 3-8（b）所示。

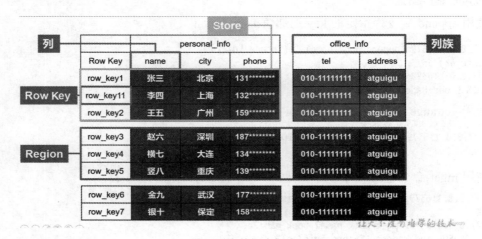

（a）列族数据库概念

图 3-8　HBase 数据模型示例

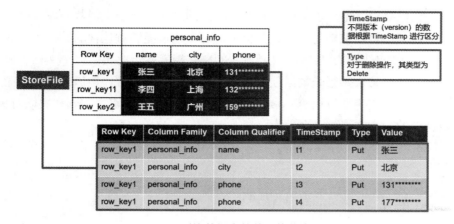

（b）列族数据库的单元格信息

图 3-8　HBase 数据模型示例（续图）

表 3-9 所列是某连锁书城《HBase 实战》的用户行为日志记录（用 HBase 存储的数据）。

表 3-9　HBase 表结构示例

行键 user_rowkey	时间戳 user_time	列族 user_buy	列族 user_evaluate	列族 user_collect
hbase2019_06_09	t1	user_buy:lily=1		
	t2	user_buy:jerry=1		
	t3			user_collect:lisi="lisi"
	t4		user_evaluate:lily=5	
	t5			user_collect:lily="lily"
	t6		user_evaluate:jery=3	
hbase2019_06_10	t7		user_evaluate:zhangli=4	
	t8	user_buy:tom=1		
	t9		user_evaluate:zhaosi=3	
	t10	user_buy:lisi=1		

对表中数据含义的说明如下：

- user_rowkey：行键，例如 hbase2020_06_09 的意思是《HBase 实战》在 2020 年 6 月 9 日的用户行为日志信息，因为行键按照字典排序，所以设计的时候要有规律。
- user_time：时间戳。
- 列族 user_buy、user_evaluate、user_collect。

  列族 user_buy：代表用户的购买行为。

  列族 user_evaluate：代表用户的评价行为。

  列族 user_collect：代表用户的收藏行为。

- 列标识符 lily、jerry 等：user_buy:lily=1 表示 lily 购买 1 次该产品，即单元格 Cell 值为 1；user_evaluate:lily=5 表示 lily 对该产品评价为 5 星级，即单元格 Cell 值为 5；user_collect:lily="lily" 代表 lily 收藏这本书，即单元格 Cell 值为 lily。

（3）文档数据库。文档数据库是围绕一系列语义上自包含的文档来组织数据管理，文档没有模式，也就是说并不要求文档具有某种特定的结构。一个文档数据库实际上是一系列文档的集合，其中每个文档是一个数据记录，这个记录能够对包含的数据类型和内容进行"自我描述"，XML 文档、HTML 文档和 JSON 文档就属于此类。每个文档所包含的内容是一系列数据项的集合，每个数据项都是一个键—值对的组合，该值既可以是简单的数据类型（如字符串、数字和日期等），也可以是复杂的类型（如有序列表和关联对象）。例如，文档数据库的一个文档可以表示为

```
{
    name: "sue",
    age: 26,
    status: "A",
    groups: [ "news", "sports" ]
}
```

文档数据库特别适合管理面向文档的数据或类似的半结构化数据，如后台具有大量读写操作的网站、使用 JSON 数据结构的应用程序、使用嵌套结构等非规范化数据的应用程序。文档数据库既可以根据键来构建索引，也可以基于文档内容来构建索引。文档数据库主要用于存储并检索文档数据。

MongoDB 是一个面向集合的、模式自由的文档型数据库。面向集合（Collection-Oriented）是指数据被分组存储在数据集中，每一个数据集都被称为一个集合（Collection），每个集合在数据库中都有一个唯一的标识，并且可以包含无限数目的文档。集合的概念类似关系型数据库里的表，不同的是它不需要定义任何模式（schema）［称为模式自由（schema-free）］。

MongoDB 是一个介于关系数据库和非关系数据库之间的产品，是非关系数据库当中功能最丰富、最像关系数据库的 NoSQL 数据库。它支持的数据结构非常松散，可以存储比较复杂的数据类型。MongoDB 最大的特点是它的查询语言功能非常强大，几乎可以实现类似关系数据库单表查询的绝大部分功能，而且还支持对数据建立索引。关系数据库与 MongoDB 的概念对应见表 3-10。

表 3-10　关系数据库与 MongoDB 的概念对应

SQL 术语 / 概念	MongoDB 术语 / 概念	解释 / 说明
database	database	数据库
table	collection	数据库表 / 集合
row	document	数据记录行 / 文档
column	field	数据字段 / 域
index	index	索引
table joins		表连接，MongoDB 不支持
primary key	primary key	主键，MongoDB 自动将 _id 字段设置为主键

MongoDB 基本操作

【例 3-5】文档数据库 MongoDB 的基本操作举例。

假设一个电子书城的商品管理系统中，一条商品记录的信息为：

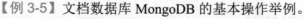
```
{
    goods_id: "g001",
    gname: "HBase",
    gprice: 102,
```

```
    gauthor: {
        name:"Tom"
        e_mail: "Tom@126.com",
        tel: "13211111111"
    }
}
```

字段说明：

- goods_id：商品编号。

- gname：商品名称。

- gprice：商品价格，单位为"元"。

- gauthor：作者信息。

在装有 MongoDB 的 Linux 终端输入 mongo 命令，进入 MongoDB 命令行：

```
root@2fc2fc769105:~# mongo
MongoDB shell version v3.6.16
connecting to: mongodb://127.0.0.1:27017/?gssapiServiceName=mongodb
Implicit session: session { "id" : UUID("a2d848e2-67ee-47bd-aaea-04525a370159") }
MongoDB server version: 3.6.16
```

以下是一些数据库操作命令及显示结果。

- use 命令用于创建 books 数据库，如果数据库不存在，则创建数据库，否则切换到
  该数据库：

```
> use books
switched to db books
```

- 创建集合 booklist：

```
> db.createCollection("booklist")
{ "ok" : 1 }
```

- 插入 4 条文档记录：

```
> db.booklist.insert({goods_id:"g001",gname:"NoSQL",gprice:180,gauthor:{name:"To
m",e_mail:"Tom@126.com",tel:"13211111111"}})
WriteResult({ "nInserted" : 1 })
> db.booklist.insert({goods_id:"g002",gname:"Redis",gprice:110,gauthor:{name:"Mi
ke",e_mail:"Mike@126.com"}})
WriteResult({ "nInserted" : 1 })
> db.booklist.insert({goods_id:"g003",gname:"MongoDB",gprice:98,gauthor:{e_mail:
"Jack@126.com",tel:"13211111111"}});
WriteResult({ "nInserted" : 1 })
> db.booklist.insert({goods_id:"g004",gname:"HBase",gprice:90,gauthor:{name:"Tom
"}})
WriteResult({ "nInserted" : 1 })
```

- 查看 booklist 集合中的所有文档：

```
> db.booklist.find()
{ "_id" : ObjectId("5f4b434e7656c8f337cd897b"), "goods_id" : "g001", "gname" : "
NoSQL", "gprice" : 180, "gauthor" : { "name" : "Tom", "e_mail" : "Tom@126.com",
"tel" : "13211111111" } }
{ "_id" : ObjectId("5f4b44267656c8f337cd897c"), "goods_id" : "g002", "gname" : "
Redis", "gprice" : 110, "gauthor" : { "name" : "Mike", "e_mail" : "Mike@126.com"
 } }
{ "_id" : ObjectId("5f4b44577656c8f337cd897d"), "goods_id" : "g003", "gname" : "
MongoDB", "gprice" : 98, "gauthor" : { "e_mail" : "Jack@126.com", "tel" : "13211
111111" } }
{ "_id" : ObjectId("5f4b446a7656c8f337cd897e"), "goods_id" : "g004", "gname" : "
HBase", "gprice" : 90, "gauthor" : { "name" : "Tom" } }
```

● 查询所有价格大于 100 的商品，并按照价格升序排序：

```
> db.booklist.find({"gprice":{$gt:100}}).sort({"gprice":1})
{ "_id" : ObjectId("5f4b44267656c8f337cd897c"), "goods_id" : "g002", "gname" : "
Redis", "gprice" : 110, "gauthor" : { "name" : "Mike", "e_mail" : "Mike@126.com"
 } }
{ "_id" : ObjectId("5f4b434e7656c8f337cd897b"), "goods_id" : "g001", "gname" : "
NoSQL", "gprice" : 180, "gauthor" : { "name" : "Tom", "e_mail" : "Tom@126.com",
"tel" : "13211111111" } }
```

● 查询作者是 Tom，价格低于 100 的商品，并且按照标准格式显示：

```
> db.booklist.find({"gauthor.name":"Tom",gprice:{$lt:100}}).pretty()
{
        "_id" : ObjectId("5f4b446a7656c8f337cd897e"),
        "goods_id" : "g004",
        "gname" : "HBase",
        "gprice" : 90,
        "gauthor" : {
                "name" : "Tom"
        }
} _
```

（4）图数据库。图数据库使用图作为数据模型来存储数据，不同于键值、列族和文档数据模型，它可以高效地存储不同顶点之间的关系。例如图形数据库可以将社交关系等数据描述为点（Vertex）和边（Edge）及它们的属性（Property），每一张图都可以看作一个结构化数据。

如图 3-9 所示，"点"代表实体，比如地点（中国、四川）、人（张师傅）、动物（大熊猫）或其他任何数据项，类似于关系数据库中的数据记录或文档数据库中的文件；"边"则代表点与点之间的关系，比如中国和大熊猫之间是保护关系；"属性"则是用户关注的与点相关的特性。关系型数据库将不同数据之间的关联关系隐含在数据值域中，而图形数据库则直接将这种关联关系定义并存储在数据库中，因此图形数据库擅长处理高度关联的数据，适合社交网络、模式识别、依赖分析、推荐系统以及路径寻找等可以表达为关系图的问题。

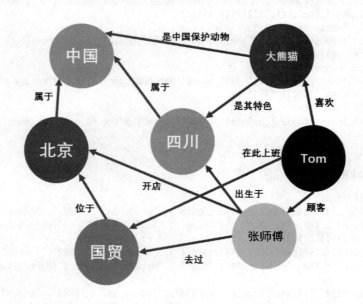

图 3-9　图数据模型示例

Neo4j 是一个嵌入式的、基于磁盘的、支持完整事务的 Java 持久化引擎，它在图（网络）中存储数据。Neo4j 具备大规模可扩展性，在一台机器上可以处理数十亿节点 / 关

系 / 属性的图，并可以扩展到多台机器并行运行。Neo4j 重点解决了拥有大量连接的传统 RDBMS 在查询时出现的性能衰退问题。通过围绕图进行数据建模，Neo4j 会以相同的速度遍历节点与边，其遍历速度与构成图的数据量没有任何关系。此外，Neo4j 还提供了非常快的图算法、推荐系统和 OLAP 风格的分析。Neo4j 已经在很多生产环境中得到了应用，是当前业界分析知识图谱的主流数据库。表 3-11 列出了几种 NoSQL 数据库的比较。

表 3-11　几种 NoSQL 数据库的比较

分类	应用场景	数据模型	优点	缺点
键值数据库	内容缓存，主要用于处理大量数据的高访问负载	Key 指向 Value 的键值对，通常用散列表来实现	查找速度快	数据无结构，通常被当作字符串或者二进制数据
列族数据库	分布式文件系统	以列簇式存储，将同一列数据存在一起	查找速度快，易进行分布式扩展	功能相对局限
文档数据库	Web 应用	Key-Value 对应的键值对，Value 为半结构化数据	不需要预先定义表结构	查询性能不高，缺乏统一的查询语法
图数据库	社交网络、推荐系统等，专注于知识图谱	图结构	利用图相关算法，比如最短路径寻址等	需要对整个图做计算才能得出需要的信息

3. CAP 理论和 BASE 原则

不同于关系型数据库的 ACID 原则，NoSQL 数据库中对数据一致性保障问题发生了变化，这些变化具有两个重要的理论依据，就是 CAP 理论和 BASE 原则。

（1）CAP 理论。CAP 理论是指，一个分布式系统不可能同时满足一致性、可用性和分区容忍性这三个需求，最多只能同时满足其中两个。

- C（Consistency）：主要指强一致性。
- A:（Availability）：可用性，可以在确定的时间内返回操作结果，保证每个请求不管成功或者失败都有响应。
- P（Tolerance of Network Partition）：分区容忍性，是指当出现网络分区故障时（即系统中的一部分节点无法和其他节点进行通信），分离的系统也能够正常运行，也就是说，系统中任意信息的丢失或失败不会影响系统的继续运作。

CAP 理论是分布式数据管理的理论基础，现有的 NoSQL 数据库都不能同时满足 CA（一致性和可用性）两个要求，关系型数据库可同时满足 CA（一致性和可用性）两个要求，Redis、HBase、MongoDB、Neo4j 数据库可满足 CP（一致性和分区容忍性）两个要求。

（2）BASE 原则。前面已经提到过，关系型数据库满足 ACID 四个原则，而 BASE 的基本含义是基本可用（Basically Available）、软状态（Soft-state）和最终一致性（Eventual Consistency）。

- 基本可用：是指分布式系统的一部分发生问题变得不可用时，其他部分仍然可以正常使用，也就是允许分区失败的情形出现。
- 软状态：是与硬状态相对应的一种提法，数据库保存的数据是"硬状态"时，可以保证数据一致性，软状态是指数据可以有一段时间不同步，具有一定的滞后性。
- 最终一致性：一致性的类型包括强一致性和弱一致性，二者的主要区别在于高并发的数据访问操作下，后续操作是否能够获取最新的数据。对强一致性而言，当执行完一次更新操作后，后续的其他读操作就可以保证读到更新后的数据；反之，如果不能保证后续访问读到的都是更新后的数据，那么就是弱一致性。最终一致性是弱一致性的一种特例，允许后续的访问操作可以暂时读不到更新后的数据，但是经过一段时间之后，必须最终读到更新后的数据。

3.3.3　NewSQL 数据库

NoSQL 提供的扩展性和灵活性很好地弥补了传统关系数据库的缺陷，较好地满足了 Web 2.0 应用的需求。但是，NoSQL 数据库也存在天生不足之处。由于采用非关系数据模型，因此它不具备高度结构化查询等特性，查询效率尤其是在复杂查询方面不如关系数据库，而且不支持事务 ACID 四性。

在此背景下，近几年 NewSQL 数据库开始逐渐升温。NewSQL 是对各种新的可扩展、高性能数据库的简称，这类数据库不仅具有 NoSQL 对海量数据的存储管理能力，还保持了传统数据库支持的 ACID 和 SQL 等特性。不同的 NewSQL 数据库的内部结构差异很大，但是它们有两个显著的共同特点：都支持关系数据模型；都使用 SQL 作为其主要的操作接口。

目前，具有代表性的 NewSQL 数据库主要包括 Spanner、Clustrix、VoltDB、NimbusDB、ScaleDB、Vertica 等。此外，还有一些在云端提供的 NewSQL 数据库，包括 AmazonRDS、Microsoft SQL Azure、Database.com、Xeround 和 AnalyticDB 等（云数据库将在 3.3.4 节介绍）。下面对 Spanner、VoltDB、Vertica、AnalyticDB 进行介绍。

（1）Spanner。在众多 NewSQL 数据库中，Spanner 备受瞩目，它是谷歌公司的第一个可以全球扩展并且支持外部一致性的数据库。Spanner 能做到这些，离不开一个用 GPS 和原子钟实现的时间 API。这个 API 能将数据中心之间的时间同步精确到 10ms 以内。因此，Spanner 有良好的特性：无锁读事务、原子模式修改、读历史数据无阻塞。

（2）VoltDB。VoltDB 是一个内存数据库，它继承了传统关系数据库的强一致性要求，又提供了互联网云上部署的能力和分布式数据库的横向扩展能力。VoltDB 通过将数据库全部保存在内存中的方法，消除了大量的数据和日志的磁盘存取操作；VoltDB 通过单线程方式，消除了磁盘锁和记录锁；VoltDB 通过数据库分片技术让数据库支持高并发请求；VoltDB 通过分布式集群支持数据库横向扩展。由此，VoltDB 的查询速度达到了传统数据库的 100 倍以上。

（3）Vertica。Vertica 是专为大数据分析构建的 MPP（Massively Parallel Processing，大规模并行处理）架构、列式存储和计算的关系数据库；Vertica 基于 x86 无共享的 MPP 架构，没有共享资源，也没有主节点，无单点故障和瓶颈，很容易从几个节点扩展到数百个节点，数据量从 TB 级扩展到 10PB 级，除了可以部署在主流的 x86 物理机器和云平台上外，还可以作为 SQL on Hadoop 部署在 Hadoop 平台上，提供简单易用、完整、高性能的关系数据库。

（4）AnalyticDB。阿里云分析型数据库 AnalyticDB（简称 ADB）是云端托管的 PB 级高并发实时数据仓库，服务于 OLAP 领域。AnalyticDB 利用云端的无缝伸缩能力，在处理百亿条甚至更多量级的数据时真正实现毫秒级计算。在数据存储模型上，采用关系模型进行数据存储，支持通过 SQL 来构建关系型数据仓库，具有管理简单、节点数量伸缩方便、灵活升降实例规格等特点，支持丰富的可视化工具以及 ETL 软件，极大地降低了企业数据化建设的门槛。

综合来看，大数据时代引发了数据处理架构的变革。以前，业界和学术界追求的方向是一种架构支持多类应用（One Size Fits All），包括事务型应用（OLTP 系统）、分析型应用（OLAP、数据仓库）和互联网应用（Web 2.0）。但是，实践证明，这种理想愿景是不可能实现的，不同应用场景的数据管理需求截然不同，一种数据库架构无法满足所有场景。

大数据时代，数据库架构开始向着多元化方向发展，并形成了传统关系数据库（OldSQL）、NoSQL 数据库和 NewSQL 数据库三个阵营，三者各有自己的应用场景和发展空间。尤其是传统关系数据库，并没有就此被其他两者完全取代，在基本架构不变的基础上，许多关系数据库产品开始引入内存计算和一体机技术以提升处理性能。在未来一段时期内，三个阵营共存共荣的局面还将持续。大数据时代的多元数据架构如图 3-10 所示。

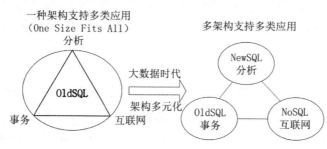

图 3-10　大数据时代的多元化数据架构

3.3.4　云数据库

云数据库是部署和虚拟化在云计算环境中的数据库，它极大地增强了数据库的存储能力，消除了人员、硬件、软件的重复配置，让软、硬件升级变得更加容易，同时，也虚拟化了许多后端功能。客户端不需要了解云数据库的底层细节，它就像在使用一个运行在单一服务器上的数据库一样，对客户端而言是透明的，简便易用，同时又可以获得理论上近乎无限的存储和处理能力。

1. 云数据库的特点

云数据库以云计算架构为基础设施，具有以下特性：

（1）动态可扩展：理论上，云数据库具有无限可扩展性，可以满足不断增加的数据存储需求。在面对不断变化的条件时，云数据库可以表现出很好的弹性。例如，对于一个从事产品零售的电子商务公司，会存在季节性或突发性的产品需求变化，或者对于网络社区站点，可能会经历一个指数级的增长阶段。这时，就可以分配额外的数据库存储资源来处理增加的需求，这个过程只需要几分钟。在满足需求以后，就可以立即释放这些资源。

（2）高可用性：不存在单点失效问题。如果一个节点失效，剩余的节点就会接管未完成的事务。而且在云数据库中，数据通常是复制的，在地理上也是分布的。如 Google、Amazon 等大型云计算供应商，具有分布在世界范围内的数据中心，通过在不同地理区间内进行数据复制，可以提供高水平的容错能力。例如，Amazon SimpleDB 会在不同的区间内进行数据复制，因此，即使整个区域内的云设施失效，也可以保证数据继续可用。

（3）较低的使用代价：云数据库通常采用多租户（multi-tenancy）共享资源的形式，这对用户而言可以节省开销，而且用户采用按需付费的方式使用云计算环境中的各种软、硬件资源，不会产生资源浪费。另外，云数据库底层存储通常采用大量廉价的商业服务器，这也大大降低了用户开销。

（4）易用性：使用云数据库的用户不用控制运行原始数据的机器，也不必了解它身在何处，只需要一个有效的连接字符串就可以开始使用云数据库。

（5）大规模并行处理：支持几乎实时的面向用户的应用、科学应用和新类型的商务解决方案。

2. 典型的云数据库产品

云数据库在当前数据爆炸的大数据时代具有广阔的应用前景。在小规模应用情况下，系统负载的变化可以由系统空闲的多余资源来处理，但是在大规模应用的情况下，不仅存在海量的数据存储需求，而且应用对资源的需求也动态变化。对于这种情形，传统的数据库已经无法满足要求，云数据库成为必然的选择。换句话说，大数据时代的海量存储需求催生了云数据库。

下面介绍几种典型的云数据库产品。

（1）阿里云数据库产品。阿里云提供各种云数据库解决方案的产品组合，可满足企业在存储、处理、分析和管理数据等方面的需求。阿里云数据库系统目前已为所有主流的开源及商业数据库解决方案提供了完善的支持，包括 MongoDB、PostgreSQL、MySQL、SQL Server 和 Redis。而且数据库与 AI 解决方案融于一体，可提供自动恢复和自动优化等功能。

（2）Amazon 云数据库产品。Amazon 是云数据库市场的先行者。Amazon 除了提供著名的 S3 存储服务和 EC2 计算服务外，还提供基于云的数据库服务 SimpleDB 和 DynamoDB。

SimpleDB 是 Amazon 公司开发的一个可供查询的分布式数据存储系统，也是 AWS（Amazon Web Service）上的第一个 NoSQL 数据库服务，集合了大量 AWS 基础设施。顾名思义，SimpleDB 的目的是作为一个简单的数据库来使用，它的存储元素（属性和值）是由一个 id 字段来确定行的位置，这种结构可以满足用户基本的读、写和查询功能。SimpleDB 提供易用的 API 来快速地存储和访问数据。但是，SimpleDB 不是一个关系型数据库，它采用了"键 / 值"存储，主要是服务于那些不需要关系数据库的 Web 开发者。

DynamoDB 是一个键 / 值和文档数据库，可以在任何规模的环境中提供个位数的毫秒级性能。它是一个完全托管、多区域多主的持久数据库，具有适用于 Internet 规模的应用程序的内置安全性、备份恢复和内存缓存。DynamoDB 吸收了 SimpleDB 以及其他 NoSQL 数据库设计思想的精华，是为要求更高的应用设计的，这些应用要求可扩展的数据存储以及更高级的数据管理功能。DynamoDB 每天可处理超过 10 万亿个请求，并可支持每秒超过 2000 万个请求的峰值。Dynamo 采用"键 / 值"存储，其存储的数据是非结构化数据，只能根据 Key 去访问。

（3）Google Cloud SQL。Google Cloud SQL 是谷歌公司推出的基于 MySQL 的云数据库，Google Cloud SQL 的所有事务都在云中且由谷歌公司管理，用户不需要配置或者排查错误，仅依靠它来开展工作即可。由于数据在谷歌公司多个数据中心中复制，因此它永远可用。谷歌公司还提供导入或导出服务，方便用户将数据库带进或带出云。谷歌公司使用用户非常熟悉的 MySQL、带有 JDBC 支持（适用于基于 Java 的 App Engine 应用）和 DB-API 支持（适用于基于 Python 的 App Engine 应用）的传统 MySQL 数据库环境，因此多数应用程序不需过多调试即可运行，数据格式对大多数开发者和管理员来说非常熟悉。

（4）微软 Azure SQL 数据库。Azure SQL 数据库是为云构建的智能、可缩放的关系数据库服务。使用 Azure SQL 数据库，可以为 Azure 中的应用程序和解决方案创建高度可用且高性能的数据存储层。Azure SQL 数据库是完全托管的平台即服务（PaaS）数据库引擎，可处理大多数数据库管理功能，例如升级、修补、备份和监视，无须用户介入。Azure SQL 数据库始终在最新稳定版本的 SQL Server 数据库引擎上运行，并以 99.99% 的可用性对 OS 进行修补，用户无须投入任何修补或升级开销，即可获得 SQL Server 的最新功能。利用 Azure SQL 数据库中内置的 PaaS 功能，用户可以专注于特定领域的数据库管理和优化活动。

3.3.5　大数据 SQL 查询引擎

SQL 作为传统关系型数据库的访问和查询手段，已经深入人心，是数据库管理员的重要工具。大数据时代，SQL 在服务传统关系型数据库的同时，也可以设计成为大数据的访问和查询接口，服务于非关系型数据库或其他分布式处理系统。

当然，SQL 并不适用于解决所有大数据问题，例如，它并不适合用来开发复杂的机器学习算法，但是它对很多分析任务非常有用，而且它的另一个优势是工业界非常熟悉它。利用 SQL 查询引擎处理一些大数据分析问题，可以在一定程度上降低人员学习成本，缩短项目开发周期。

大数据 SQL 查询引擎用来处理大规模数据，一般运行在分布式处理系统的上层，它提供类 SQL 的查询语言，通过解析器将查询语言转化为分布式处理作业，并调用分布式系统进行运算。下面介绍几种典型的大数据 SQL 查询工具。

（1）Hive。Hive 是一个构建于 Hadoop 顶层的数据仓库工具，由 Facebook 公司开发，并在 2008 年 8 月开源。Hive 在某种程度上可以看作用户的编程接口，其本身并不存储和处理数据，而是依赖分布式文件系统 HDFS 或 HBase 来存储数据。Hive 定义了简单的、类似 SQL 的查询语言——HiveSQL，它与大部分 SQL 语法兼容，但是并不完全支持 SQL 标准，比如，HiveSQL 不支持更新操作，也不支持索引和事务，它的子查询和连接操作也存在很多局限。

HiveSQL 语句可以快速实现简单的数据查询任务，用户通过编写的 HiveSQL 语句可以处理存储在分布式文件系统 HDFS 上的数据。对 Java 开发工程师而言，不必花费大量精力记忆常见的数据运算与底层的 Hadoop Java API 的对应关系；对数据库管理员 DBA 来说，可以很容易把原来构建在关系数据库上的数据仓库应用程序移植到 Hadoop 平台上。所以说，Hive 是一个可以有效、合理、直观地组织和使用数据的分析工具。

Hive 是把 HiveSQL 语句转换成 MapReduce 任务后，对存储于 HDFS 和 HBase 中的海量数据进行处理。Hive 是 Hadoop 平台上的数据仓库工具，这是因为数据仓库存储的是静态数据，构建于数据仓库上的应用程序只进行相关的静态数据分析，不需要快速响应给出结果，而且数据本身也不会频繁变化。此外，Hive 本身还提供了一系列对数据进行提取转化加载的工具，可以存储、查询和分析存储在 Hadoop 中的大规模数据。这些工具能够很好地满足数据仓库各种应用场景，包括维护海量数据、对数据进行挖掘、形成意见和报告等。

（2）Impala。Impala 是由 Cloudera 公司开发的新型查询系统，它提供 SQL 语义，能查询存储在 Hadoop 的 HDFS 和 HBase 上的 PB 级别海量数据。Impala 最初是参照 Dremel 系统进行设计的，Dremel 系统是由谷歌公司开发的交互式数据分析系统，可以在 2 ～ 3 秒内分析 PB 级别的海量数据。所以，Impala 也可以实现大数据的快速查询。需要指出的是，虽然 Impala 的实时查询性能比 Hive 好很多，但是 Impala 的目的并不在于替换现有的包括 Hive 在内的 MapReduce 工具，而是提供一个统一的平台用于实时查询。事实上，Impala 的运行依然需要依赖于 Hive 的元数据。

与 Hive 类似，Impala 也可以直接与 HDFS 和 HBase 进行交互。Hive 底层执行使用的是 MapReduce，所以主要用于处理长时间运行的批处理任务，例如批量提取、转化、加载类型的任务。而 Impala 则采用了与商用并行关系数据库类似的分布式查询引擎，可以直接从 HDFS 或者 HBase 中用 SQL 语句查询数据，而不需要把 SQL 语句转化成 MapReduce 任务来执行，从而大大降低了延迟，可以很好地满足实时查询的要求。另外，Impala 和 Hive 采用相同的 SQL 语法、ODBC 驱动程序和用户接口。

（3）Apache Drill。Apache Drill 是一个低延迟的分布式海量数据（涵盖结构化、半结构化以及嵌套数据）交互式查询引擎，使用 ANSI SQL 兼容语法，支持本地文件、HDFS、Hive、HBase、MongoDB 等后端存储。受 Google 的 Dremel 启发，Drill 满足上千节点的 PB 级别数据的交互式商业智能分析场景。本质上，Apache Drill 是 Google Dremel 的开源实现，是一个分布式的 MPP 查询层，支持 SQL 及一些用于 NoSQL 和 Hadoop 数据存储系统的语言，有助于 Hadoop 用户实现更快查询海量数据集。Drill 的目的在于支持更广泛的数据源、数据格式及查询语言，可以通过对 PB 字节数据的快速扫描（大约几秒内）完成相关分析，是一个专为互动分析大型数据集的分布式系统。

下面介绍一个 Hive 查询的操作案例。

【例 3-6】案例数据来源于 2.3.5 节中用 Kettle 转换后得到的 student.csv 文件，将其装载到 HDFS 文件系统中，然后加载到 Hive 进行查询操作。

注意：文件装载到 HDFS 之前需要转码为 UTF-8（否则中文会显示为乱码），并去掉字段名，处理后如图 3-11 所示。

Hive 操作实例

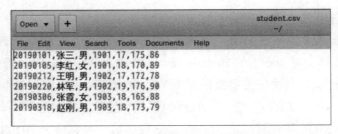

图 3-11　student.csv 文件

数据查询操作步骤如下：

（1）将数据文件加载到 HDFS。

```
root@3cedb2014d11:~# hdfs dfs -mkdir /student
root@3cedb2014d11:~# hdfs dfs -ls /
Found 3 items
drwxr-xr-x   - root supergroup          0 2020-08-31 23:41 /student
drwx-wx-wx   - root supergroup          0 2020-08-31 23:01 /tmp
drwxr-xr-x   - root supergroup          0 2020-08-31 23:19 /user
root@3cedb2014d11:~# hdfs dfs -put ~/student.csv /student
root@3cedb2014d11:~# hdfs dfs -ls /student
Found 1 items
-rw-r--r--   1 root supergroup        269 2020-08-31 23:44 /student/student.csv
root@3cedb2014d11:~# 
```

（2）启动 Hive。

```
root@3cedb2014d11:~# hive
SLF4J: Class path contains multiple SLF4J bindings.
SLF4J: Found binding in [jar:file:/usr/local/hive/lib/log4j-slf4j-impl-2.6.2.jar
!/org/slf4j/impl/StaticLoggerBinder.class]
SLF4J: Found binding in [jar:file:/usr/local/hadoop-2.7.1/share/hadoop/common/li
b/slf4j-log4j12-1.7.10.jar!/org/slf4j/impl/StaticLoggerBinder.class]
SLF4J: See http://www.slf4j.org/codes.html#multiple_bindings for an explanation.
SLF4J: Actual binding is of type [org.apache.logging.slf4j.Log4jLoggerFactory]

Logging initialized using configuration in jar:file:/usr/local/hive/lib/hive-com
mon-2.3.4.jar!/hive-log4j2.properties Async: true
Hive-on-MR is deprecated in Hive 2 and may not be available in the future versio
ns. Consider using a different execution engine (i.e. spark, tez) or using Hive
1.X releases.
```

（3）建立数据库。

```
hive> create database studb;
OK
Time taken: 0.124 seconds
hive> show databases;
OK
default
studb
Time taken: 0.011 seconds, Fetched: 2 row(s)
```

（4）建立 hive 表 student。

```
hive> use student;
FAILED: SemanticException [Error 10072]: Database does not exist: student
hive> use studb;
OK
Time taken: 0.012 seconds
hive> create table student(no int,name string,sex string,class string,age int,he
ight int,score int)
    > COMMENT 'students info'
    > ROW FORMAT DELIMITED
    > FIELDS TERMINATED BY ','
    > LINES TERMINATED BY '\n'
    > ;
OK
Time taken: 0.107 seconds
hive> show tables;
OK
student
Time taken: 0.013 seconds, Fetched: 1 row(s)
```

（5）将 HDFS 文件系统中的数据文件加载到 hive 表中。

```
hive> load data inpath '/student/student.csv' overwrite into table student;
Loading data to table studb.student
OK
Time taken: 0.351 seconds
```

（6）查询 hive 表中的数据。

```
hive> set hive.cli.print.header=true;
hive> set hive.resultset.use.unique.column.names=false;
hive> select * from student;
OK
no          name    sex     class   age     height  score
20190101    张三     男      1901    17      175     86
20190105    李红     女      1901    18      170     89
20190212    王明     男      1902    17      172     78
20190220    林军     男      1902    19      176     90
20190306    张霞     女      1903    18      165     88
20190318    赵刚     男      1903    18      173     79
Time taken: 0.116 seconds, Fetched: 6 row(s)
```

习题与思考

1. 什么是数据存储与管理？主要有哪些管理技术？

2. 什么是关系型数据库？举出你知道的关系型数据库使用案例，并解释其中的概念。

3. 什么是 OLTP 和 OLAP？它们的区别和联系是什么？

4. 对比分析数据库技术和数据仓库技术的区别和联系。

5. 调研常用的关系型数据库管理系统（包括开源系统），并进行对比分析。

6. 大数据存储管理技术有哪些？

7. 简述分布式文件系统的架构和文件读写过程。

8. 什么是 NoSQL 数据库？列举常见的几种 NoSQL 数据库，并进行分析比较。

9. 分析关系型数据库、NoSQL 数据库和 NewSQL 数据库的区别和联系。

10. 列族数据库 HBase 的数据存储模式是什么？

11. 文档数据库中"文档"指的是什么？试举一个例子并描述该文档结构。

12. 网上查询 DB-Engines 数据库流行度排行榜，给出目前流行的前 10 名数据库。

13. 大数据 SQL 查询引擎的作用是什么？从使用角度讲，简单描述大数据查询引擎所支持的查询语言（例如 HiveSQL）与关系型数据库所支持的查询语言的主要区别。

14. 表 3-12 为来自两个专业的学生基本信息表，表 3-13 是学生"高等数学"和"高级语言程序设计"两门课程的考试成绩，请写出符合要求的 SQL 语句并给出查询结果。

（1）查询数据科学与大数据技术专业所有男生的信息，查询结果包括学号、姓名。

（2）查询计算机科学与技术专业高等数学考试成绩大于 85 分的学生和成绩信息，查询结果包括学号、姓名、成绩。

（3）查询每个专业"高级语言程序设计"课程的平均分（保留两位小数），并按照平均分从高到低排序，查询结果包括专业、平均分。

表 3-12　学生基本信息表（Student）

学号	姓名	性别	专业
201909010102	赵刚	男	计算机科学与技术
201909010203	王红	女	计算机科学与技术
201909100203	李静	女	数据科学与大数据技术
201909100118	刘明	男	数据科学与大数据技术
201909100125	陈强	男	数据科学与大数据技术

表 3-13　学生成绩表（Score）

学号	课程	成绩
201909010102	高等数学	86
201909010203	高等数学	75
201909100203	高等数学	80
201909100118	高等数学	84
201909100125	高等数学	88
201909010102	高级语言程序设计	87
201909010203	高级语言程序设计	85
201909100203	高级语言程序设计	93
201909100118	高级语言程序设计	87
201909100125	高级语言程序设计	79

第 4 章　大数据挖掘分析

大数据有数据量大、数据结构复杂、数据生产速度快、数据价值密度低等特点。这些数据通常不能被人直接利用，如何对海量数据进行分析，揭示其内在规律，发掘可以帮助决策的隐藏模式，及未知的相关关系和其他有价值的信息，辅助人们进行科学的推断与决策，是大数据处理过程中的重要组成部分，也是大数据技术的核心内容。

本章主要介绍大数据分析及挖掘的基本概念和理论，首先对数据分析和挖掘方法进行概述，其次介绍数据集中趋势、离散程度以及相关性等统计分析方法，接下来结合典型的案例和方法介绍分类、聚类、关联以及回归预测等数据挖掘方法的原理，最后又利用 Excel 数据分析工具对数据分析中涉及的基本知识进行了实现。

知识结构

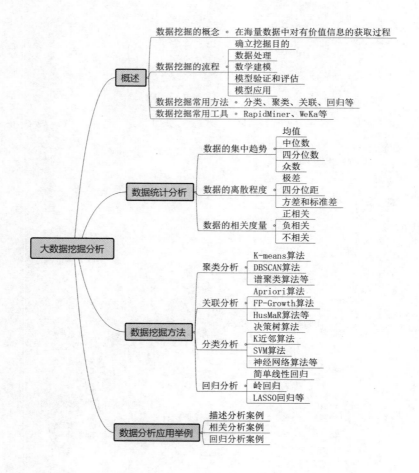

4.1 概述

随着计算机技术的进步，互联网、物联网、通信技术的发展，新兴应用不断出现，引发数据规模爆炸式增长，其中有价值的数据所占比例很小，数据价值密度低是大数据的核心特征。相比于传统的小型数据，大数据最大的价值在于对大量不相关的各种类型的数据进行分析，挖掘出对未来趋势与模式预测分析有价值的数据，并通过机器学习、数据挖掘方法，发现新规律和新知识，运用于金融、农业、医疗等各个领域，从而最终达到改进社会治理方式、提高生产效率、推进科学研究的效果。

4.1.1 数据挖掘的概念

数据挖掘指在大型数据库中对有价值的信息进行知识获取，属于一种先进的数据信息模式。更具体地说，数据挖掘就是人们常说的知识发现，通过对海量的、杂乱无章的、不清晰的并且随机性很大的数据进行挖掘，从而找到其中蕴含的有规律、有价值并能够理解和应用的知识，这一过程就是数据挖掘。

数据挖掘方法主要有两种：一种是有监督的数据挖掘方法，一种是无监督的数据挖掘方法。有监督的数据挖掘方法主要包括分类分析和回归分析。分类分析和回归分析都需要找到数据之间的依赖关系，并且进行预判断输出，但分类分析输出的是离散类别值，如｛正常，不正常｝，｛高，中，低｝等，回归分析预测的是连续值，如预测某产品的销量等。无监督的数据挖掘方法主要包括聚类分析和关联分析。聚类分析根据指定的聚类标准将数据集聚成不同的簇，簇内数据尽量相似，簇间数据尽量不同，如客户消费兴趣分析。关联分析主要分析数据间的关联规则，发现数据之间存在的关系，如医疗中不同病症间的关联性分析。

数据挖掘的应用非常广泛，只要该产业有具有分析价值与需求的数据库，皆可利用数据挖掘工具进行有目的的发掘分析。常见的应用案例多发生在零售业、制造业、财务金融保险业、通信业及医疗服务业等。

4.1.2 数据挖掘的流程

总的来说，数据挖掘流程可以分为以下阶段：确立挖掘目的、数据处理、数学建模、模型验证和评估、模型应用。

（1）确立挖掘目的：对目标做简单评估，确立所需要的数据类型，一般来说数据集是已经存在的或者至少知道如何获得的（访问某个资料库，网上过滤抓取需要的数据，通过问卷调查手动收集等）。数据集的选取对数据挖掘起决定作用。数据挖掘通常有关联、分类、回归、聚类等方法，代表着数据挖掘的某种目的。

（2）数据处理：在获得了原始数据之后，一般不能直接开始进行统计分析等操作，因为通常我们获得的数据都是"脏"数据，在分析之前需要进行数据的清洗，对含有缺失值、数据类型不一致、编码格式不统一的数据进行预处理，之后还要对预处理之后的数据集进行特征选择等。

（3）数学建模：在对数据集进行处理后，就可以应用各种建模技术对其进行挖掘和分析，值得说明的是，建模往往是一个螺旋上升不断优化的过程，不是一成不变的模型。因此，需要对模型进行结果分析，如果效果不佳，则需要调整模型参数，对模型进行优化。

（4）模型验证和评估：在完成了建模后，需要对建立的数学模型进行验证，以评估其效果。一般而言，通过上述步骤，可以得到一系列的分析结果和模型，它们可能是对业务问题从不同侧面进行的描述，需要对这些进行分析，才能得到支持业务决策的信息，如果发现模型与实际数据应用有较大偏差，则还需要返回上面的步骤进行调整。

（5）模型应用：在完成数据挖掘的工作后，可以将模型投入使用以解决问题。

4.1.3 数据挖掘常用方法

在数据挖掘的发展过程中，由于数据挖掘不断地将诸多学科领域知识与技术融入当中，因此，数据挖掘方法形式丰富，从使用的广义角度上看，其常用的分析方法有分类、聚类、关联规则、回归、预测等，从数据挖掘所依托的数理基础角度归类，可以将数据挖掘方法分为机器学习方法、统计方法和神经网络方法。在具体的项目应用场景中，通过使用这些方法，可以从大数据中整理并挖掘出有价值的数据，在经过进一步的解释和分析后，就能提取出隐含在这些数据中的潜在规律、规则、知识与模式。表4-1是对经常使用的数据挖掘算法的总结。

表 4-1　常用数据挖掘方法介绍

名称	含义简述	代表性算法
分类	以已知的观测数据分类结果为依据，对新的观测数据进行分类，属于预测的一种，事先已定义好类别	K近邻、决策树、贝叶斯分类、支持向量机、神经网络等
聚类	是对相似的观测数据进行分组形成簇，同一簇中的数据类似，不同簇中的数据相异，事先未定义好类别	K-means、PAM 划分聚类方法、DBSCAN、OPTICS 密度聚类方法、谱聚类方法等
关联规则	探索一个事件与其他事件关联的知识，用于发现隐藏在大型数据集背后的重要关联关系	Apriori 算法、FP-Growth 算法、USpan 算法、HusMaR 算法等
回归	分析解释一组变量（输入变量或自变量）对另外一个变量（因变量）的影响，用确定的函数关系近似替代比较复杂的相关关系	一元线性回归、多元线性回归、非线性回归等

4.1.4 数据挖掘常用工具

数据挖掘过程中常用的语言有 R 语言和 Python 语言。R 语言在统计专业领域应用广泛，成为国外大学标准的统计语言，谷歌、辉瑞、默克等公司也都在使用 R 语言。最近几年 R 语言在国内发展也很快，行业应用也逐渐广泛，如京东就将 R 语言作为数据挖掘语言。Python 语言具有简洁易用、科学计算扩展库多等特点，如 NumPy、SciPy 和 Matplotlib 是 3 个经典的科学计算扩展库，可以提供快速数组处理、数值运算及绘图功能。Python 语言及其众多的扩展库所构成的开发环境十分适合工程技术与科研人员处理实验数据、制作图表，甚至开发科学计算应用程序。此外，众多开源的科学计算软件包也提供了 Python 调用接口，如著名的计算机视觉库 OpenCV、三维可视化库 VTK、医学图像处理库 ITK 等。

除了编程实现数据挖掘外，也可以借助一些有效的工具进行数据挖掘。数据挖掘工具可以帮助我们轻松地从巨大的数据集中找出关系、集群、模式、分类信息等并作出最准确的决策。常用数据挖掘工具见表 4-2。

表 4-2　常用数据挖掘工具

名称	功能说明	使用方法
Rapid Miner	基于模板框架提供高级数据分析功能；无须编程、自动分析；服务提供软件而非本地软件	开源、免费的数据挖掘工具，Java 编写
SAS	提供了从基本统计的计算到各种试验设计的方差分析，相关回归分析以及多变数分析的多种统计分析过程；拥有自动化的数据处理工具、易于使用的图形用户界面	商业版数据挖掘软件
SPSS	采用类似 Excel 表格的方式输入与管理数据，使用简单；提供统计描述、评估、聚类、回归等统计分析方法，还提供报表、编辑、图形制作等功能；图形用户界面，无须编程	商业版数据挖掘软件
WeKa	集成了大量机器学习算法，提供了包括数据预处理、分类、回归、关联规则、特征选取和可视化等功能，能够被许多开源数据挖掘软件调用	免费、非商业化的数据挖掘软件；Java 编写
Orange	能够对数据和模型进行多种图形化展示，包括散点图、条形图、树、网络和热图等，可视化功能强，界面友好，易于使用；提供了数据账目、过渡、建模、模式评估和探测等数据分析功能，但统计分析和报表能力有限	开源数据挖掘和机器学习工具；C++ 编写，允许用户使用 Python 语言来进行扩展开发
KNIME	提供了数据提取、集成、处理、分析、转换以及加载等功能。图形用户界面，易用性强；适用于商业情报和财务数据分析	开源数据分析工具；Java 编写

4.2　数据统计分析

在数据挖掘过程中，对数据进行预处理后，一般先对数据进行统计分析，即对一组数据的整体状态进行分析。统计数据分析提供了多方位多角度的衡量指标，其中包括数据的集中趋势、离散程度以及数据的分布状态等。本节主要讨论数据的集中趋势、离散程度和相关性度量。

4.2.1　数据的集中趋势

数据的集中趋势是指一组数据向某一中心值靠拢的程度，它反映了一组数据的中心点所在位置。进行集中趋势分析的目的是寻找数据水平的代表值或中心值，平均数、中位数、众数、四分位数从不同角度反映了一组数据的中心数值分布。

（1）均值（Mean）。均值是数据集中趋势中最常用的一个测度值，用于数值型数据，它是一组数据的均衡点所在，是数据误差相互抵消后的必然结果，但是易受极端值的影响。

假设一组数据中共有 n 个数据，分别是 $x_1, x_2, \cdots, x_n$，则均值 $\bar{x}$ 可以表示为如下公式：

$$\bar{x} = \frac{1}{n} \sum_{i=1}^{n} x_i$$

（2）中位数（Median）。将一组数据按大小顺序依次排列后，位于正中间的一个数据或正中间两个数据的平均数叫作这组数据的中位数。

假设一组数据中共有 n 个数据，分别是 $x_1, x_2, \cdots, x_n$，则中位数 M 可以表示为如下公式：

$$M = \begin{cases} x_{\frac{n+1}{2}} & n \text{ 为奇数} \\ \left(x_{\frac{n}{2}} + x_{\frac{n}{2}+1} \right) / 2 & n \text{ 为偶数} \end{cases}$$

（3）四分位数（Quartile）。把中位数的概念推广，可以得到 p 分位数 M_p，即排在一组有序数列 p（$0 \leq p \leq 1$）位置的数，表示为如下公式。

$$M_p = [1 + (n+1)p - (n+1)p] x_{(n+1)p} + [(n+1)p - (n+1)p] x_{(n+1)p+1}$$

当 $p=1/2$ 时即为中位数，当 $p=1/4$、$p=3/4$ 时即为四分位数，当 $p=1/4$ 时，称作上四分位，当 $p=3/4$ 时，称作下四分位。

（4）众数（Mode）。一组数据中出现次数最多的数据叫作这组数据的众数。需要说明的是，如果一组数据中有两个数据出现次数相同并且都是最大，那么这两个数据则都是这组数据的众数，也就是说，众数具有不唯一性。当一组数据有较多数据并且互不重复时，那么这组数据没有众数。众数可用于数值型数据，也可用于非数值型数据。

下面通过一个例子说明集中趋势的度量值。

【例4-1】表4-3为小明和小华两个学生的7次模拟成绩，分别求其平均值、中位数和众数。

表4-3　小明和小华两个学生的7次模拟成绩

姓名	模拟1	模拟2	模拟3	模拟4	模拟5	模拟6	模拟7
小明	75	79	80	82	82	89	99
小华	32	65	81	85	85	92	100

根据公式，可以得到小明、小华两个学生的均值分别为83.7和77.1。平均数反映了数据的平均水平，其大小与一组数据里每一个数据均有关系，其中任何数据的变动都会相应引起平均数的变动，因此均值容易受极端数据的影响，例如：学生小华7次模拟考试中，五次80分以上，但第一次模拟考试极低造成平均分偏低。

根据公式，小明、小华两个学生的中位数分别是82和85。中位数仅与数据的排列位置有关，某些数据的变动对它的中位数没有影响，相较于平均数，中位数有较好的抗干扰性。当一组数据的个别数据变动较大时，可用中位数来描述数据的集中趋势。

小明、小华两个学生的众数为82和85，众数着眼于对数据出现次数的考察，众数的大小只与这组数据中的部分数据相关。当一组数据中有不少数据多次重复出现时，其众数往往被我们关注。

综上，平均数、中位数、四分位数、众数等指标比较直观地反映了数据整体的集中趋势，是数据集合的代表值或中心值。这个代表值或中心值可以很好地反映事物目前所处的位置和发展水平。通过对事物集中趋势指标的多次测量和比较，还能够说明事物的发展和变化趋势。

4.2.2　数据的离散程度

一组数据的整体状态衡量指标还包括数据的离散程度。离散程度主要包括数据的变化范围及波动大小。在一些应用中我们希望数据的波动越小越好，如仪仗队队员的身高数据波动越小仪仗队越整齐。数据的极差、四分位距、方差和标准差是数据波动程度即数据离散程度的常用指标。

（1）极差（Range）。极差是指一组数据中最大值和最小值之差，是对整体数据离散程度的度量。极差易受极端值的影响。

（2）四分位距（Quartile Deviation）。四分位距是指上四分位数和下四分位数之差。四分位距反映了中间 50% 数据的离散程度，也能衡量中位数的代表性，四分位距不受极端值的影响。

（3）方差和标准差（Variance and Standard Deviation）。一组数据中，所有个体与总体均值距离的平方和求均值即为方差。S^2 为方差，方差公式计算如下：

$$S^2 = \frac{1}{n-1}\sum_{i=0}^{n}(x_i - \bar{x})^2$$

方差虽然能很好地反映数据与均值的偏离程度，但与我们处理数据的量纲不一致。因此引入标准差的概念。

标准差 S 为方差的算术平方根，是反映数据离散程度的重要指标之一。与方差相比，标准差与样本数据值在同一量纲，易于比较。

下面通过一个例子说明离散程度的度量值。

【例 4-2】表 4-4 显示了张新和李丽两个学生的 7 次模拟成绩，分别求其极差、方差和标准差。

表 4-4　张新和李丽两个学生的 7 次模拟成绩

姓名	模拟 1	模拟 2	模拟 3	模拟 4	模拟 5	模拟 6	模拟 7
张新	75	76	80	82	82	82	83
李丽	32	65	81	82	100	100	100

根据离散程度极差、方差、标准差度量公式，两组数据的离散指标值见表 4-5。

表 4-5　张新和李丽两个学生离散程度度量计算结果

姓名	均值	极差	方差	标准差
张新	80	8	10	3
李丽	80	68	622	25

可以看出，两个学生的均值都是 80，但第二个学生的成绩差异很大，极差达到了 68，第一个学生的成绩要比第二个学生"均匀"很多，极差和标准差都很小，说明张新成绩较稳定，而李丽成绩波动较大。

由表 4-5 还可以看出，一组数据的方差和标准差的大小与数据本身的大小密切相关，标准差相对方差而言，与数据在同一量纲下。此外，具有相同属性数据的离散程度进行比较才有意义。也就是说，不同属性的数据量纲不同，对它们的离散程度进行比较没有意义。

4.2.3　数据的相关性度量

如前所述，数据的集中趋势及离散程度分析都是针对单个属性数据的特征进行描述与分析的。在实际应用中，不同属性的数据之间也可能会存在联系，例如体重与身高、性别、年龄等因素有关。

不同属性数据间的相关性分析可以分为定性分析和定量分析，定性分析说明两个属性间是正相关还是负相关的关系，如身高较高则体重较重，说明身高与体重是正相关，反之，则为负相关。定量分析是在定性分析的基础上计算两属性数据之间的相关系数或判定系数。

1. 定性分析

判断两组属性数据之间是否有相关性，可以通过散点图进行。散点图是将两个属性的成对数据绘制在直角坐标系中，通过得到的一系列点图的直观分布，来描述属性间是否相关、相关的表现形式以及相关的密切程度。图4-1所示的3幅图表现了两组数据的正相关性、负相关性及无关性。

可以看出，图4-1（a）中数值同向变化，说明两组数据正相关，图4-1（b）中一个属性的数值随着另一个属性数值的增大而变小，表现出负相关性，而图4-1（c）则看不出两个属性间有明显的关系。

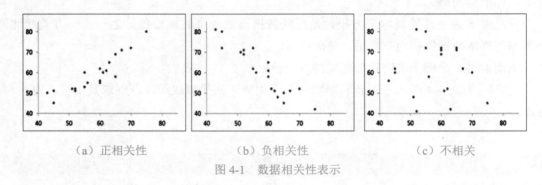

（a）正相关性　　　　　（b）负相关性　　　　　（c）不相关

图4-1　数据相关性表示

【例4-3】表4-6显示了一组身高、体重、收入测量表，观察身高和体重之间是否存在相关性。

表4-6　身高与体重测量表

序号	身高/cm	体重/kg	收入/元	序号	身高/cm	体重/kg	收入/元
1	170	65	2100	11	179	60	2100
2	175	60	2000	12	167	56	2000
3	165	61	2000	13	154	51	2000
4	179	70	2100	14	150	52	2000
5	153	45	2100	15	175	67	2100
6	180	65	2100	16	181	75	2100
7	173	55	2000	17	174	62	2100
8	167	52	2000	18	168	63	2000
9	156	45	2000	19	173	60	2000
10	168	55	2100	20	154	43	2000

根据表中20组身高和体重数据，生成的散点图如图4-2所示。从图中可以看出两个属性的数据表现出正相关性，即两个属性数据的变化同向。

2. 相关性分析

由表4-6中身高、体重的测量数据生成的散点图可以看出身高和体重是正向相关的，这是数据相关性的定性分析，如何定量分析两者之间的相关性呢？我们主要通过相关系数来度量，首先引入协方差的概念。

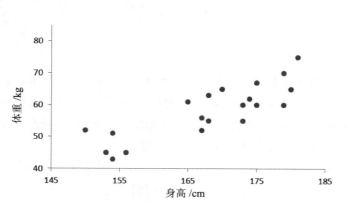

图 4-2　身高和体重的相关性

（1）协方差。协方差用以反映两个属性值是同向变化还是反向变化。给定 n 个样本，属性 X 和 Y 之间的样本协方差计算公式为

$$cov(X,Y) = \frac{\sum_{i=1}^{n}(X_i - \overline{X})(Y_i - \overline{Y})}{n}$$

其中，$\overline{X}$、$\overline{Y}$ 是 X 和 Y 的平均值，X_i 是第 i 个样本在属性 X 上的取值，Y_i 是第 i 个样本在属性 Y 上的取值。协方差为正说明两个属性是同向变化，X 属性值变大，Y 属性值随之变大，协方差为负则相反。协方差的正负代表两个属性相关性的方向，而协方差的绝对值代表它们关系的强弱。

根据协方差公式，计算表4-6中身高和体重两个属性的协方差 $cov(体重,身高)$ 为66.7，表明身高与体重数据变化是同向的，正相关。

（2）相关系数。虽然协方差刻画了两个属性的相关性方向，协方差绝对值代表了两个属性相关性的强弱，但是协方差的大小与属性的取值范围和量纲都有关系，不同属性之间的协方差难以横向比较。

例如，由表 4-6 计算出体重和身高的协方差值为 66.7，体重和收入的协方差值为 205.5，是否说明收入与体重的相关性更强呢？根据我们的常识及经验，这一判断不一定正确。造成这一结果的原因是身高和收入数据的量纲不同，数据变化幅度不同。为了解决这一问题，我们将协方差归一化，消除两个属性变化幅度的影响。

为此，引入样本相关系数计算公式：

$$r(X,Y) = \frac{\sum_{i=1}^{n}(X_i - \overline{X})(Y_i - \overline{Y})}{\sqrt{\sum_{i=1}^{n}(X_i - \overline{X})^2}\sqrt{\sum_{i=1}^{n}(Y_i - \overline{Y})^2}}$$

由上式得到的两个属性的相关系数又称为 Pearson 系数。

通过公式变化，Pearson 系数的取值范围为 [-1,1]。若 $0 < r \leqslant 1$，说明 X 和 Y 之间存在正相关性；若 $-1 \leqslant r < 0$，说明 X 和 Y 之间存在负相关性；若 $r=0$，说明 X 和 Y 之间不存在线性相关关系，但不排除两者存在非线性相关关系；若 $r=1$，说明 X 和 Y 之间存在严格的正相关性；若 $r=-1$，说明 X 和 Y 之间存在严格的负相关性。

一般情况下，通过 r 的取值来说明两个属性间相关性的强弱。

- 当 $|r| < 0.3$ 时，X 与 Y 为微弱相关。
- 当 $0.3 \leq |r| < 0.5$ 时，X 与 Y 为低度相关。
- 当 $0.5 \leq |r| < 0.8$ 时，X 与 Y 为显著相关。
- 当 $0.8 \leq |r| < 1$ 时，X 与 Y 为高度相关。
- $|r|$ 越接近 1，变量的相关关系越明显。

相关系数可以定量地反映两个属性的相关性方向，同时还消除了数据之间的量纲及变化幅度影响。由此，用相关系数对表 4-6 中数据间的相关性进行定量分析，体重与身高的相关系数为 0.838。体重与收入的相关系数为 0.497，说明体重与身高的相关性要强于体重与收入的相关性，且体重与收入的相关性属于低度相关。

4.3 数据挖掘方法

数据挖掘（Knowledge Discovery in Databases，KDD）也称知识发现，是一种深层次的数据分析方法，它是从大量数据中寻找规律构建模型的技术。要挖掘数据中有价值的信息，除了统计学知识外，还需掌握一些机器学习所用的方法和模型知识。

不同的数据特征及分析需求有特定的数据挖掘方法对数据进行处理，一类是无监督学习方法，无监督式学习中数据所属类别未知，数据挖掘的目的是推断出数据的一些内在规律，应用场景包括聚类以及关联规则的学习等。另一类是有监督学习方法，有监督式学习中已经知道数据的类别数，也就是说，在构建分类模型前，数据有分类标签，通过对已有的分类样本进行训练得到一个分类模型，再利用得到的分类模型对未分类的新数据进行类别预测，有监督学习方法主要有分类和回归等。

4.3.1 聚类分析

聚类分析的基本思想是对大量无分类标签的数据，按照某种相似性度量方法，将相似度高的数据划分为同一类（簇），使类内数据相似度高，类间数据相似度低。

聚类分析属于无监督学习方法，以"物以类聚"为思想将一组数据中相似的对象划分到同一组或者同一类别中。在聚类前，数据应该分为几类以及每个样本数据分别属于哪一类都是未知的。聚类算法被广泛应用到各个领域，例如，生物信息学领域通过对动植物特征数据进行聚类，可以获得对种群固有结构的认识，金融商业领域通过对客户数据进行聚类分析，可以进行商业选址等。

1. 基于距离的相似度度量

聚类通常需要选择某种距离函数（或构造新的距离函数）进行数据间相似程度的度量，然后执行聚类或分组。两个样本点间常用的相似度度量方法有欧式距离、曼哈顿距离、马氏距离等。下面以欧式距离为例计算两个样本点的相似性。

设两个样本 X、Y 在 k 维特征上的取值分别为 $(X_1,\cdots,X_k)$ 和 $(Y_1,\cdots,Y_k)$，其中 X_i、Y_i 为样本 X、Y 在第 i 个特征上的取值，则样本 X、Y 间的欧式距离可通过如下公式计算：

$$dist(X,Y) = \left(\sum_{i=1}^{k} | X_i - Y_i |^p \right)^{\frac{1}{p}}$$

2. 聚类算法

聚类算法根据数据特征的不同分为原型聚类、密度聚类、层次聚类等。原型聚类先对原型进行初始化，然后迭代更新求解，包括 K-means 算法及其后来扩展的 K-means++、X-means 等聚类算法。密度聚类假设聚类结果能通过样本分布的紧密程度确定。层次聚类试图在不同的层次对数据集进行划分，形成树形的聚类结构。表4-7对聚类算法进行了总结。

表 4-7　聚类算法介绍

名称	简述
K-means 算法	将平均值作为类中心的一种分割聚类算法。算法将 n 个对象分成 K 个簇，是分割聚类算法中最经典的算法之一
PAM 算法	是对 K-means 算法的一种改进，削弱了对离群点的敏感度
CLARA 算法	随机抽取多个样本，针对每个样本寻找其代表对象，并对全部数据对象进行聚类，然后从中选择质量最好的聚类结果作为最终结果
CLARAN 算法	与 CLARA 算法类似，但在寻找代表对象时，并不仅仅局限于样本集，而是在整个数据集中通过随机抽样来进行寻找
DBSCAN 算法	基于高密度连通区域的聚类算法，以局部数据特征为聚类的判断标准，将类定义为高密度相连点的最大集合
OPTICS 算法	为克服 DBSCAN 算法不足提出，该算法为聚类分析生成一个增广的簇排序，根据排序结果提取类簇
谱聚类算法	基于图论的聚类方法，能在任意形状的样本空间上聚类且收敛于全局最优解

下面对 K-means 算法进行详细介绍。

K-means 算法的主要思想：如果一组样本数据可以被划分为若干簇，那么每一簇都有一个中心；计算每个样本与各个簇中心的距离，距离哪个簇中心最近，样本就属于哪个簇。

K-means 算法过程如下：

设样本集为 D，聚类个数为 k。

步骤 1：从 D 中随机选取 k 个样本作为初始中心点。

步骤 2：计算剩余的每个样本与 k 个中心点的距离，将其划分到距离最近的中心点所代表的簇。

步骤 3：计算每个簇的样本均值向量，作为新的中心点。

步骤 4：重复步骤 2 和 3，直到每簇的均值向量（中心点）均未更新为止。

K-means 聚类过程

K-means 算法思想简单，易于实现，在现实聚类任务中极为常用，但也存在不足之处。首先，聚类的个数 k 是事先给定的，对大数据来说这个 k 值很难估计，在没有先验经验的前提下我们很难确定数据集应该分成多少类才最合适。其次，初始聚类中心的随机选取可能会使聚类结果陷入局部最优解，而难以获得全局最优解。最后，从 K-means 算法可以看出，该算法需要不断重新计算每个样本和中心点的距离，进行样本聚类调整，当数据量非常大时，算法的时间开销将非常大。针对 K-means 算法的不足，人们提出了 K-means++、X-means 等聚类算法。

以 K-means 为代表的原型聚类算法适用于对凸簇状分布的数据进行聚类，对于簇形状较复杂的数据集我们可以采用密度聚类方法，如 DBSCAN 算法、OPTICS 算法等。针对不同数据特点采用不同聚类算法得到的聚类结果如图 4-3 所示。

4.3.2　关联分析

关联分析是找出所有能把一组事件或数据项与另一组事件或数据项联系起来的规则，以获得存在于数据库中的不为人知的或不确定的信息，它侧重于确定数据中不同领域之间的联系，也是无监督学习系统中挖掘本地模式的最普通的形式。由于关联规则能有效地捕捉数据间的重要关系，形式简洁、易于解释和理解，因此，关联规则分析成为数据挖掘领域中的一个热点。

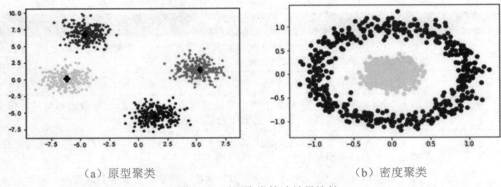

（a）原型聚类　　　　　　　　　　　（b）密度聚类

图 4-3　不同聚类算法结果比较

1. 关联规则算法

关联规则最早由 R.Afrawal 等人于 1993 年提出，最初是针对购物篮分析问题提出的。关联规则分析是指从一个大型的数据集（Dataset）中识别出频繁出现的属性值集，也称为频繁项集（Frequent Item Sets），然后利用这些频繁项集创建描述关联规则的过程。关联规则分析的目的是获得存在于数据库中的不为人知的或不确定的有趣信息，应用领域非常广泛，典型的应用领域包括市场货篮分析、交叉销售、金融服务等。常用的关联规则算法见表 4-8。

表 4-8　关联规则算法介绍

名称	简述
Apriori 算法	最有影响的挖掘布尔关联规则频繁项目集的算法，基于两阶段频繁项目集思想的递推算法
FP-Growth 算法	针对 Apriori 算法固有缺陷设计，不需要产生候选项集的频繁模式挖掘算法
USpan 算法	考虑每项在每个序列中的效用和数量，采用了特殊的字典树结构和剪枝策略，效率明显提升
HusMaR 算法	采用效用矩阵生成候选项，使用随机映射策略均衡计算资源，基于领域的剪枝策略防止组合爆炸，在大规模数据集上有较高的并行效率

2. 关联规则分析举例

啤酒和纸尿裤的故事是关联规则分析中的经典案例，通过对超市销售海量数据进行关联分析，发现男性在买纸尿裤的时候会买几瓶啤酒，在超市调整货架后，啤酒和纸尿裤的销量明显提升。

例如，某超市中顾客的购物信息见表 4-9。可以看到纸尿裤和啤酒在一半以上的顾客购买行为中出现，则｛纸尿裤，啤酒｝就是包含两个数据项的频繁项集合。这说明如果一个顾客购买了纸尿裤，他有很高概率会购买啤酒，由此表明这两个商品间存在着关联关系。

表 4-9　关联规则购物案例数据表

购物 ID	购买项目
1	面包、牛奶
2	面包、纸尿裤、啤酒、鸡蛋

购物 ID	购买项目
3	牛奶、纸尿裤、啤酒、可乐
4	面包、牛奶、纸尿裤、啤酒
5	面包、牛奶、纸尿裤、可乐

【例 4-4】以表 4-9 为例，对纸尿裤和啤酒进行关联分析。

首先进行参数设定：所有顾客的购买行为称为事务集合，见表 4-9，记作 T；事务数就是集合中元素的个数，记作 $N=5$，项集 $X=\{$ 纸尿裤，啤酒 $\}$ 是待挖掘的关联集合。

步骤 1：计算项集 X 的支持度。

支持度就是待挖掘的关联集合——项集 X 在事务集合 T 中出现的次数与事务数的比值，计算方法如下：

$$Sup(X) = \sigma(X)/N$$

其中，$\sigma(X)$ 为项集 X 在事务集合 T 中出现的次数。

由表中数据计算可得 $\sigma(X)=3$，则 $Sup(X)=3/5=60\%$。

步骤 2：确定频繁项集。

设定项集的最小支持度（$Minsup$），当 $Sup(X) \geqslant Minsup$ 时，项集 $X=\{$ 纸尿裤，啤酒 $\}$ 称为频繁项集。因为 X 中元素个数为 2，所以该项集称为频繁 2- 项集。

步骤 3：确定关联规则。

由频繁 2- 项集 $X=\{$ 纸尿裤，啤酒 $\}$ 得到关联规则，即 $\{$ 纸尿裤 $\} \rightarrow \{$ 啤酒 $\}$ 或 $\{$ 啤酒 $\} \rightarrow \{$ 纸尿裤 $\}$。

步骤 4：计算关联规则的置信度。

设 X 的子集 $A=\{$ 纸尿裤 $\}$，$B=\{$ 啤酒 $\}$，$X=A \cup B$，则规则 $A \rightarrow B$ 的置信度计算公式如下：

$$Con(A \rightarrow B) = \frac{\sigma(A \cup B)}{\sigma(A)} = \frac{\sigma(X)}{\sigma(A)} = \frac{3}{4}$$

其中，$\sigma(A)=\sigma(\{$ 纸尿裤 $\})=4$，是项集 A 在事务集合 T 中出现的次数，该结果说明购物行为中购买了纸尿裤的顾客有 75% 的人还同时购买啤酒。同理可计算关联规则 $\{$ 啤酒 $\}$ $\rightarrow \{$ 纸尿裤 $\}$ 的置信度。

步骤 5：强关联规则的确定。

设定置信度阈值，即最小置信度。若一个关联规则同时满足最小支持度和最小置信度的关联规则，则称为强关联规则。

从上述案例可以看出，关联规则分析就是挖掘大量的数据中哪些数据项一起频繁出现，得到很多一起频繁出现的数据项集合。由此，我们可以得出关联规则分析的一般过程：首先，通过最小支持度找到所有可能的频繁项集；然后，根据最小置信度阈值，找到通过频繁项集产生的所有满足条件的关联规则。可见，如何迅速高效地发现所有频繁项集是关联规则分析的核心问题。

3. Apriori 算法

经典的寻找事务集内频繁项集的算法是 Apriori 算法，它的中心思想是先验原理：如果一个项集是频繁的，则它的所有子集一定也是频繁的。反之，如果一个项集是非频繁项集，则它的所有超集也一定是非频繁的。

由先验原理知，已知一个频繁 k- 项集 X，X 的所有 $k-1$ 阶子集都肯定是频繁项集，也就肯定可以找到两个 $k-1$ 频繁集的项集，它们只有一项不同，且连接后等于 X。这证明了通过连接频繁 $k-1$ 项集产生的 $k-$ 候选集覆盖了频繁 $k-$ 项集。同时，如果 $k-$ 候选集中的项集 Y，包含某个 $k-1$ 阶子集不属于 $k-1$ 频繁集，那么 Y 就不可能是频繁集，应该从候选集中裁剪掉。

根据以上原理，Apriori 算法描述如下：

Apriori 算法由以下步骤组成，其中的核心步骤是连接和剪枝。

输入：事务集 T、最小支持度 $Minsup$。

输出：所有的频繁项集。

步骤 1：首先生成候选 1- 项集 C_1，删除不满足最小支持度的项得到频繁 1- 项集 L_1。

步骤 2：连接步，生成候选 $k-$ 项集（$k \geqslant 2$）C_k，其中每一个候选项集都由两个只有一项不同的频繁 $k-1-$ 项集连接运算得到。

步骤 3：剪枝步，连接步生成的 C_k 是 L_k 的候选项集，包含所有的频繁项集 L_k，同时也可能包含一些非频繁项集。可以利用前述先验原理，进行剪枝以压缩数据规模。

步骤 4：生成频繁 $k-$ 项集 L_k，扫描事务数据库 T，计算 C_k 中每个项集的支持度，去除不满足最小支持度 $Minsup$ 的项集，得到频繁 $k-$ 项集 L_k。

步骤 5：重复步骤 2 ~ 4，直到不能产生新的频繁项集的集合为止，算法中止。

【例 4-5】以表 4-9 所示事务集 T 为例寻找其频繁项集如下（设最小支持度为 0.5）：

以事务集 T 为例，首先生成候选 1- 项集 C_1，频繁 1- 项集 L_1，然后重复算法步骤 2 ~ 4，得到候选 2- 项集 C_2，频繁 2- 项集 L_2，候选 3- 项集 C_3，…，直到不能产生新的频繁项集为止。事务集 T 生成频繁项集的过程如图 4-4 所示。

C_1	
项集	支持度
{面包}	0.8
{牛奶}	0.8
{纸尿裤}	0.8
{啤酒}	0.6
{鸡蛋}	0.2
{可乐}	0.4

C_2	
项集	支持度
{面包, 牛奶}	0.6
{面包, 纸尿裤}	0.6
{面包, 啤酒}	0.4
{牛奶, 纸尿裤}	0.6
{牛奶, 啤酒}	0.4
{纸尿裤, 啤酒}	0.6

C_3	
项集	支持度
{面包, 牛奶, 纸尿裤}	0.4
{面包, 纸尿裤, 啤酒}	0.4
{牛奶, 纸尿裤, 啤酒}	0.4

（a）候选 1- 项集 C_1　（b）候选 2- 项集 C_2　（c）候选 3- 项集 C_3

L_1	
项集	支持度
{面包}	0.8
{牛奶}	0.8
{纸尿裤}	0.8
{啤酒}	0.6

L_2	
项集	支持度
{面包, 牛奶}	0.6
{面包, 纸尿裤}	0.6
{牛奶, 纸尿裤}	0.6
{纸尿裤, 啤酒}	0.6

（d）频繁 1- 项集　　　　　　　（e）频繁 2- 项集 L_2

图 4-4　生成频繁项集的过程

根据最小支持度，由 C_3 得到频繁 - 项集 L_3 为空，算法结束。

Apriori 算法是按照层次自底而上的"广度优先搜索策略"，使得 Apriori 算法在挖掘频繁模式时具有较高的效率。但是，Apriori 算法也有两个致命的性能瓶颈。

（1）Apriori 算法是一个多趟搜索算法，每次搜索都要扫描事务数据库，I/O 开销巨大。对于候选 k 项集 C_k 来说，必须扫描其中的每个元素以确认是否加入频繁 $k-$ 项集 L_k，若候选 k 项集 C_k 中包含 n 项，则至少需要扫描事务数据库 n 次。

（2）可能产生庞大的候选项集。由 L_{k-1} 产生的候选 k 项集 C_k 是呈指数增长的，如此海量的候选集对计算机的运算时间和存储空间都提出了巨大挑战。

Apriori 算法中的缺点也引致了许多其他的算法的产生，例如 FP-growth 算法等不需要产生候选项集的频繁模式挖掘算法。

4.3.3　分类分析

数据挖掘的一个重要任务是根据已知样本集的分类信息构建分类模型，利用分类模型对未分类的样本进行类别预测，这是一种有监督的学习方法。例如，根据银行还贷数据中包含正常还贷的客户及违约客户数据构建分类模型，该模型能较精确地判断客户是正常还贷客户还是违约客户。当有新客户来申请贷款时，可以利用分类模型来预测哪些客户能按时归还贷款，哪些客户有违约的风险。

1. 分类算法

分类分析第一步利用带分类标签的数据构建分类模型，这部分数据称为训练集。第二步要对该分类模型进行评估和优化，同样需要另一部分带分类标签的数据来验证分类模型的分类准确率，这部分数据称为测试集。如果在训练集上通过训练得到的分类模型分类准确率非常高，而在验证集上分类准确率非常低，这个模型并不被认为是一个好的分类模型。第三步实际应用分类模型，利用分类模型对实际应用中的真实数据进行分类预测，这部分真实数据会直接实时地被处理。一般情况下，我们无法提前预知这部分数据的实际类别，甚至预测完成后也无法得知分类结果是否准确。例如，银行新客户来申请贷款时，对新客户信息利用分类模型预测该客户违约风险较高，因此未通过该客户的贷款申请，但是我们无法确切得知该客户是否真会违约。该分类模型的实际应用价值可以通过贷款申请客户的按时还贷率来体现。

常用的分类算法主要包括决策树、K- 近邻、朴素贝叶斯等。表 4-10 对分类算法进行了总结。

表 4-10　分类算法介绍

名称	简述
决策树算法	在对数据进行处理的过程中，将数据按树状结构分成若干分枝，每个分支包含数据元组的类别归属共性
K- 近邻算法	最经典和简单的有监督学习方法，依据 K 个最近邻的样本类别来决定该对象所属类别
朴素贝叶斯算法	概率框架下实施决策的基本方法，基于贝叶斯定理和特征条件独立性假设下的分类算法
SVM 算法	构建对数据进行二元分类的广义线性分类模型，在样本空间中寻找超平面，将不同类别的样本分开
神经网络算法	模拟人脑神经元模型，根据训练数据调整神经元之间的连接权重以及功能神经元的阈值，然后通过激活函数处理产生输出

2. 决策树模型

决策树（Decision Tree）是一种树形结构（可以是二叉树或非二叉树），非叶子节点表示一个特征称为决策节点，分支是特征的不同取值，叶子节点表示类别输出。决策树能够从一系列有特征和分类标签的数据中总结出决策规则，并用树状图的结构来呈现这些规则，进而进行分类或预测，其决策过程与我们在实际处理问题时的逻辑判断相同，是一种很自然的处理机制。

【例4-6】一组银行信贷数据见表4-11，构建决策树来确定是否给与贷款。

表4-11 银行信贷数据

序号	是否有房贷	是否有车贷	是否结婚	是否有小孩	月收入 / 元	是否予以贷款
1	否	否	是	是	8204	是
2	是	否	否	否	5674	否
3	是	否	是	否	10634	是
4	否	否	否	否	43551	是
5	否	是	否	否	14065	否
6	否	否	否	是	45571	是
7	否	否	是	否	18240	是
8	否	否	是	是	8680	是
9	是	是	否	是	11135	否

由表4-11构建的决策树如图4-5所示。

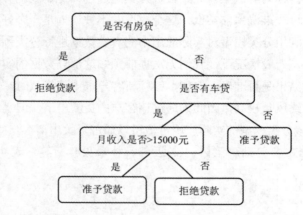

图4-5 银行信贷决策树

针对一个申请贷款的客户，决策树模型可以从树根开始对其特征值进行逐个判断，顺着分支（特征的取值）向下走，直到到达某个叶节点，该叶节点的类别就是客户所属的类别。

从决策树模型的结构可以看出，选取那个特征作为决策节点是关键问题，我们希望该决策节点包含的样本集依据特征值划分到不同分支后，每一分支样本集尽可能属于同一类别。最优划分特征的计算方法有信息增益、增益率、基尼（GINI）指数等。

假设以信息增益最大的特征为样本集 D 的最优划分特征，决策树学习就是一个递归选择最优特征，并根据该特征对训练数据进行分割，使得各个子数据集有一个最好分类的过程。决策树的算法过程如下：

步骤1：构建根节点，将所有训练数据都放在根节点。

步骤2：计算每个特征的信息增益（也可选用其他指标），选取信息增益最大的特征作为决策节点，根据特征取值将样本集合分成若干子集。

步骤3：若某个节点已经是单纯的类，则不再细分；否则对该节点重复步骤2。

步骤4：直到所有子集内所有元素的类别相同为止。

　　根据决策树算法，所有训练集中的样本数据都可以根据此决策树进行完美的划分。但这个决策树模型只对训练集有高的准确率。当样本数据量大、特征较多时，决策树规模就会变大，分支变多。虽然该模型对训练集有精确的分类能力，但是这会把训练集自身的一些特点当作所有数据都具有的一般性质，导致该模型过拟合（训练误差持续降低，而测试误差可能升高）。因此，需要通过剪枝来避免过拟合的风险，剪枝的方法有"预剪枝"和"后剪枝"。预剪枝是指在决策树生成的过程中通过控制决策树规模的方式进行剪枝，如控制决策树的深度，叶节点样本个数等；后剪枝则是先生成一棵完整的决策树，然后自底向上地对决策树进行剪枝。

　　3. K 近邻算法

　　K 近邻（K Nearest Neighbor，KNN）算法是一种最经典和简单的有监督学习方法之一，算法的主体思想是"近朱者赤，近墨者黑"，其前提是有一个已被标记类别的训练数据集，具体的计算步骤如下：

　　步骤 1：确定 k 的大小及计算相似度的方法。

　　步骤 2：计算测试样本与训练集中所有训练样本的相似度。

　　步骤 3：找出步骤 2 计算的相似度最高的 k 个对象。

　　步骤 4：统计 k 个对象中出现频率最高的分类，就是该测试样本所属的类别。

　　其中计算测试样本与训练样本的相似度方法在 4.3.1 节已有介绍。

　　K 近邻算法的核心问题是如何选定 k 的大小，不同值可能会有不同的分类结果，如图 4-6 所示。

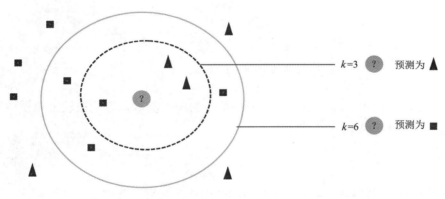

图 4-6　K 近邻方法

　　K 近邻算法的优点是思想简单，易实现，直接对测试样本进行分类，不用构建分类模型，没有训练过程。该算法的缺点是：分类时计算量大，要扫描全部训练样本进行距离计算，内存开销大；可解释性较差，无法给出决策树那样的规则。

　　4. 神经网络

　　神经网络又称人工神经网络，是一种模拟人脑神经系统工作原理，即通过神经元树突及突触的连接进行信息处理以期能够实现类人智能的机器学习技术。它在分类技术方面的应用是一种有监督的学习方法。以它为基础的深度学习是目前最为火热的研究方向。其应用场景包括图像识别、语音识别、医疗诊断等。

　　（1）神经元模型与前馈神经网络。神经元模型是神经网络中最基本的成分，在这个模型中，神经元接收到来自 n 个其他神经元的输入信号 $X=(x_1, x_2,..., x_n)$，这些输入信号的权

重为 $W=(w_1,w_2,...,w_n)$，将这些输入信号带权重求和后与神经元的激活阈值 b 进行比较，如果超过阈值那么该神经元就被激活，通过激活函数对其进行处理以产生神经元的输出，这样的神经元称为 MP 神经元模型，由 Warren McCulloch 和 Walter Pitts 在 1943 年提出。MP 神经元模型如图 4-7 所示。

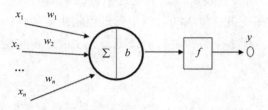

图 4-7　神经元模型

其中，输出 y 的计算公式为 $y=f\left(\sum_{i=1}^{n}w_ix_i+b\right)$。$f(.)$ 为激活函数，常用的激活函数是 Sigmod 函数，如图 4-8 所示。

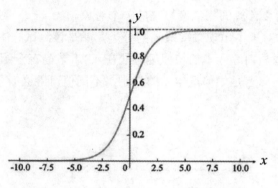

图 4-8　Sigmod 函数

Sigmoid 函数是一个连续、光滑且严格单调的阈值函数，它把在较大范围内变化的输入值压缩在 0 ～ 1 范围内，公式如下：

$$f(x)=\frac{1}{1+e^x}$$

将多个这样的 MP 神经元按一定的层次结构连接起来，就构成了神经网络。常见的神经网络如图 4-9 所示，其由多层神经元组成，称为前馈神经网络。

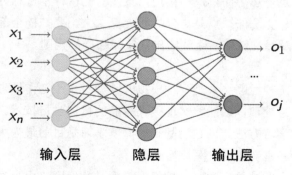

图 4-9　前馈神经网络

它由输入层、隐层（隐含层）和输出层组成，输入层神经元对数据不做函数处理，只负责将输入信号传递给隐含层，隐含层和输出层的神经元都是有激活函数的功能神经元，每一层神经元与下一层神经元完全连接，同层无连接，也不存在跨层连接。常见的前馈神经网络中隐层可以有多层，只有一层隐含层的神经网络我们称为单隐层前馈神经网络，隐层包含多层神经元的网络称为多隐层前馈网络。在这种网络结构中，输入信号由输入单元经过隐含层到达输出单元，传导方向始终单向，无反馈。

（2）BP 神经网络算法。对于分类问题，神经网络的构建过程是一个有监督的学习过程，下面以构建最常见的前馈神经网络为例进行介绍。训练数据集数据及类别标签已知，通过训练数据集学习神经网络模型，再利用该模型进行分类预测。因此神经网络的学习过程就是根据训练数据集调整神经元连接之间的权重 W 以及每个功能神经元的阈值 b，使神经网络的输出信号与训练集的分类标签拟合的过程，所以神经网络的学习过程就是修正权值 W 和阈值 b 的过程和方法。

将阈值 b 看作一个固定输入为 1 的"哑节点"，所对应的连接权重为 w_{n+1}，这样权重和阈值的学习就可以统一为权重的学习。对有 n 个样本，l 个分类，d 个特征的训练数据集我们构建一个前馈网络模型，输入层包含 d 个神经元，隐含层包含 q 个神经元，输出层包含 l 个神经元。网络中需要确定 $(d+l+1)q+l$ 个权重 w 使得样本输出分类结果 $\hat{y}$ 与真实值 y 相差最小，可用均方误差 E 来计算预测值与真实值之间的差距。均方误差 E 的计算公式如下：

$$E = \frac{1}{n}\sum_{i=1}^{n}(y_i - \hat{y}_i)^2$$

预测值与真实值接近时，E 趋近于零。$\hat{y}_i$ 又是关于权重值 w 的非线性函数，因此我们的目标变为如何优化权重 w，使得 E 最小。常用的方法称为梯度下降法，梯度下降法是一种迭代方法，在迭代的每一步，以负梯度方向来更新 w 的值，从而达到减小函数值的目的。常用反向传播算法（BP 算法）从后往前计算梯度。神经网络模型结构复杂，每次计算梯度的代价很大。

BP 算法的主要思想包括信号的前向传播和误差的反向传播，即计算输出信号时，按从输入到输出的方向进行；而调整权值和阈值使均方误差变小时，按从输出到输入的方向进行。使输出向量与期望向量尽可能相等或接近，当输出层的误差在指定范围内时训练完成。

具体步骤如下：

步骤 1：通过随机的方式初始化网络权值。

步骤 2：选择一组训练样本，每一个样本由输入信息和期望的输出结果两部分组成。

步骤 3：从训练样本集中取一样本，把输入信息输入到网络中，计算其输出。

步骤 4：计算实际输出和真实值之间的误差，判断误差是否在指定范围内，如果是则训练完成，否则执行步骤 5。

步骤 5：从输出层反向计算到第一个隐层，利用梯度下降方法，调整网络中各神经元的连接权重，执行步骤 4。

已被证明只需要一个足够多神经元的隐含层，多层前馈神经网络就能以任意精度逼近任意复杂度的连续函数，但是神经网络隐含层共多少层，如何设置每层多少神经元的个数，仍是未被解决的问题。另外利用梯度下降的方法求解权值的最优解往往求得的是局部最优解。由于其强大的表示能力，在训练集上构建的神经网络常常出现过拟合现象，这是构造神经网络时需要注意的问题。

神经网络算法可被用于多种任务,不仅限于分类问题还可以用于回归问题模型的构建。分类和回归都属于有监督学习方法,分类方法一般适用于离散变量的预测,而回归方法一般适用于连续变量的预测。

随着神经网络的发展,大数据时代的到来,对于大容量、复杂结构数据的神经网络训练变得迫切起来,因此以深度学习为代表的复杂神经网络模型开始受到人们的关注。典型的深度学习模型就是增加隐含层的层数,层数越多,模型的表示能力越强,对数据越有更本质的刻画。

4.3.4 回归分析

相关性分析可以判断两个属性间的关系是正相关还是负相关,同时还可以通过相关系数计算两个属性关系的强弱。这是一种非确定性的关系,是指属性数据间确实存在的,但是数量上不是严格对应的依存关系。一些变量之间存在相关关系,例如,一个城市的空调产品销售量和夏季平均气温或冬季平均气温有相关关系,股票市场的价格和银行存贷款利率水平有相关关系。如果能够建立这些相关关系的数量表达式,就可以根据一个变量的值来预测另一个变量的变化,回归分析(Regression Analysis)的目的就是构建变量之间数量关系的模型。

回归分析与相关性分析既有联系又有区别,相关性分析是回归分析的基础,相关系数 $|r| \geq 0.8$ 时,表明两个属性间高度相关。只有当数据之间存在高度相关性时,进行回归分析寻求其相关性的具体形式才有意义;两者的区别是相关性分析中两个属性值关系是对等的,例如身高与体重,只有相关的程度和方向,而回归分析中两个属性 X、Y 有因果关系,要确定自变量和因变量。例如,居民收入水平与消费水平的回归分析,收入水平为自变量,消费水平为因变量,拟合收入水平和消费水平的回归模型后,我们可以利用该模型通过居民的收入数据来预测居民的消费数据。

因此,在数据分析中,回归分析是一种预测性的建模技术,它研究的是因变量和自变量之间的因果关系。常用的回归分析方法有一元线性回归、多元线性回归、LASSO 回归、岭回归等。这里介绍一元线性回归模型和多元线性回归模型。

(1)一元线性回归模型。

对两个变量 x 和 y,一元线性理论回归模型可表示为

$$y = \beta_0 + \beta_1 x + \varepsilon$$

式中,截距 β_0 与斜率 β_1 为模型参数,ε 为随机误差项。$\hat{y} = \beta_0 + \beta_1 x$ 为 y 的估计值。

拟合回归直线应使估计值 $\hat{y}$ 与对应的实际观测值 y 之间的绝对差最小,从而保证预测的准确性。

利用最小二乘法,最小化 $\sum(y - \hat{y})^2$,等价于 $\sum(y - \beta_0 + \beta_1 x)^2$ 最小化,分别对 β_0、β_1 求偏导结果为 0,得到 β_0、β_1 的结果为

$$\begin{cases} \beta_1 = \dfrac{n\sum xy - \sum x \sum y}{n\sum x^2 - (\sum x)^2} \\ \beta_0 = \bar{y} - \beta_1 \bar{x} \end{cases}$$

该方法可对表 4-6 中身高、体重做回归分析,将身高设为自变量 x,体重设为因变量 y,利用身高预测体重,得 $\beta_1 = 0.726$,$\beta_0 = -63.89$,则一元线性回归模型为

$$\hat{y} = 0.726x - 63.89$$

对应的散点图和拟合回归直线 $\hat{y} = \beta_0 + \beta_1 x$ 如图4-10所示。

得到该模型后，就可以进行预测了，如某人身高为177cm，则可预测他的体重为64.6kg。

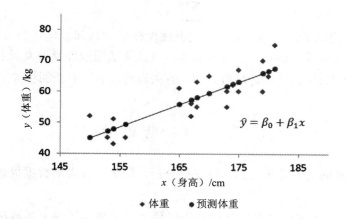

图4-10 身高和体重的线性回归模型

（2）多元线性回归模型。一般情况下，因变量 y 和多个自变量相关，如与体重相关的因素有身高、饮食、年龄、性别等。若回归模型中有两个或两个以上自变量就称为多元线性回归。

$$y = \beta_0 + \beta_1 x_1 + \cdots + \beta_n x_n + \varepsilon$$

称为 n 个回归变量的多元线性模型，采用向量表示法为

$$Y = X\beta + \varepsilon$$

其中，$Y = \begin{bmatrix} y_1 \\ \vdots \\ y_k \end{bmatrix}$, $X = \begin{bmatrix} 1 & x_{11} & \cdots & x_{1n} \\ & & \vdots & \\ 1 & x_{k1} & \cdots & x_{kn} \end{bmatrix}$, $\beta = \begin{bmatrix} \beta_0 \\ \vdots \\ \beta_n \end{bmatrix}$, $\varepsilon = \begin{bmatrix} \varepsilon_1 \\ \vdots \\ \varepsilon_k \end{bmatrix}$, k 为样本个数，n 为特征个数，x_{ij} 表示第 i 个样本的第 j 个特征值。

利用最小二乘法估计回归参数，即最小化

$$S(\beta) = \sum_{i=1}^{k}\left(y_i - \sum_{j=1}^{n}\beta_j x_{ij}\right)^2$$

分别对 $\beta_0, \beta_1, \cdots, \beta_n$ 求偏导并令其得零，可以得到 β 的最小二乘估计为

$$\hat{\beta} = (X^\mathrm{T}X)^{-1}X^\mathrm{T}Y$$

然后得到估计回归模型

$$\hat{Y} = X\hat{\beta}$$

利用这个回归模型，就可以根据个人的身高、饮食、年龄等信息来估计或预测体重。

（3）回归模型评价。通过上述内容可以看出回归模型得到的拟合值 $\hat{Y}$ 与真实值 Y 之间是存在误差的，将两者做差，得到残差向量

$$\hat{\varepsilon} = Y - \hat{Y} = Y - X\hat{\beta} = Y - X(X^\mathrm{T}X)^{-1}X^\mathrm{T}Y = (I - H)Y$$

通过定义残差平方和 SSE 来衡量误差的大小：

$$SSE = \hat{\boldsymbol{\varepsilon}}^{\mathrm{T}} \hat{\boldsymbol{\varepsilon}} = \sum_{i=1}^{k} (y_i - \hat{y}_i)^2$$

SSE 越小，得到的模型对拟合数据估计越准确，进而定义判定系数 R^2 为

$$R^2 = 1 - \frac{SSE}{\sum_{i=1}^{k} (y_i - \overline{y})^2}$$

$\overline{y}$ 为真实值 Y 的均值。R^2 越接近 1，代表线性模拟对该问题越适合；若 R^2 很小，就要考虑是不是缺少某些重要因素，或者问题本身可能无法用线性模型来表示。针对线性回归的显著性检验、假设检验等统计分析方法，有兴趣的读者可以查阅相关书籍了解。

4.4   数据分析应用举例

本节基于 Excel 的数据分析工具进行案例分析，以加深读者对数据描述性分析和回归分析的理解。

Excel 是微软公司 Office 办公软件的核心组件之一，提供了强大的数据处理、统计分析和辅助决策等功能。Excel 通过自身的数据分析工具可以完成数据描述性分析、相关系数计算、回归分析等常见的专业统计分析工作。Excel 的数据分析工具库插件需要用户启动才能使用。单击 Excel 软件界面内 "文件" 中的 "选项"，在弹出的界面中单击 "加载项"，然后在弹出的界面下方单击 "转到" 按钮，出现 "加载项" 列表，从中勾选 "分析工具库"，单击 "确定" 后菜单栏就会出现数据分析工具。

【例 4-7】表 4-12 所示为 20 组身高和体重测量数据，利用 Excel 的数据分析工具，试对该数据进行描述性分析，判定身高和体重之间的关系。

表 4-12   身高和体重测量数据

序号	身高 /cm	体重 /kg	序号	身高 /cm	体重 /kg
1	170	65	11	179	60
2	175	60	12	167	56
3	165	61	13	154	51
4	179	70	14	150	52
5	153	45	15	175	67
6	180	65	16	181	75
7	173	55	17	174	62
8	167	52	18	168	63
9	156	45	19	173	60
10	168	55	20	154	43

加载数据分析工具

4.4.1   描述分析案例

数据描述包括数据集中程度分析指标平均数、中位数、众数；离散程度指标极差、方差、标准差。这些都是描述样本数据的常用统计量，通过 Excel 数据分析工具中的 "描述统计" 功能一次即可完成，具体步骤如下：

步骤 1： 在 Excel 中，单击"数据→数据分析"，打开"数据分析"对话框，如图 4-11 所示。

图 4-11　"数据分析"对话框

步骤 2： 选择"描述统计"功能，系统打开"描述统计"对话框，如图 4-12（a）所示。选定数据的输入区域为 B1:B21 单元格；分组方式选择"逐列"；勾选"标志位于第一行"复选框，输出区域选择空白单元格（如 E7 单元格）；勾选"汇总统计"复选框。身高描述统计的计算结果如图 4-12（b）所示。同样，体重描述统计的结果也可用类似方法得到。

（a）"描述统计"对话框

B	C	D	E	F
身高(cm)	体重(kg)			
170	65			
175	60			
165	61			
179	70			
153	45			
180	65		身高(cm)	
173	55			
167	52		平均	168.1
156	45		标准误差	2.2
168	55		中位数	169.0
179	60		众数	175.0
167	56		标准差	9.8
154	51		方差	96.8
150	52		峰度	-0.9
175	67		偏度	-0.6
181	75		区域	31.0
174	62		最小值	150.0
168	63		最大值	181.0
173	60		求和	3361.0
154	43		观测数	20.0

（b）身高描述统计的结果

图 4-12　身高描述统计

在输出结果中，平均值 168.1 反映了身高的平均水平，中位数为 169，与平均值接近，众数为 175，出现次数最多。标准误差为样本均值的标准差，反映了平均值代表性的好坏，本例中标准误差的值较小，说明平均值的代表性好，学生身高的差异性不大；"区域"为极差，是最大值与最小值之差。标准差、方差表示数据在均值周围的离散程度。峰度、偏度描绘了与正态分布相比数据的分布形态。峰度是衡量数据分布起伏变化的指标，以正态分布为基准，比其平缓时值为负，反之则为正；偏度是衡量数据峰值偏移的指标，根据峰值在均值左侧或者右侧分别为正值或负值。峰度和偏度如图 4-13 所示。

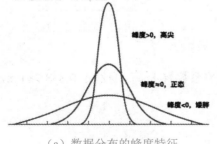

（a）数据分布的峰度特征

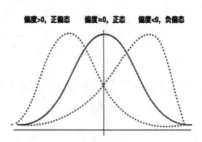

（b）数据分布的偏度特征

图 4-13　峰度与偏度

数据分布的峰度和偏度

4.4.2 相关分析案例

利用散点图可以直观地判断两个变量的相关性，将两个属性的成对数据绘制在直角坐标系中得到一系列点，以直观地描述属性是否相关、相关的表现形式以及相关的密切程度。身高与体重的散点图如图 4-2 所示，我们可以直观地看出身高和体重是有相关关系的，而两个变量的相关性定量分析可以通过协方差计算及相关系数计算得到。

（1）协方差计算。协方差的正负代表两个变量相关性的方向。协方差计算操作步骤如下：

步骤 1：在 Excel 中打开"数据分析"对话框。

步骤 2：选择"协方差"，打开"协方差"对话框，如图 4-14（a）所示。数据输入区域为 B1:C21；分组方式选择"逐列"；勾选"标志位于第一行"复选框，选定空白输出区域（E7 单元格）；身高和体重的协方差统计结果如图 4-14（b）所示。

（a）"协方差"对话框　　　　　　　　（b）身高和体重的协方差统计结果

图 4-14　身高和体重的协方差计算

从图 4-14 可以看出，身高和体重的协方差值为 66.745，是一个正值，说明身高和体重正相关。该图同时给出了身高和体重自身的相关性方向 cov(身高 , 身高)，cov(体重 , 体重)。

（2）相关系数计算。协方差刻画了两个变量的相关性方向，但无法衡量相关性的紧密程度。可利用相关系数定量分析两个变量之间相关性，操作步骤如下：

步骤 1：在 Excel 中打开"数据分析"对话框。

步骤 2：选择"相关系数"功能，打开"相关系数"对话框，如图 4-15（a）所示。选定数据输入区域为 B1:C21；分组方式选择"逐列"；勾选"标志位于第一行"复选框，选定一个空白输出区域（E7 单元格）；身高和体重的相关系数计算结果如图 4-15（b）所示。

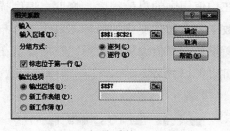

（a）"相关系数"对话框　　　　　　（b）身高和体重的相关系数的计算结果

图 4-15　身高和体重的相关系数的计算

从图中的输出结果可以看出，身高和体重的相关系数 $r($ 身高 , 身高 $)=0.838 > 0.8$，说明身高和体重高度正向相关。

4.4.3 回归分析案例

回归分析可以根据自变量的取值预测因变量的取值。在做回归分析前，一般要通过散点图、相关系数等方法来观察、计算变量间是否有相关关系。

通过前面相关系数的计算，我们已经知道身高和体重有很强的正相关性，能否建立身高和体重之间的线性数量关系，并利用身高来预测体重呢？这是一个典型的线性拟合问题。在 Excel 中，可以采用绘置散点图再添加趋势线的方法完成。

（1）添加趋势线方法。

步骤1:选择身高、体重数据列，打开"插入图表"对话框，利用 Excel 中"X、Y 散点图"功能绘制散点图，如图 4-16 所示。

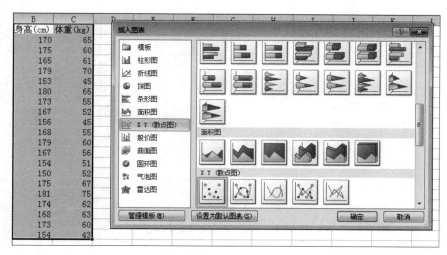

图 4-16　"插入图表"对话框

步骤2:绘制身高、体重的散点图，如图 4-17（已经对散点图的坐标轴最小值及主刻度单位进行了调整）所示。

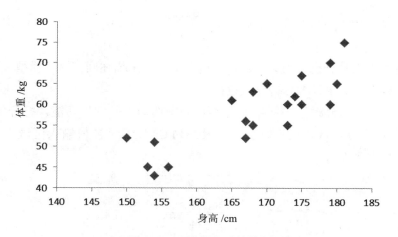

图 4-17　身高和体重的散点图

步骤3:在数据点上右击，选择"添加趋势线"，弹出"设置趋势线格式"对话框，如图 4-18 所示。

步骤4:选择"线性"，趋势线名称选定"自动"，勾选"显示公式"和"显示 R 平方值"复选框，可以得到拟合的直线，如 4-19 所示。

从图 4-19 可知，拟合直线是 $y = 0.726x - 63.89$，R^2 为 0.7023，与 4.3.4 节（回归分析）的计算结果相同。

图 4-18 "设置趋势线格式"对话框

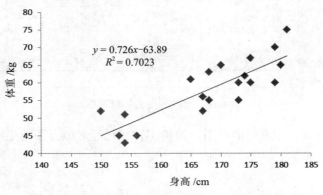

$y = 0.726x-63.89$
$R^2 = 0.7023$

图 4-19 身高和体重的趋势线

（2）利用回归工具分析。为进一步使用更多的指标来描述回归这一模型，可使用数据分析中的"回归"工具来详细分析这组数据。

步骤 1：在"数据分析"对话框（图 4-11）中选择"回归"功能，打开如图 4-20 所示的"回归"对话框。选定"Y 值输入区域"为 C2:C21，"X 值输入区域"为 B2:B21；选定"输出区域"为 E7。

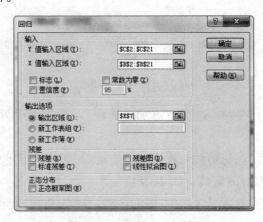

图 4-20 "回归"对话框

步骤 2：设置好各项参数后，单击"确定"按钮，得到回归分析结果，如图 4-21 所示。

SUMMARY OUTPUT					
回归统计					
Multiple R	0.838				
R Square	0.702				
Adjusted R	0.686				
标准误差	4.777				
观测值	20				
方差分析					
	df	SS	MS	F	Significance F
回归分析	1	969.008	969.008	42.460	3.99E-06
残差	18	410.792	22.822		
总计	19	1379.800			
	Coefficients	标准误差	t Stat	P-value	Lower 95%	Upper 95%	下限 95.0%	上限 95.0%
Intercept	-63.888	18.751	-3.407	0.003	-103.283	-24.493	-103.283	-24.493
X Variable	0.726	0.111	6.516	0.000	0.492	0.960	0.492	0.960

图 4-21　身高和体重的回归分析结果

回归分析结果阐释

下面分析图中各项数据，"回归统计"中，Multiple R 为两个属性的相关系数即 R，为 0.838，R 越大相关性越强，R Square 为回归判定系数 R^2，为 0.702，与散点图生成的趋势线相同。

"方差分析"中，SS 列第二行即残差平方和 SSE，SSE 越小，拟合效果越好。Significance F 为对回归方程检验所达到的临界显著性水平，其值为 0.00000399，小于 0.0001，表示模型为真的置信度超过了 99.99%，可知回归方程是高度显著的，说明该回归模型合理反映了身高和体重的相关关系，可以用来进行预测。

最后回归参数分析中，Coefficients 为回归系数，身高 x 的回归系数（斜率）为 β_1，其值为 0.726，Intercept 为截距 β_0（常数项），其值为 -63.888，故身高和体重的回归方程为

$$\hat{y} = 0.726x - 63.888$$

另外，"标准误差"为回归系数标准差的估计；t Stat 为对回归系数进行 t 检验时 t 统计量的值。下限 95% 和上限 95% 分别给出了各回归系数的 95% 置信区间。

以上都是应用 Excel 的"数据分析"工具完成的统计分析。Excel 的统计分析函数功能也很强大，包括求方差、协方差等，有兴趣的读者可以查阅相关资料了解。

习题与思考

1．试述数据挖掘在大数据分析过程中的功能及作用。

2．描述数据集中趋势的重要指标有几个？各个指标描述数据集中趋势时的优缺点是什么？

3．描述数据离散程度的重要指标有几个？各个指标描述数据离散程度时的优缺点是什么？

4．试述数据挖掘的基本过程。

5．查阅相关资料简述一元线性回归与多元线性回归，以及线性回归与非线性回归的区别。

6．无论是线性回归还是分类问题在构建模型时都可能存在过拟合风险，请简述什么是过拟合。

7．回归、分类、聚类方法的区别与联系。

8. 用数据分析工具计算表 4-13 中 31 个地区人口的总和、平均值、中位数、众数、标准差。

表 4-13　2008 年全国各地区人口统计

地区	总人口 / 万人	地区	总人口 / 万人
北京	1695	山东	9417
天津	1176	河南	9429
河北	6989	湖北	5711
山西	3411	湖南	6380
内蒙古	2414	广东	9544
辽宁	4315	广西	4816
吉林	2734	海南	854
黑龙江	3825	重庆	2839
上海	1888	四川	8138
江苏	7677	贵州	3793
浙江	5120	云南	4543
安徽	6135	西藏	287
福建	3604	陕西	3762
青海	554	宁夏	618
新疆	2131	甘肃	2628
江西	4400		

9. 某地区 1994 年到 2002 年的人均收入和商品零售总额的数据见表 4-14。分析人均收入与商品的零售总额是否有线性关系，如果有，若该地区 2003 年的人均收入为 1300 元，则试估计 2003 年商品的零售总额。

表 4-14　某地区 1994 年到 2002 年的人均收入和商品零售总额

年份	人均收入 X/ 元	商品零售总额 Y/ 亿元
1994	450	26
1995	550	32
1996	680	44
1997	730	62
1998	810	70
1999	930	89
2000	1050	103
2001	1160	115
2002	1250	128

第5章 大数据可视化

本章导读

数据可视化就是将结构或非结构化的数据转换成适当的可视化图表，将隐藏在数据中的信息直接展现在人们面前，从而带来有价值的可视化效果，帮助人们实现对数据的深入洞察。大数据时代，数据可视化成为了各个领域传递信息的重要手段。

本章主要介绍数据可视化的作用和目标、数据可视化的方法和工具，在理解了可视化一些基本知识基础上，通过列举常用的可视化案例，讲述在 Excel 和 Tableau 工具上如何完成数据的可视化过程，从而初步掌握运用可视化工具实现数据可视化的方法。

知识结构

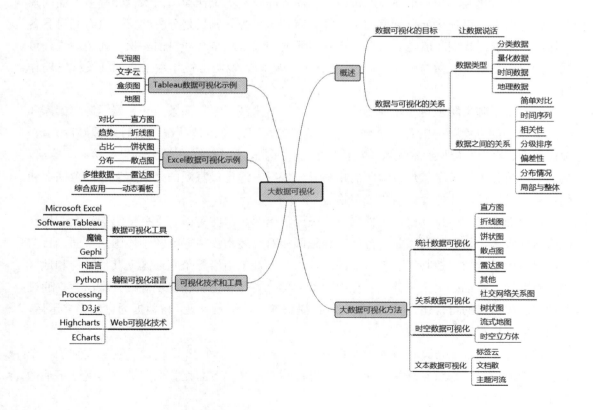

5.1　概述

数据可视化起源于 19 世纪 60 年代的计算机图形学，人们使用计算机创建图形图表，将数据的各种属性和变量可视化地呈现出来。随着计算机硬件的发展，人们创建了规模更大、更复杂的数据模型，发展了数据采集设备和数据保存设备，同理也需要更高级的计算机图形学技术及方法来支撑这些规模庞大的数据集的可视化。可视化的表现形式在不断变化，增加了诸如实时动态效果、用户交互使用等方式。数据可视化像所有新兴概念一样，边界也在不断扩大。

5.1.1　数据可视化的目标

我们已经知道，数据可视化就是将结构或非结构化的数据转换成适当的可视化图表，将隐藏在数据中的信息直接展现在人们面前。倘若我们手上只有简单的数据表格，要想找到其中隐含的地区性或周期性的规律就会花费很多时间，还有可能会忽略掉某些重要的东西，而图表便于快速阅读，表达直观、精确，它就像文字一样，能为我们讲述各种各样的故事。

好的可视化并不是一个简单的过程，它需要同时具备统计学和艺术设计等多方面的知识，没有前者，可视化就只是插图；而没有后者，可视化就只是分析结果。只有同时具备了这两种技能，我们才能随心所欲地在数据研究和数据故事之间自由转换。通俗地说，可视化的目标就是"让数据说话"，下面通过几个案例来说明可视化数据是如何发挥它的作用的。

（1）新冠肺炎防疫可视化地图。该地图（资料来源于今日头条 App）展示源自国家和地方卫健委的真实可靠的各项数据。通过地图，可以速览疫情状况，实时掌握确诊人数、疑似病例、死亡人数和治愈人数。疫情地图分为不同尺度呈现，主要分为世界级和国家级，甚至可以单独了解某个省份或地区的疫情分布情况。通过最直观的确诊病例、治愈病例和死亡病例统计可总体把握疫情的分布趋势。

新型冠状病毒疫情
可视化地图

截至 2020 年 9 月 10 日，国外方面，美国、巴西、印度等国家受疫情影响较大，累计确诊人数较多，格陵兰岛、蒙古等国家和地区相对受此次疫情影响较小。国内方面，目前疫情已得到了有效的控制，除陕西、四川、山东以及东南沿海个别地区，其他省份和地区的现有确诊人数已降至个位数，甚至中西部大部分省份和地区已实现确诊人数清零。通过对疫情防控情况的可视化，可以为联防联控提供参考。由此可见，将数据通过图形展示后，人们可以更直观地获取有效信息。

（2）球星科比·布莱恩特的投篮偏好分析。2020 年 1 月 27 日凌晨，我们收到了一个令人震惊的消息，那就是球星科比·布莱恩特不幸遇难，下面让我们用数据再现一下他的投篮现场，权作缅怀。

根据 NBA 官方提供的科比近 20 年职业生涯的数据资料，经过对 3 万多行数据的处理和可视化展示，对球星科比·布莱恩特的投篮进行了多维度分析。如图 5-1 所示，在着色后的 2D 高斯投篮次数图中，每个椭圆都是距离其高斯分布中心 2.5 个标准差的范围，圆中每个数字代表了该高斯分布观察到的投篮所占百分比。

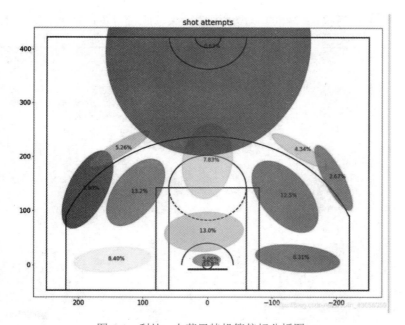

图 5-1　科比·布莱恩特投篮偏好分析图

资料来源：https://mp.weixin.qq.com/s/6KXa4I_fW18RPkUKC9EuNw

从图 5-1 我们发现了一个有趣的事实：科比·布莱恩特在球场的左侧（科比·布莱恩特的右侧）做了更多的投篮尝试。这可能是因为他有右手投篮习惯。此外，科比·布莱恩特大量的投篮尝试（16.8%）直接从篮下进行，5.06% 的额外投篮尝试是从非常接近篮下位置投出去的。从图 5-1 还可看出，科比·布莱恩特还是一个注重篮下以及罚球线周边功夫的球员。对数据的理解是与场景结合的，在充分理解了数据的本质之后，数据分析的结果和可视化展示的效果会因之增色。

（3）演讲家 Hans Rosling 的动画可视化。Hans Rosling（汉斯·罗斯林）是瑞典卡罗琳学院的国际卫生学教授，他是著名的可视化学者和演讲家，他能够将数据更好地诠释给大众，让枯燥的数据变得有意义。汉斯·罗斯林和他的儿子儿媳共同创立了 Gapminder 基金会，Gapminder 基金会开发了 Trendalyzer 软件，该软件提供了全世界的普查数据资源及可视化平台，它能将统计数据转换成活动的、交互的和有趣的图表。

汉斯·罗斯林曾经以动画方式来展现世界各国摆脱贫困的历程。在他的演讲中，所有观众从一开始就被深深地吸引到数据的世界里，在结束时又都情不自禁地起立鼓掌喝彩。他运用的可视化技巧是一种可运动的图表，其中的气泡代表各个国家，根据该国的贫富程度，气泡可在时间轴上移动从而产生动态效果，如图 5-2 所示。为什么他的演讲如此受欢迎呢？这是因为汉斯·罗斯林把握了数据背后的意义，并将数据以故事的形式展现在大家面前，从而使观众从中感受到了信念和激情。由此可见，数据本身不一定趣味盎然，令人印象深刻的往往是设计数据和演示数据的方法。

从这些案例可知，数据可视化就是根据需求对数据维度或属性进行筛选，根据目的和用户群选用表现方式。即使是同一份数据，为了不同的目的，也可以可视化成多种看起来截然不同的形式。比如，为了观测、跟踪数据，可视化就要强调实时性、变化、运算能力，生成一份不停变化的、可读性强的图表。为了分析数据，可视化就要强调数据的呈现度，会生成一份可以检索、交互式的图表。为了帮助普通用户或商业用户快速理解数据的含义或变化，则会利用漂亮的颜色、动画创建生动、明了、具有吸引力的图表。同样，为了教育或宣传，图表会以海报、课件的形式出现在街头、广告单页、杂志和集会上。

气泡图动态展示

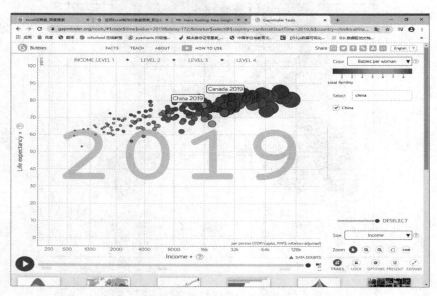

图 5-2　Gapminder 在线工具

资料来源：https://www.gapminder.org/tools/#$chart-type=bubbles

　　总之，数据可视化的多样性和表现力吸引了许多从业者，而其创作过程中的每一环节都有强大的专业背景支持。无论是动态还是静态的可视化图形，都为我们搭建了新的桥梁，让我们能洞察世界、发现事物间各种各样的关系，感受信息的实时变化，还能让我们理解其他形式下不易发掘的事物。从这些角度来讲，数据可视化的应用价值是不言而喻的。

5.1.2　数据与可视化的关系

　　包含信息和事实的数据是所有可视化的基础，对原始数据了解越多，打造的基础就越坚实，也就越能制作出令人信服的数据图表。这里所说的数据不仅仅是数字，我们已在前面章节讨论过这个问题。要想把数据可视化，必须要知道它表达的含义、它所代表的事物以及这些事物之间的联系，这是因为可视化的目的是让我们从另一个角度去探索数据本身所蕴含的价值。也就是说，在进行数据分析、数据图表绘制或数据可视化之前，我们应该要对数据类型以及数据之间的关系有所了解。在此基础上，我们才能选择合适的图形来展示数据。

1. 数据类型

　　在一些可视化工具中，数据通常分为两大类，即分类数据和量化数据，分类数据称为维度，量化数据称为度量数据。为了更好地进行数据分析和呈现，也可将数据分为以下四大类。

　　（1）分类数据：能够进行分组或排序的数据，通常都是文字类型、离散性数据，如性别、班级、产地等数据都是分类数据，班级把学生分成不同的组别，同样性别把人类分为男和女。

　　（2）量化数据：所有可以测量的数据称为量化数据，它们的取值是数字，这些数字可以是连续数据，也可以是离散数据，如身高、考试成绩、商品销量、商品价格等都属于量化数据。

　　（3）时间数据：以时间作为数据内容的数据类型，如年度、季度、月份、周或者天等。

（4）地理数据：用作地理位置的标示的数据类型，如地名、经纬度信息，也是离散数据。

从严格的分类角度来讲，时间和地理数据都属于分类数据（维度），把它们单独分离出来的目的是更好地进行可视化分析和展示。

通过对数据类型进行分类，数据可视化就有了一些基础信息，这对如何选择图形来说，相当于有了一个筛选条件。

2. 数据之间的关系

数据之间的关系指的是数据点之间的关系，而不是通常所说的数据表之间的关系。数据点之间的关系对于数据可视化来说，是不可或缺的一部分信息。能否发现并正确描述数据之间的关系，取决于我们对数据和业务的理解程度，数据之间的关系通常分为以下 7 类。

（1）简单对比：顾名思义，简单对比就是对分类的量化数据进行简单对比，从而更直观地了解两者的量化对比情况，通常用来发现问题。例如：对不同品种的产品销售额进行对比，可以发现产品的销售情况。

（2）时间序列：主要显示同一维度下，数值随时间的变化情况，可以帮助人们发现趋势、进行预测。例如：通过绘制某一个产品随时间变化的销售额统计曲线，可以观测这个产品随着年度、季度或者月份的变化趋势。

（3）相关性：通过同一维度下两个数值的变化关系对比，可发现正相关性或负相关性，以了解数据的相关情况，通常用于因果关系的发现。例如：同样教育程度下，收入和失业率的分布。相关性知识已经在第 4 章进行了详细讲解。

（4）分级排序：两个以上的数值之间的关系，通常用于排序分级，从而查看顺序和数量，如各省的销售收入排名、各个班级的平均成绩或各个高校的招生分数。

（5）偏差性：通过观察数据点之间的关系，发现一些特殊的、与普通数据有明显不同的情况，用于观察数据的偏离度，如突发事件对产品销售量的影响、淘宝商城中对某一家店铺评价数据的偏差。

（6）分布情况：描述数据围绕核心数值的一个分布情况，用于观察数据的分布方式和情况，如篮球队员的身高分布情况。

（7）局部与整体：用于对比部分数据和整体的关系，如小学生在"王者荣耀"玩家群里面的分布比例、优秀学生在全班的占比情况等。

了解数据类型和数据之间的关系后，就可以选择合适的图表进行数据可视化。当然正确地使用图表进行数据含义表达后，还需要进行视觉效果上的美化以及合理的展示分享，这样才能更好地将数据的价值发挥出来。

5.2 大数据可视化方法

大数据时代，可视化数据的图表表现形式变得非常重要。优秀的图表有很多表现形式，它不仅仅是展示数据，而且还要用数据讲故事。因此，想要更好地显示数据，必须恰当正确地使用可视化方法。按照数据所属的不同类型，数据可视化可以分为统计数据可视化、关系数据可视化、地理空间数据可视化、时间序列数据可视化以及文本数据可视化，而可视化可以有统计图表、标签云、热力图、地图、仪表盘等表达方式，它们能将图形更直观地展现在用户面前。

5.2.1 统计数据可视化

统计数据可视化就是指对统计数据进行分析展现，是使用最早的可视化图形，我们熟悉的饼图、直方图、散点图、柱状图等都是最原始的统计图表。统计数据可视化作为一种统计学工具，它能够传达存在于数据中的基本信息，作为一条快速认识数据集的捷径，已经成为一种令人信服的沟通手段，是我们在大量PPT、报表、方案以及新闻等众多场景中最常见到的统计图形。

统计数据一般都是存放于数据库中，分析统计数据也就是分析这些数据库表格，发现数据间的关联性和因果关系。在统计学中，数据之间应该存在着某种联系，我们可以在视觉上对数据图进行设计，用于比较和对照各种数值和分布。下面我们了解一下最常用的统计图表类型。

（1）直方图。直方图又称柱形图、条形图，是以高度或长度的差异来显示统计指标数值的一种常用图形。直方图显示简明、醒目，一般用于显示一段时间内的数据变化或显示各项指标之间的对比情况，长度对应数据大小，柱形的宽度与相邻柱形之间的距离决定图的美观程度，如果间距的宽度大于柱形的宽度则会使读者的注意力集中在空白处而忽略了数据。图5-3是一个柱形图示例。

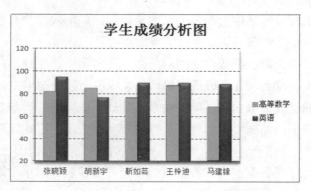

图 5-3　柱形图示例

（2）折线图。折线图是用直线段将每个数据点连接起来而组成的图形，以折线方式显示数据的变化趋势和对比关系。特别是在显示相同时间间隔下数据的变化趋势时，折线图是一个非常不错的选择。折线图分为带数据点的折线图和不带数据点的折线图。图5-4是一个折线图示例。

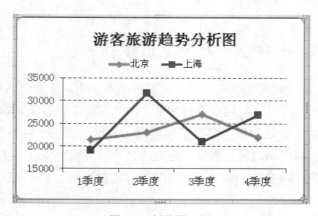

图 5-4　折线图示例

（3）饼状图。饼状图使用扇形面积展示某个数据系列中各项的大小及占比，主要用于强调各项数据占总体的百分比。当反映部分占整体的百分比时，使用饼状图最适当。图5-5 是一个饼状图示例。

图 5-5　饼状图示例

（4）散点图。散点图表示因变量随自变量变化而变化的大致趋势，以此决定选择哪个函数对数据点进行拟合，通常用于比较跨类别的聚合数据，如科学数据、统计数据和工程数据。散点图中包含的数据越多，比较的效果就越好。默认情况下，散点图以圆点显示数据点，通过添加趋势线分析大致趋势。如果在散点图中有多个序列，可以考虑将每个点的标记形状更改为方形、三角形、菱形或其他形状。图 5-6 是一个散点图示例。

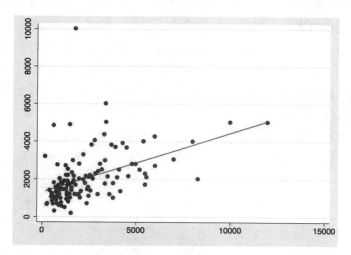

图 5-6　散点图示例

（5）雷达图。雷达图（Radar Chart）将多个维度的数据映射到坐标轴上，也可以看作极坐标化的折线图，因形似雷达而得名。雷达图适用于多维数据的可视化显示，主要应用于企业经营状况——收益性、生产性、流动性、安全性和成长性的评价。在使用雷达图时需要注意，尽量在图上加注文字说明，这样能方便用户解读数据的含义。图 5-7 是一个雷达图示例。

除了上述常用的统计图表外，还有气泡图、漏斗图、盒须图等多种统计图形。因此，在制作可视化图表时，要从业务和需求出发，选择合理的、符合惯例的图表。

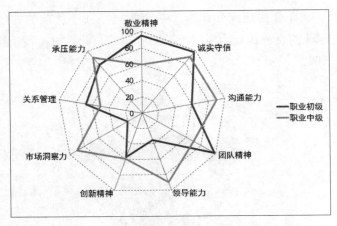

图 5-7　雷达图示例

5.2.2　关系数据可视化

大数据分析中最常见的关系就是网络关联，如社交网络和互联网。连接拓扑和网络节点之间的关系可以非常直观地体现出网络中隐藏的关系，节点是进行网络可视化的重要内容之一。在大规模边和节点的网络中利用有限空间进行一定的可视化，是现阶段大数据研究的重点和难点。除了要可视化静态拓扑关系，还要对动态网络进行一定程度的可视化。

（1）社交网络关系图。在大数据蓬勃发展的今天，社交网络所表现出的社会影响力远超人们的想象。如何衡量信息传播的关系与效果，更好地理解社交网络中潜藏的大量信息以及其快速迁移变化的属性，对理解社会关系、政治、经济、文化等都是至关重要的。例如：在社交媒体上，谁关注了谁；在投票选举中，谁投票给谁；在组织中，谁领导谁，谁和谁合作等。人物之间复杂的社交关系在数据层次结构上属于一种比较特殊的网络信息。图 5-8 展示了 Facebook 上某一用户及其好友的社交网络关系可视化效果。图中使用了力导向布局算法，使具有好友关系的节点被拉近，从而清晰地展现出了整个网络的聚类特征。从图中很容易看到，该用户的好友圈子比较明显地聚集在一起，形成了一个大的聚类，在这个大的聚类中，用户常常互为好友，而其他类之间的关系就比较稀疏。

图 5-8 彩图

图 5-8　某一用户及其好友的社交网络关系可视化效果

（2）树状图。层次网络数据也属于网络信息的一种特殊情况。树状图是一种流行的利用包含关系表达层次化数据的可视化方法。它因呈现数据时高效的空间利用率和良好的交互性得到了人们的关注，且在科学、商业金融等领域得到了广泛的应用。树状图示例如图5-9 所示。

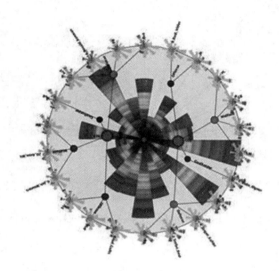

图 5-9 彩图

图 5-9　树状图示例

随着网络中边和节点数目的增多，可视化界面中很容易出现覆盖、重叠以及聚集等问题，从而影响可视化效果。因此进行大规模数据可视化的主要方式就是简化。简化方式可以分成两类。一类是通过层次聚类和多尺度交互，把大规模数据变为具有一定层次的树结构，然后利用多尺度交互进行不同层次的可视化。另一类是对边进行适当的聚集，保证具有清晰的可视化效果。这些都是简化的主要方式，也可以看出引入交互技术是可视化技术未来发展的趋势。

5.2.3　时空数据可视化

时空数据主要指具有一定时间标签和地理位置的数据。随着移动终端与传感器的迅速普及，时空数据逐渐成为大数据发展过程中典型的数据类型。时空数据可视化是充分结合地理制图学以及数据可视化技术，分析和研究空间和时间与可视化表征之间的关系，展示数据对象随空间位置和时间进展所发生的变化以及变化的规律。

斯蒂芬·冯·沃利（Stephen Von Worley）用一份现成的、以逗号分隔的文档算出了全美国 48 个州中任何一个地点到最近麦当劳的距离，并在地图上标注了出来。一个地区的颜色越亮，就意味着越能尽快地吃到巨无霸。

斯蒂芬·冯·沃利的
"麦当劳的距离"

大数据时代发展模式下，时空数据具有实时性和高维性，这成为数据可视化的重点。为了能够更好地体现信息随着空间和时间发生的变化，一般可以利用信息对象来逐渐实现数据可视化。流式地图是最典型的可视化方式，它充分融合了地图和时间事件流。图 5-10是拿破仑进攻俄罗斯的可视化案例，图中内容包括：军队的位置和行军方向，包括某个小队人马的调离和归队数据、军队减小的规模、撤退中的严寒天气。在地图的下方附有一个时间条，展示了拿破仑行进莫斯科的日期和天气情况。地图中间的棕色线条表示军队缩水的情况，而黑色线条则表示某个小队人马的调离和归队数据。

图 5-10 彩图

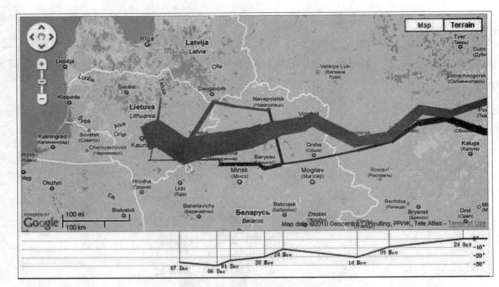

图 5-10　拿破仑 1812 年进攻俄罗斯

资料来源：http://vis.stanford.edu/protovis/ex/napoleon.html

　　为了突破二维平面的局限性，用三维方式展示时间、空间及事件的时空立方体被提了出来。图 5-11 用时空立方体显示了某地区的犯罪信息。通过时空数据立方体对犯罪信息进行可视化，综合运用了二维地图和时空立方体两种方法，可以很直观地看出犯罪事件发生的密度变化，以及犯罪热点的转移、各地区犯罪情况的相关性。

图 5-11 彩图

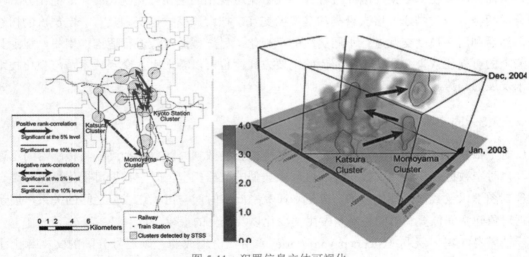

图 5-11　犯罪信息立体可视化

5.2.4　文本数据可视化

　　大数据时代，文本信息是非结构化数据的典型代表，也是互联网中人们使用最多的信息类型。文字是传递信息最常用的载体，但是当大段文字出现时，我们习惯先找文中的图片来看，说明人们对图形的接受程度比文字要高。文本可视化可以在一定程度上直观展示文本的逻辑结构、动态演化规律以及主题聚类等。例如：针对一篇文章，文本可视化能更快地告诉我们文章在讲什么；针对社交网络言论，文本可视化可以帮我们进行信息归类、情感分析；针对一个新闻，文本可视化可以帮我们将顺事情发展的脉络、每个人物之间的关系等；针对一系列的文档，我们可以通过文本可视化来找到它们之间的联系等。下面介绍几种文本可视化方法。

（1）标签云。最基本和典型的文本可视化就是标签云，也称为词云。它首先依据词频合理地对关键词进行排序和归类，然后利用一定的颜色、大小等属性进行文本可视化。从一段文字变成一张词云图片大概要经历三个步骤：首先，去掉冗余的文字，把关键词提取出来，我们通常所说的分词就是这个功能；然后，计算关键词的权重，通常的计算方法是，一个词出现的次数越多，它的权重越大，权重决定了哪些词着重显示；最后，对关键词进行布局，即按照一定的顺序、规律和约束将关键词整齐美观地展现在屏幕上。图 5-12 是标签云可视化示例，其中词越大，说明出现的频率越高，越能贴近文档的主题。

图 5-12　标签云示例

（2）文档散。文档散（DocuBurst）也是基于关键词的文本可视化，它不仅采用关键词可视化文本内容，还借鉴这些关键词在人类语言中的关系来径向布局关键词，体现了语义的等级。图 5-13 所示通过颜色的饱和度来编码每个词出现的频率，高频词对应着高饱和度的颜色；同时，它还采用径向布局，外圈的词汇是内圈词汇的下义词。它巧妙地利用颜色和布局组合的手法，使图表看上去绚烂多彩，更吸引读者的眼球。

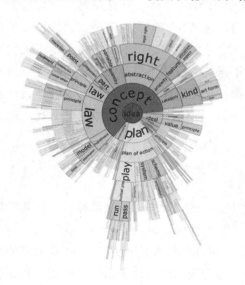

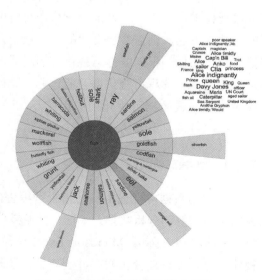

图 5-13 彩图

（a）同一文档可视化文档散　　　　（b）以两个文档制作的比较文档散

图 5-13　文档散示例

资料来源：http://vialab.science.uoit.ca/docuburst/help.php

（3）主题河流。主题河流（Theme River）是一种经典的时序文本可视化方法。光阴似水，用河流来隐喻时间的变化，几乎所有人都能非常好地理解。横轴表示时间，每一条不同颜色线条可视作一条河流，而每条河流则表示一个主题，河流的宽度代表其在当前时间点上的一个度量（如主题的强度）。这样既可以在宏观上看出多个主题的发展变化，又能看出在特定时间点上主题的分布。

图 5-14 是一个主题河流的示例图，图中每个流代表了一个主题，流的宽度表示在这个时间点上与该主题相关的文本的数量，数量越多，宽度越宽；关键事件包括一个主题的产生、终结、分裂以及合并，分别用以下四种符号（a、b、c、d）表示；同时，TextFlow 也能将主题内关键词的联系展示出来，每个流中的线表示某个关键字。用户可以从这三个方面分析和推断主题的变化，以及变化的原因。

图 5-14 彩图

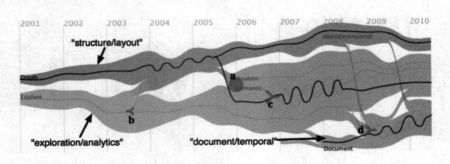

图 5-14　主题河流示例

资料来源：http://www.cad.zju.edu.cn/home/vagblog/?tag=textflow

5.3　可视化技术和工具

在可视化方面，现在已经有大量的技术和工具选用，主要分为两大类，一类是无须编程的可视化工具，主要通过拖拽方式在短时间内快速制作出图表。但是如果想得到可视化新的特性或方法，则需掌握合适的编程语言，这样才能根据自己的需求将数据可视化并获得很大的灵活性。根据编程可视化应用场景的不同，编程技术可分为编程可视化语言和 Web 可视化技术。编程可视化语言通过程序调用可视化图形库更能个性化和高效地设计及展示图表，在离线数据可视化中应用广泛，而 Web 可视化技术以其动态、可交互、适于在线展示等优势发展更为快速。

5.3.1　数据可视化工具

这里所说的数据可视化工具是指无须编程的工具，通过单击／拖拽鼠标的方法就能够协助我们快速理解和分析数据，下面介绍几款常用的可视化工具。

（1）Microsoft Excel。Microsoft Excel 是最常用的办公软件，也是一个最易上手的图表可视化工具，能快速分析数据并创建数据图表，适合简单的统计需求，其内置有数据分析工具，功能基本齐全。若结合数据透视表、VBA 内置编程语言，它可以制作复杂可视化分析图表和仪表板，拥有比较强大的图表能力。但是，Excel 仅适合处理数据量较小的数据，不能进行海量数据分析，而且在颜色、线条和样式上可选择的范围有限，很难制作出满足专业出版物和网站展示需求的数据图。

（2）Tableau Software。Tableau 公司将数据运算与美观的图表完美地嫁接在一起，其开发的桌面软件非常受欢迎。用户可以用该软件将大量数据拖放到数字"画布"上，转眼间就能创建好各种图表。Tableau 公司的软件还能够将数据图转换为数据库查询，非常适合研究员使用。

Tableau Desktop 是 Tableau 公司开发的商业智能工具软件，支持多种大数据源和可视化图表类型，不同于传统商业智能软件，用户通过拖拽数据，即能快速创建一个可视化与交互式的分析视图，帮助人们迅速且简捷地分析、可视化展示和分享信息。Tableau Desktop 能够跟随思维轨迹，快速进行各类型视图切换，而不需要向导或编写脚本程序，效率比现有数据分析工具的效率高出数倍。Tableau Desktop 有多种展现形式，使用人员能够自定义各种类型的图表，展现多种图形，同时可以针对不同的展示图形进行不同提示。

Tableau Server 是企业智能化软件，它将 Tableau Desktop 中设计的交互式可视化图表、仪表盘等进行快速共享与发布，开放给使用者进行基于浏览器的可视化学习与数据分析，具有企业级的性能和安全性，可快速完成部署，维护方便。用户可以采用 Web 浏览器将结果发布与共享，也可将 Tableau Server 视图嵌入其他 Web 应用程序中调用。用户可以在无须信息技术支撑的情况下生成大量报告，数据分析效率非常高。

（3）魔镜。魔镜是一个免费的新型大数据可视化分析平台，由国云数据公司开发，是中国首款免费的大数据可视化分析工具。该平台积累了大量来自内部和外部的数据，用户可以自由地对这些数据进行整合、分析、预测和可视化。它支持多种数据源，具有数据预测、聚类分析、相关性分析、数据联想、决策树、地图、组合图等功能。该平台拥有丰富的数据公式和算法，让用户可以探索和分析数据，通过简单的拖放创造交互式的图表。

（4）Gephi。Gephi 是面向各种网络和复杂系统、动态图形和层次图形的交互式可视化探索平台，是一款面向网络分析领域的数据可视化处理软件，其被看作"数据可视化领域的 Photoshop"。像 Photoshop 一样，对于图形，它支持用户通过创造数据表达方式，改变其结构、形状和颜色来显示 / 隐藏目标数据的属性。几乎所有现在能看到的有许多节点和边的静态图都是用这个软件制作的，如图 5-15 所示。

Tableau 可视化工具界面

图 5-15 彩图

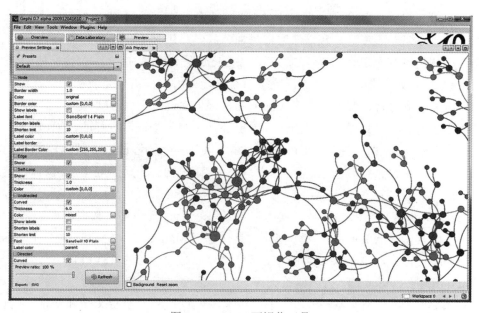

图 5-15 Gephi 可视化工具

Gephi 是一种开源软件，允许开发者去扩展（开发者可以编写自己感兴趣的插件，创建新的功能）和重复使用。Gephi 在学术界、新闻学界和其他领域的一些研究项目中起到了重要的辅助甚至推动作用。

5.3.2　可视化编程语言

可视化编程语言能根据需求将数据可视化，并在一定程度上获得很大的灵活性。编程语言大多提供了丰富的可视化图形库，供调用使用，R 语言、Python 语言以及 Processing 是常见的几款可视化编程语言。

（1）R 可视化。R 是一个自由、免费、源代码开放的软件（可以在 R 官方网站及其镜像中下载任何有关的安装程序、源代码、程序包及文档资料），是集统计分析与图形显示于一体的、优秀的统计计算和统计制图工具，能够运行在 UNIX、Windows 和 Macintosh 等操作系统上，具有丰富的传统分析功能库以及可视化绘图工具包，适合研究人员学习使用，许多图表都是用 R 制作的，如图 5-16 所示。

图 5-16 彩图

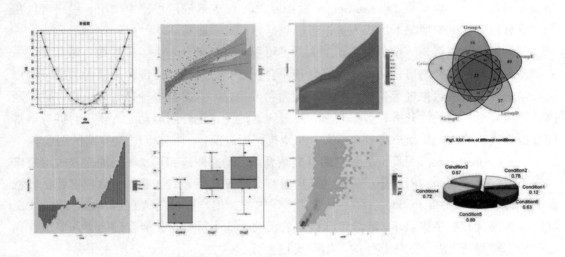

图 5-16　使用 R 绘制的数据分析图形

R 还是一种编程语言，具有语法通俗易懂、易学易用和资源丰富的优点。大多数最新的统计方法和技术都可以在 R 中直接获取。ggplot2 是 R 语言中一个功能强大的作图软件包，ggplot2 工具使得数据可视化工作轻松而有条理，用户只需要完成初始化、绘制图层、调整数据相关图形元素、调整数据无关图形元素等步骤就能完成绘制。

R 具有强大的用户交互性，它的输入输出都是在同一个窗口进行的，输出的图形可以直接保存为 JPG、BMP、PNG、PDF 文件，并提供与其他编程语言、数据库交互的接口。它适合生物、医学、农林等领域的医院、高校、科研机构、公司企业中从事科研和教学的人员使用。

（2）Python 可视化。Python 是一款通用的编程语言，广泛应用于数据处理和 Web 应用。在支持可视化方面，Python 有许多可视化工具，包括 Matplotlib、Seaborn 等。Python 是目前最流行的编程语言，也是大数据和人工智能等专业必须学习的首选语言。

Matplotlib 是 Python 的一个 2D 绘图库，它以各种硬拷贝格式和跨平台的交互式环境生成出版质量级别的图形。Matplotlib 中的基本图表包括的元素有 x 轴和 y 轴、坐标轴分隔的刻度、刻度标签、最小刻度和最大刻度、特定坐标轴的值、绘图区域和实际绘图的区域等。通过 Matplotlib，开发者仅需要几行代码，便可以生成直方图、条形图和散点图等。绘制的图形除界面显示外，还可以保存为 PDF、SVG、JPG、PNG、GIF 等格式。

Seaborn 基于 Matplotlib 提供内置主题、颜色调色板、函数、可视化单变量、双变量和线性回归等工具，使作图变得更加容易。

（3）Processing。Processing 是一种开源的编程语言和编程环境，原本是为美工设计的，能够运行在 Linux、Windows 和 Macintosh 等操作系统上。Processing 基于素描本（Sketchbook）这一隐喻来编写代码，编程用户主要面向计算机程序员和数字艺术家，对编程新手，Processing 是个不错的起点，因为用 Processing 只需要几行代码就能实现非常有用的功能。此外，它还有大量的示例、库、图书以及一个提供帮助的巨大社区。

Processing 在数据可视化领域有着广泛的应用，可制作信息图形、信息可视化、科学可视化和统计图形等。

5.3.3　Web 可视化技术

基于 JavaScript 的可视化技术是软件工程师的利器。JavaScript 有很大的灵活性，可以控制超文本标记语言 HTML（Hyper Text Makeup Language）、层叠样式表 CSS（Cascading Style Sheets）和可缩放矢量图形 SVG（Scalable Vector Graphics），提供在线、交互式可视化功能，D3.js、Highcharts、ECharts 是常用的几个基于 JavaScript 的 Web 可视化工具。

（1）D3.js。D3.js 是 Data Driven Documents 的简称，它使用数据驱动的方式创建漂亮的网页，运行在 JavaScript 上，使用 HTML、CSS 和 SVG 的形式实现快速可视化展示，并且可以实现实时交互，成为目前最流行的数据可视化工具库之一。

D3.js 提供了各种简单易用的函数，大大简化了 JavaScript 操作数据的难度，它将可视化的复杂步骤精简，仅需调用几个函数就能够将抽象数据转换成绚丽的图形。D3.js 还提供了大量除线性图和条形图之外的复杂图表样式，例如 Voronoi 图、树形图、圆形集群和单词云等。

（2）Highcharts。Highcharts 是一个功能强大、开源、美观、图表丰富、兼容绝大多数浏览器的纯 JavaScript 图表库。目前支持直线图、曲线图、面积图、曲线面积图、面积范围图等 18 种类型的图表，可以在同一个图形中集成多个图表形成综合图。Highcharts 基于 jQuery 框架开发，能够很方便、快捷地在 Web 网站或 Web 应用程序中添加有交互性的图表，免费供非商业用途使用。

Highcharts 提供了用于数据比较的多轴支持功能，可以针对每个轴设置其位置、文字和样式等属性。结合 jQuery、MooTools.Prototype 等 JavaScript 框架提供的 Ajax 接口，Highcharts 可以实时地从服务器取得数据并实时刷新图表。

（3）ECharts。ECharts 是百度公司开发的开源数据报表插件，也是一个纯 JavaScript 的图表库，可以流畅地运行在 PC 和移动设备上，兼容当前绝大部分浏览器。ECharts 底层依赖轻量级的 Canvas 类库 ZRender，该库提供直观、生动、可交互、可高度个性化定制的数据可视化图表。ECharts 除了提供常规的折线图、柱状图、散点图、饼图、K 线图、盒形图、热力图、线图外，还提供了用于地理数据可视化的地图，用于关系数据可视化的关系图，用于 BI 的漏斗图、仪表盘等，并且支持多图表、组件的联动和混搭。

5.4　Excel 数据可视化示例

Excel 是目前最受欢迎的办公软件之一，它强大的数据管理、自动计算、表格制作、图表绘制等功能被人们广泛应用，尤其是在 Excel 中可以轻松地将数据转换成各式各样的直观数据图表，方便用户从视觉上对数据整体的构成、比例、变化、聚集等情况进行快速了解。

5.4.1　对比——直方图

直方图一般用于显示各项指标之间的对比情况，下面用一个示例说明制作直方图的数据对比分析过程。

【例 5-1】根据表 5-1 中所列各城市的销售数据及规定的指标，制作直方图来对比不同城市的销售完成情况，同时显示销售的上升、下降趋势，作出的直方图效果如图 5-17 所示。

表 5-1　数据预处理后的数据表

城市	销售额	指标	主柱子	未达标	达标	未达标三角	达标三角
北京	77	100	77	23	#N/A	67	#N/A
上海	128	100	100	#N/A	28	#N/A	90
天津	147	100	100	#N/A	47	#N/A	90
广州	85	100	85	15	#N/A	75	#N/A
重庆	126	100	100	#N/A	26	#N/A	90
深圳	45	100	45	55	#N/A	35	#N/A
杭州	63	100	63	37	#N/A	53	#N/A

图 5-17 彩图

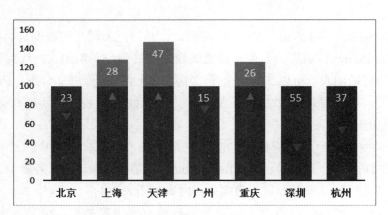

图 5-17　销售数据完成情况对比图

【例 5-1】直方图数据
预处理

注：表 5-1 中右侧的 5 列数据：主柱子、未达标、达标、未达标三角、达标三角是经过销售额和指标数据计算而得。另外，图 5-17 中显示上升、下降趋势的两个三角形图片，需要预先做好备用，公式参见视频讲解。

直方图的实现步骤如下：

步骤 1：制作堆积柱形图。在 Excel 中，选中城市、主柱子、未达标、达标、未达标三角和达标三角各列数据，插入柱形图中"堆积柱形图"，生成堆积柱形图，过程如图 5-18 所示。

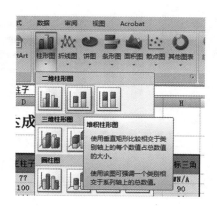

（a）选择堆积柱形图

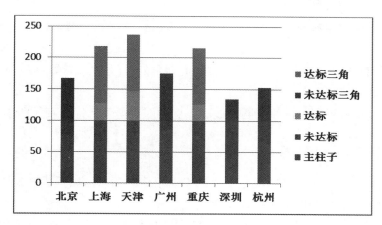

（b）堆积柱形图效果

图 5-18　生成堆积柱形图

步骤 2：修改图表类型。 将"未达标三角"和"达标三角"两个系列修改为带数据标志的折线图，并将两条折线的线条颜色设置为无线条，设置方法及得到的图表如图 5-19 所示。

（a）线条透明颜色设置

图 5-19　修改为带数据标志的折线图

图 5-18（b）彩图

图 5-19（b）彩图

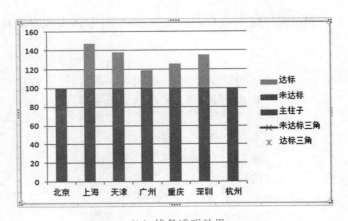

（b）线条透明效果

图 5-19　修改为带数据标志的折线图（续图）

步骤 3：设置上升和下降趋势。在图表中修改上升和下降趋势两个数据的系列格式，将数据标记依次设置为两个 PNG 文件。

步骤 4：去掉纵坐标轴。将纵坐标轴格式的主要刻度线类型设置为"无"，线条颜色设置为"无线条"。

步骤 5：调整柱形宽度。选择"未达标"数据系列，打开"设置数据系列格式"对话框，将分类间距设置为 50%。

步骤 6：调整系列颜色，删除网格线和图例，即可得到目标图表（图 5-17）。

5.4.2　趋势——折线图

折线图是用直线段将多个数据点连接起来而组成的图形，以折线方式显示数据的变化趋势。下面用一个示例说明折线图体现变化趋势。

【例 5-2】表 5-2 显示的是某一年中，三星、小米等几个品牌手机 12 个月的销售情况（演示数据并非真实数据），制作折线图显示各品牌手机销售量的波动趋势，折线图效果如图 5-20 所示。

表 5-2　手机销售数据表

月份	三星	小米	苹果	vivo	华为	oppo
1 月	245	399	238	541	610	523
2 月	86	110	223	257	293	100
3 月	389	593	702	779	688	587
4 月	457	719	798	799	888	666
5 月	610	708	1360	990	1760	548
6 月	879	699	926	940	1607	788
7 月	605	603	1110	777	896	1056
8 月	501	723	1208	951	1067	756
9 月	521	906	978	945	923	817
10 月	489	756	832	856	957	765
11 月	888	478	678	579	834	635
12 月	834	634	723	611	813	532

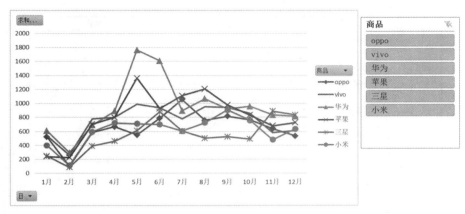

图 5-20 品牌手机销售趋势动态图

注：趋势图中多系列数据线条彼此重叠，本示例通过使用 Excel 的切片器功能来动态展示某一品牌的销售趋势。

实现折线图的操作步骤如下：

步骤 1：对原始数据进行预处理，将数据转换为日期、商品和销量 3 列，所有数据按月份顺序组织，目的是能够按照日期和商品进行分类，为制作数据透视表做准备，转换过程参见二维码视频。

步骤 2：制作数据透视表。选择"日期""商品""销量"3 列的所有数据，在"插入"菜单中选择"数据透视表"，行标签设置为"日期"，列标签设置为"商品"，求和项设置为"销量"，完成的数据透视表见表 5-3（让数据按月份递增显示，将 10 月、11 月、12 月 3 行数据拖动到 9 月下面）。

【例 5-2】折线图数据
预处理

表 5-3 调整数据顺序后的数据透视表

求和项:销量	列标签					
行标签	oppo	vivo	华为	苹果	三星	小米	总计
1月	523	541	610	238	245	399	2556
2月	100	257	293	223	86	110	1069
3月	587	779	688	702	389	593	3738
4月	666	799	888	798	457	719	4327
5月	548	990	1760	1360	610	708	5976
6月	788	940	1607	926	879	699	5839
7月	1056	777	896	1110	605	603	5047
8月	756	951	1067	1208	501	723	5206
9月	817	945	923	978	521	906	5090
10月	765	856	957	832	489	756	4655
11月	635	579	834	678	888	478	4092
12月	532	611	813	723	834	634	4147
总计	7773	9025	11336	9776	6504	7328	51742

步骤 3：生成折线图。选择数据透视表中所有销售数据，生成折线图。对应该折线图，选择菜单栏"数据透视图分析"中的"插入切片器"，在切片器中勾选"商品"，生成浮动选择框，如图 5-20 所示。

步骤 4：在切片器中，单击需要显示的商品，图表内容自动改变，如单击"苹果"和"小米"的结果如图 5-21 所示。

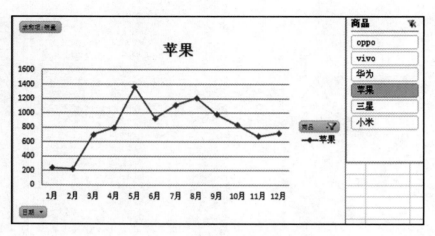

（a）苹果手机销量曲线图

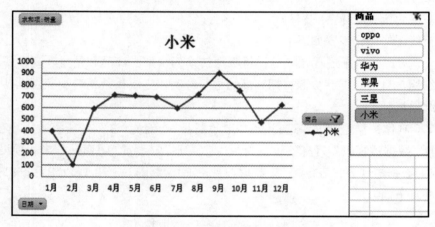

（b）小米手机销量曲线图

图 5-21　动态趋势效果图

5.4.3　占比——饼状图

饼状图也称为饼图，主要用于强调各项数据占总体的比例，当反映部分占整体的百分比时，使用饼图最适当。下面用一个示例说明饼图的使用方法。

【例 5-3】某学校举办 Python 编程大赛，各学院报名人数见表 5-4，要求统计各学院参加 Python 编程大赛人数的占比情况，制作的饼图效果如图 5-22 所示，其中突出显示的农学院人数需要制作分离饼图。

表 5-4　Python 编程大赛报名人数

学院	人数
林学院	87
资源与环境科学院	38
农学院	35
园艺学院	23
动物科技学院	8
生命学院	5

学院	人数
植物保护学院	5
园林与旅游学院	3
其他	0

实现分离饼图的操作步骤如下：

步骤 1：生成饼图。选择参赛数据，插入饼状图，设置数据标签为系列名称与百分比。

步骤 2：制作分离饼图。选择突出显示的扇区（此处为农学院），在弹出的"设置数据点格式"的"系列选项"（图 5-23）中，将"点爆炸型"分离度设置为 10%，则分离型饼图效果如图 5-22 所示。

注：若需分离多个扇区，步骤同上。

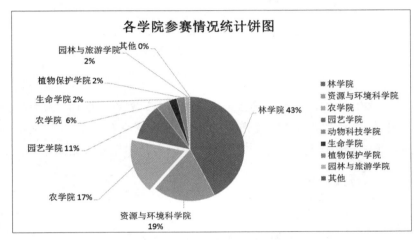

图 5-22　各学院参赛人数占比饼图

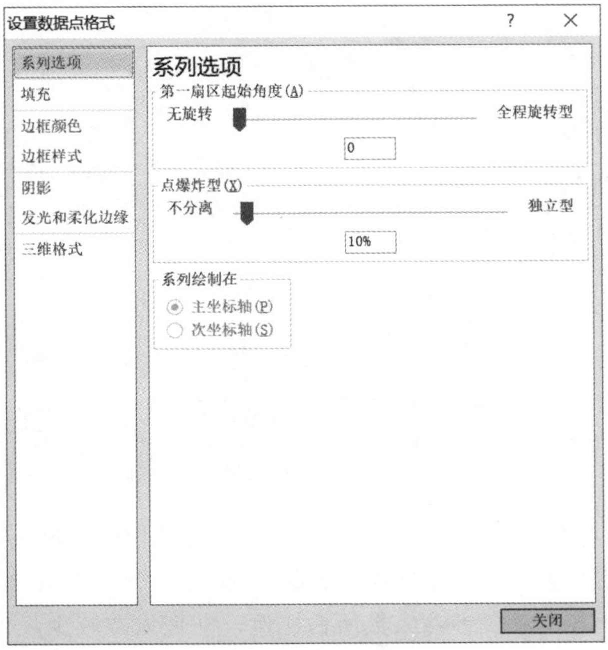

图 5-23　设置饼图分离度

如图 5-22 所示，人数最少的三个扇区，展示效果不是很清晰，而复合饼图可以提高小百分比数据的可识别性。人数最少的三个扇区经复合饼图的展现后就会变得很清晰，如图 5-24 所示。

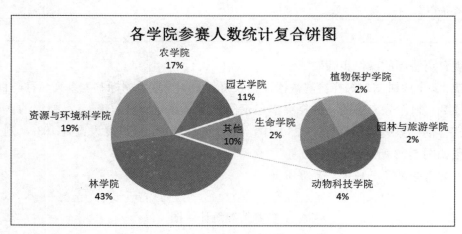

图 5-24   复合饼图显示效果

其制作方法如下：

步骤 1：制作复合饼图，选择参赛数据，在"饼图"列表中选择"复合饼图"。

步骤 2：选中数据系列，右击，在弹出的"设置数据系列格式"对话框中选择"系列选项"，将"第二绘图区包含最后一个"设置为 5，具体设置参见图 5-25。

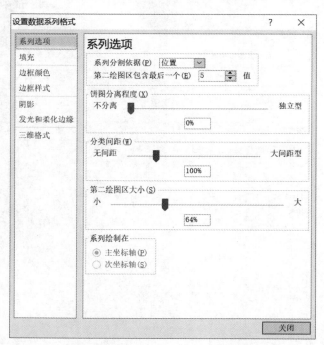

图 5-25   设置复合饼图包含的个数

步骤 3：分别对各个扇区选择合适的配色方案，设置填充颜色、饼图间连接线的线条颜色和线型，设置好的复合饼图如图 5-24 所示。

复合饼图展示了各个学院参赛人数所占比例，即使人数较少，也可以在右侧清楚地体现。

5.4.4　分布——散点图

散点图在回归分析中是指数据点在直角坐标系平面上的分布图，通常用于比较跨类别的聚合数据，如科学数据、统计数据和工程数据。散点图中包含的数据越多，比较的效果就越好。在默认情况下，散点图以圆点显示数据点。如果在散点图中有多个序列，可以考虑将每个点的标记形状更改为方形、三角形、菱形或其他形状。

【例 5-4】根据物流天数满意度调查表（表 5-5）中的数据，制作用户满意度散点图，制作的散点图效果如图 5-26 所示。

表 5-5　物流满意度调查表

样本	物流天数	满意度
1	6	60
2	1	87
3	3	71
4	3	66
5	1	81
6	6	50
7	1	81
8	7	60
9	7	45
10	7	30
11	5	63
12	2	88
13	5	64
14	7	57
15	4	68
16	5	69

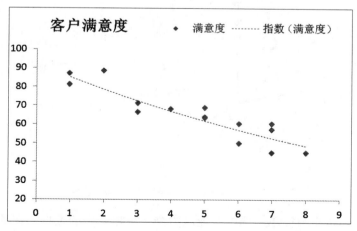

图 5-26　散点图效果

散点图的操作步骤如下：

步骤1：选择数据，插入散点图中的"仅带数据标记的散点图"。

步骤2：删除横向网格线。

步骤3：单击图表中的数据系列，右击，为数据系列添加趋势线，线型选择虚线，并设置趋势线的线条颜色（趋势线的颜色尽量与标记点的颜色色系一致）。

步骤4：为图表添加标题，生成如图5-29所示的用户满意度散点图。

5.4.5 多维数据——雷达图

雷达图（Radar Chart）将多个维度的数据量映射到坐标轴上，可以看作极坐标化的折线图，因形似雷达而得名。雷达图适用于多维数据的可视化显示，主要应用于企业经营状况——收益性、生产性、流动性、安全性和成长性的评价。在使用时需要注意，尽量在图上加注文字说明，方便用户解读。目前常见的办公软件等都已经具备了雷达图的自动生成功能。

【例5-5】制作如图5-27所示的雷达图来分析员工的职场能力，数据来源于图中数据。

职业能力测试		
测试项	职业初级	职业中级
敬业精神	95	60
诚实守信	97	90
沟通能力	60	90
团队精神	99	70
领导能力	35	90
创新精神	57	59
市场洞察力	20	90
关系管理	68	50
承压能力	78	90

（a）职业能力测试数据

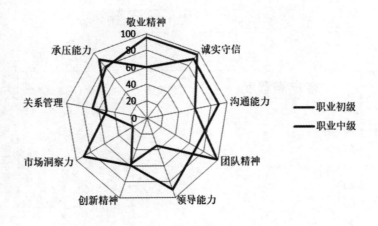

（b）雷达图效果

图5-27 职业能力测试数据和雷达图效果

实现雷达图操作步骤简单，选中职业能力测试数据表中的数据，在插入"其他图表"中选择雷达图，即可生成。

若对雷达图加以修饰，可以对其设置颜色、添加相关说明，具体操作可参阅二维码资料。

5.4.6　综合应用——动态看板

动态看板也称仪表板，它提供了业务的高级概述，通常由各种各样的图表、表格和视觉效果组成，目的是加强对数据的理解。通常仪表板的设计和内容是预先确定的，只要单击一个按钮就可以对图表做相应改变，这有助于快速做出决策。例如，作为一名销售经理，假设你想查看你所在国家的销售情况，你发现一个州的销售额占到你总销售额的 80%。现在，你可能希望通过在仪表板中深入了解城市一级的销售情况来进一步分析。下面通过一个案例说明动态看板的制作方法。

【例 5-6】口罩是 2020 年中国新型冠状病毒疫情期间需求量最大的重要物资。但由于市场存货严重不足，口罩变成疫情期间的紧缺物资。请根据口罩数据生成动态可视化看板，动态显示各类别口罩的销售情况，生成的动态看板效果如图 5-28 所示。

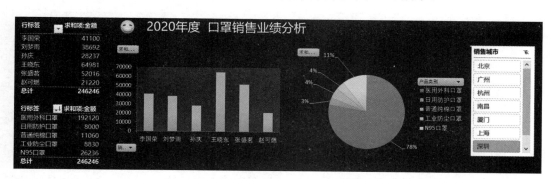

【例 5-6】动态看板数据及操作展示

图 5-28　动态看板效果

实现动态看板的操作步骤如下：

步骤 1：打开"口罩销售情况"数据表。

步骤 2：生成数据透视表，此步骤操作方法可参看视频。

a. 选择数据表中的任意单元格，然后在菜单栏中单击"插入"，选择"数据透视表"，在弹出的"创建数据透视表"对话框中，选择数据透视表的位置，空白位置即可。

b. 在数据透视表字段列表窗口中，选择行标签为"销售员"，数值项为"求和项:金额"，生成销售员的数据透视表。

c. 用同样的方法，生成产品类别的数据透视表。

步骤 3：插入切片器。

a. 选中第一个数据透视表的任意单元格，在"数据透视表工具"的"选项"中选择"插入切片器"。

b. 在弹出的"插入切片器"对话框中选择"销售城市"，生成"销售城市"切片器，效果如图 5-29 所示。

c. 单击切片器中的不同城市，销售员数据透视表中的销售员数据就会发生相应的变化。

步骤 4：给切片器添加连接。

a. 选中切片器，在"切片器工具"选项卡中选择"数据透视表连接"，如图 5-30 所示。

b. 在弹出的"数据透视表连接（销售城市）"对话框中，同时勾选"数据透视表 1"和"数据透视表 2"复选框，为两张表同时与切片器构建连接关系。

c. 此时选择切片器中的任意城市，两张数据透视表中的数据都会随之发生变化。

图 5-29　带切片器的数据透视表

（a）选择"数据透视表连接"

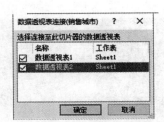

（b）设置数据透视表连接

图 5-30　给切片器添加连接

步骤5：参照柱形图和饼状图制作方法，分别为两张数据透视表添加柱形图和饼状图，如图 5-31 所示。

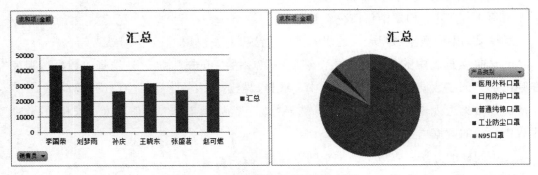

图 5-31　柱形图和饼状图制作效果

步骤6：对图表分别设置图表样式、图表标题、背景颜色属性，最后调整图表位置，生成如图 5-31 所示的动态可视化看板。

5.5　Tableau 数据可视化示例

5.5.1　气泡图

气泡图用气泡的大小来表示某个特征数值的大小，每个气泡中含有标签，且每个气泡分散排列，填充气泡图常用来表示离散的多个数据。下面通过一个案例说明填充气泡图的制作方法。

【例 5-7】根据某公司销售表，制作该公司各产品销售情况的填充气泡图，效果如图 5-32 所示。

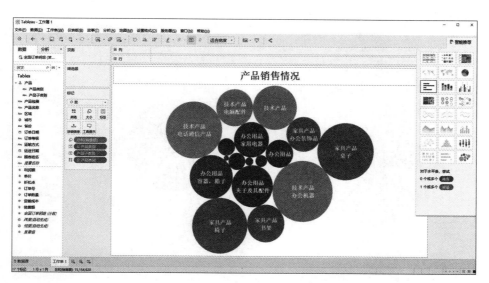

图 5-32 设置颜色的填充气泡图效果

注：销售数据扫描二维码查看。

实现气泡图的操作步骤如下：

步骤 1：加载数据源。将"某公司销售数据"Excel 表格拖动至 Tableau 界面，将数据放到 Tableau 中，再将"全国订单明细"拖动至数据源处，成为工作表 1。

步骤 2：创建层级结构。连接数据之后，在工作表左侧的数据分类界面将"产品子类别"拖动至"产品类别"上，出现"创建分层结构"选项，将名称改为"产品"，结果如图 5-33 所示。

图 5-33 创建产品分层结构

步骤 3：制作填充气泡图。

a. 分别双击"产品类别"和"总和（销售额）"，在智能推荐中选择"填充气泡图"，效果如图 5-34 所示。

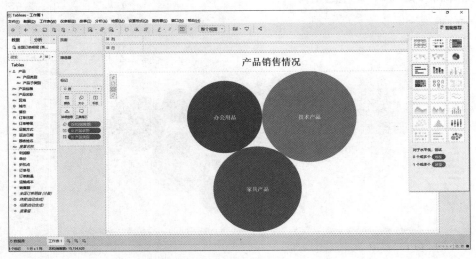

图 5-34　产品类别的气泡图图表

b. 选择类别：在"标记"界面中，单击标签"产品类别"中的"+"号，进行下钻操作，下钻到"产品子类别"层级，出现产品子类别的气泡图。

c. 设置颜色：将"利润额"拖动至"标记"界面中的"颜色"，选择"日出日落发散"，添加标题，最终效果如图 5-32 所示。

图 5-32 所示的填充气泡图中，以气泡的大小展示该产品的销售额大小，颜色的深浅表示利润额的大小。从中可以看出，技术产品中的办公机器和电话通信产品销售情况最好。

5.5.2　文字云

文字云是一种非常好的图形展示方式，可用来对某网页或文章进行关键词频率等分析。下面通过一个案例说明文字云的制作方法。

【例 5-8】根据例 5-7 的公司销售数据，制作该公司各产品销售情况的文字云图，效果如图 5-35 所示。

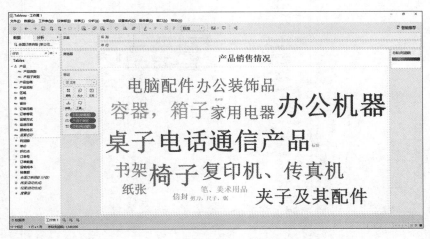

图 5-35　文字云图效果

文字云的操作步骤可以在气泡图的基础上完成,只需在"标记"选项的下拉菜单中选择"文本",将"利润额"拖动至颜色中,选择"日出日落发散",添加标题后最终效果如图5-35所示。文字云图中,以字体的大小展示该产品的销售额大小,颜色的深浅表示利润额的大小。从中可以看出,办公机器和电话通信产品销售情况最好,而橡皮筋等产品销售情况较差。

5.5.3　盒须图

盒须图(Box-plot)又称为箱线图,是一种通过一组统计量显示数据整体分散情况的统计图。盒须图包括6个统计量:下极限、下四分位数、中位数、上四分位数、上极限、异常值(在上下极限之外),如图5-36所示,这些概念已经在第4章中讲述。

通过绘制盒须图,可以观测数据在同类群体中的位置,比较四分位全距和须线的长短。在分析数据的时候,盒须图能够有效地帮助我们识别数据的特征,直观地识别数据集中的异常值(查看离群点),判断数据集的数据离散程度和偏向(观察盒子的长度、上下隔间的形状、胡须的长度),即分析数据的中心位置和离散情况,下面用一个案例说明盒须图的制作方法。

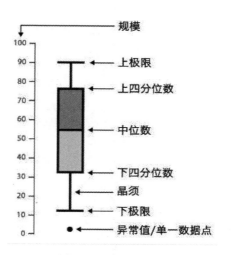

图 5-36　盒须图组成

【例 5-9】 根据例5-7的公司销售数据,制作该公司各产品的销售额的盒须图,效果如图5-37所示。

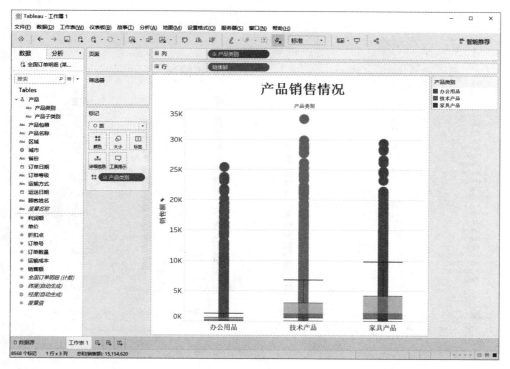

图 5-37　盒须图效果

实现盒须图的操作步骤如下：

步骤 1：使用销售数据源，将"销售额"拖放到行，"类别"拖放到列，并且在"分析"中取消"聚合度量"的选项，效果如图 5-38 所示。

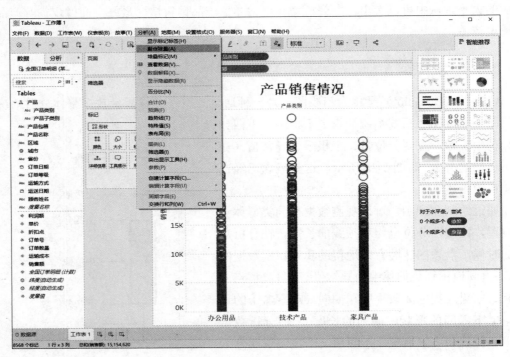

图 5-38　初始数据选择

步骤 2：在右上角"智能推荐"中选择盒须图，即可出现基本效果，如图 5-39 所示。

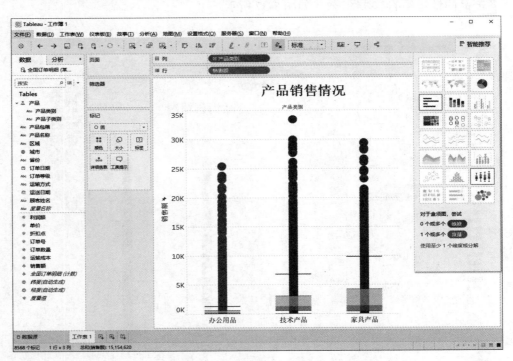

图 5-39　盒须图基本效果

步骤 3：可以将"类别"放到标记卡的"颜色"中，进行颜色区分，实现最终效果。

5.5.4 地图

当数据表格中包含地理位置如城市、省份、国家等数据时，用地图来进行展示是一个很好的选择，从地图上可以直观地看出各地的具体情况。下面用一个案例说明地图的制作方法。

地图效果图

【例 5-10】根据例 5-7 的公司销售数据，制作该公司各城市的销售情况地图（可由二维码查看）。

地图的操作步骤如下：

步骤 1：连接数据后，在数据分类界面右击"城市"，在"地理角色"中选择"城市"，如图 5-40 所示，查看"城市"数据前变成小地图仪样式。

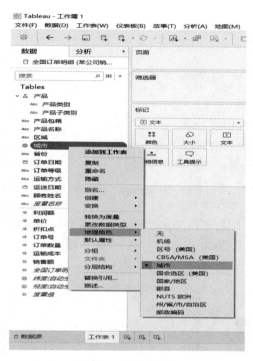

图 5-40　加载地图

地图效果

步骤 2：双击"城市"，则生成一张基本地图（可由二维码查看）。

步骤 3：依次双击"销售额"和"利润额"。在"标记"界面下拉菜单中选择"圆"，将"城市"数据拖动至"标记"界面的"标签"选项中，添加标题，实现最终效果。

在上面的地图中，以圆的大小展示该产品的销售额大小，颜色的深浅表示利润额的大小。将光标移动至上下两较大的深红色圆圈中可以看到具体信息，北京地区和广州地区销售情况最好。

习题与思考

1. 简述数据可视化的目的和作用。
2. 数据类型和数据关系有哪些？请简述理解数据对于可视化的作用。
3. 简述数据可视化方法。
4. 大数据可视化技术和工具有哪些？

5．查阅相关资料，熟悉可视化工具的使用方法。

6．2020 年伊始，春风还未吹遍祖国大地，"新型冠状病毒"却猝不及防地闯进国门，至 3 月中旬已造成我国 4 千多人死亡。这种病毒之前从未在人体中被发现，它具备人传染人的能力，已在全球迅速蔓延。我们汇总了部分疫情数据，可由二维码查看。

（1）请根据疫情数据绘制全国疫情新增感染人数趋势图，如图 5-41 所示，并分析疫情出现明显拐点得到控制的时间。

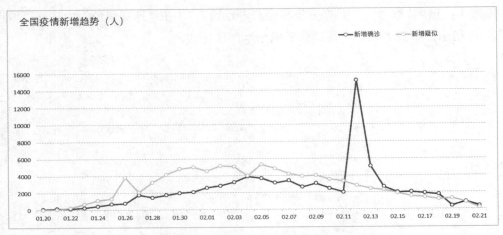

图 5-41　全国疫情新增趋势（人）

（2）根据疫情数据表中境外输入病例表中的数据制作新增境外确诊病例柱状图，如图 5-42 所示。数据来源：截至 2020 年 3 月 15 日当天数据。

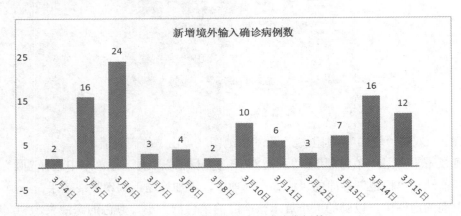

图 5-42　新增境外输入确诊病例数

（3）从图 5-41 可以看出，中国疫情在 2 月 13 日出现明显拐点，疫情得以控制，新增确诊人数在逐步下降，但是从图 5-42 我们发现，3 月初突然出现境外输入病例，疫情再次出现紧张局面。截至 2020 年 5 月 22 日全国现有病例 139 例，其中港澳台病例 58 例，本土病例 39 例，境外输入病例 42 例。请根据以上数据绘制全国现有病例构成图（圆环图），如图 5-43 所示。

7．仪表盘（Speedometer，Dial Chart，Dashboard）是模仿汽车速度表的一种图表，常用来反映预算完成率、收入增长率等比率性指标。它简单、直观，人人会看，是商业面板（Dashboard）最主要的图表类型，根据二维码所示方法绘制如图 5-44 所示的仪表盘。

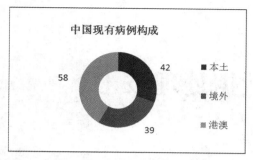

图 5-43 中国现有病例构成

图 5-44 仪表盘效果图

第6章 大数据处理技术

本章导读

    大数据开启了信息化的第三次浪潮，我们正在进入以数据的深度挖掘和融合应用为主要特征的智慧化新阶段。随着大数据技术的广泛深入，大数据应用已经形成了庞大的生态系统，很难用一种架构或处理技术覆盖所有场景。随着人们对数据特点的认识和需求的变化，以及新数据类型的不断出现，新的处理架构和处理技术也随之不断涌现。

    本章根据大数据处理需求和类型的不同，分不同小节介绍了相应的架构和处理技术，重点介绍了 Hadoop 和 Spark 这两个代表性的分布式计算框架。

知识结构

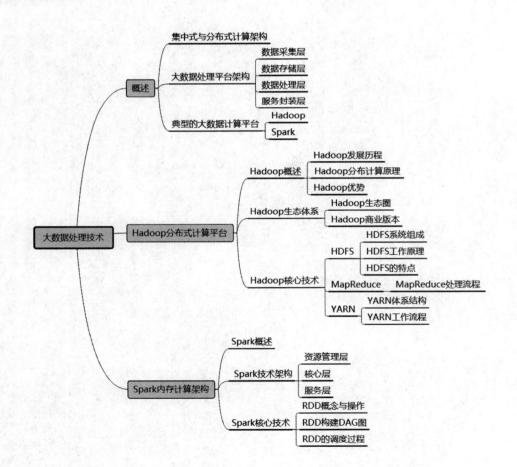

6.1　概述

大数据时代，数据的产生速度得到了极大提升，传统的基于集中式模式的数据处理无论在存储容量还是在处理效率上都已经显得力不从心，分布式的大数据处理平台已逐渐成为业界的主流，通过大数据处理的手段分析和解决各类实际问题越来越被人们所重视。

6.1.1　集中式与分布式计算架构

集中式是指由一台或多台主计算机组成中心节点，数据集中存储于这个中心节点，并且整个系统的所有业务单元都集中部署在这个中心节点上，系统的所有功能均由其集中处理。集中式架构案例是 IOE（IBM、Oracle、EMC）提供的计算设备、数据库技术和存储设备共同组成的系统。

分布式系统就是一群独立计算机集合共同对外提供服务，但对系统用户来说，就像是一台计算机在提供服务一样。分布式意味着可采用更多普通计算机（相对于昂贵的大型机）组成分布式集群对外提供服务。集中式（左）与分布式（右）计算架构如图 6-1 所示。

图 6-1　集中式（左）和分布式（右）计算架构

（1）集中式计算架构。在计算机技术应用的早期，一直到 20 世纪 80 年代，大型主机、超级计算机是计算和数据的主流技术。针对大规模的数据与计算任务，采用集中式数据计算架构是一种行之有效的解决方案，传统的集中式数据计算架构包括大型主机和超级计算机。

大型主机诞生于 20 世纪 60 年代，通常是指 System/360 开始的一系列 IBM 计算机及其兼容系统，主要区别于微型机、工作站等小型计算机。大型主机不仅仅是一个硬件上的概念，一般使用专用的处理器指令集、操作系统和应用软件，因此是一个硬件和专属软件的有机整体。大型主机研发领域最知名的当属美国 IBM 公司，由其主导研发的革命性产品 System/360 系列大型主机，是计算机发展史上的一个里程碑。

超级计算机是与通用计算机相比具有极高计算性能的计算机，又称巨型机。作为高性能计算技术产品的超级计算机，有很强的计算和处理数据的能力，主要特点表现为高速度和大容量，配有多种外部和外围设备及丰富的、高功能的软件系统。超级计算机的性能以每秒浮点运算（FLOPS）而不是每秒百万条指令（MIPS）来衡量。现有的超级计算机运算速度大都为每秒 1 太万亿（Trillion）次以上，在计算科学领域发挥着重要的作用，被用于各个领域的计算密集型任务中，包括量子力学、天气预报、气候研究、石油和天然气勘探、分子建模、核武器爆炸和核聚变模拟等领域。巨型机的研制水平是国家综合实力和科技水平的具体反映。

　　美国长期以来一直是超级计算机领域的领先者，日本在 20 世纪 80 年代和 90 年代在这一领域取得了重大进展，自那时起，中国在超算领域的影响力也变得越来越强。2013年 6 月 17 日，在德国莱比锡开幕的 2013 年国际超级计算机大会上，TOP 500 组织公布了最新全球超级计算机 500 强排行榜榜单，中国国防科技大学研制的天河二号超级计算机，以每秒 33.86 千万亿次的浮点运算速度夺得头筹，中国"天河二号"成为全球运算速度最快的超级计算机。自从 2013 年以来，中国的"天河二号"超级计算机一直雄居全球超级计算机 500 强榜单之首，问鼎"六连冠"。2016 年 6 月 20 日，德国法兰克福国际超算大会公布了新一期全球超级计算机榜单，我国制造的首台自主芯片超级计算机"神威•太湖之光"以每秒 10 亿亿次的浮点运算速度位居榜首，该套系统实现了包括处理器在内的所有核心部件全部国产化。到 2017 年 11 月，神威•太湖之光连续四次摘得 TOP500 桂冠。图 6-2 是我国神威•太湖之光超级计算机。

图 6-2　"神威•太湖之光"超级计算机

　　（2）分布式计算架构。随着小型、微型计算机以及互联网的出现，以较低成本构建分布式计算平台成为主流选择。特别是近年来，随着数据应用的不断涌现和数据采集技术的发展，大数据时代随之到来，对数据处理速度和精度的需求达到了前所未有的地步，进一步催生了各种分布式处理架构，Hadoop 和 Spark 就是两个具有代表性的分布式的大数据架构体系。

　　分布式计算架构是相对集中式而言的，其核心思想是把需要进行大量计算的数据分区成小块，由多台计算机分别计算，再上传运算结果，将结果统一合并，得出数据结论。分布式计算中的数据存储、任务处理是分布在网络中的不同机器上的。每台机器都是一个独立的系统，都有自己的中央处理器、终端、数据库等，它们在物理上是分散的，在逻辑上属于同一系统。

　　与集中式计算相比，分布式计算有如下优点：

- 高度的可靠性。数据分散存储在网络中的不同主机上，系统中存在数据冗余，当一台机器发生故障时，可以使用另一台主机的备份。
- 均衡负载。每台主机可以缓存本地最常用的数据，不需要频繁地访问服务器，减轻了服务器的负担，减少了网络的流量。服务器也可以对任务进行分配和优化，克服集中式系统中央计算机资源紧张的瓶颈。

- 高性价比。分布式计算中的每台机器都能存储和处理数据，降低了对机器性能的要求，所以不必购买昂贵的高性能机器，这大大降低了硬件投资成本。
- 扩展性好。在当前系统存储或计算能力不足时，可以简单地通过增加廉价 PC 的方式来提高系统的处理和存储能力。
- 处理能力强。分布式计算机系统可以拥有多台计算机的计算能力，庞大的计算任务可以在合理分割后由分布式网络中的机器并行地处理，比其他系统有更快的处理速度。

当然，分布式架构也存在一些不足，主要是多个节点的设计带来了保持一致性和高可靠性上的巨大挑战。2000 年，加州大学伯克利分校计算机教授 Eric Brewer 提出了著名的 CAP 理论（该理论已在第 3 章讲述），任何基于网络的数据共享系统（即分布式系统）最多只能满足数据一致性（Consistency）、可用性（Availability）和网络分区容忍（Partition Tolerance）三个特性中的两个。在大规模的分布式环境下，网络故障是常态，所以网络分区是必须容忍的现实，只能在可用性和一致性两者间做出选择，即 CP 模型或者 AP 模型，实际的选择需要通过业务场景来权衡。

6.1.2 大数据处理平台架构

我们已经知道，大数据处理流程包含数据采集、存储、分析与可视化等多个环节，不同阶段完成不同的功能，一个完整的大数据处理平台的架构应该包含这些功能的集合体。所以，基于上述需求，一个大数据处理平台架构是集数据采集、数据存储与管理、数据分析计算、数据可视化以及安全与隐私保护等功能于一体的，目的是为人们通过大数据处理手段分析和解决问题提供技术和平台支撑。从技术架构和提供功能的角度来看，大数据处理平台的架构可划分为四个层次：数据采集层、数据存储层、数据处理层和服务封装层，如图 6-3 所示。

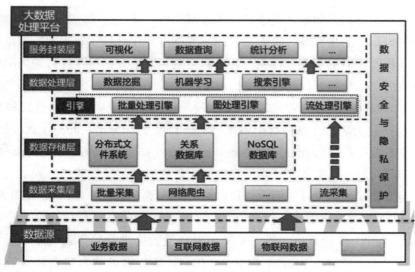

图 6-3　大数据处理平台的架构

（1）数据采集层。数据采集层主要负责从各种不同的数据源采集数据。常见的数据源包括业务数据、互联网数据、物联网数据等。对于不同的数据源，通常需要不同的采集方法。对存储在业务系统中的数据，一般采用批量采集的方法，一次性导入大数据存储系统中。对互联网上的数据，一般通过网络爬虫进行爬取。对物联网产生的实时数据，一般采用流采集的方式，动态地添加到大数据存储系统中或是直接发送到流处理系统进行处理分析。

（2）数据存储层。数据存储层主要负责大数据的存储和管理工作。大数据处理平台中的原始数据通常存放在分布式文件系统（如 HDFS）或是云存储系统（如 Amazon s3、Swift 等）。为了便于对大数据进行访问和处理，大数据处理平台通常采用一些非关系型（NoSQL）数据库对数据进行组织和管理。针对不同的数据形式和处理要求，可以选用不同类型的非关系型数据库。常见的非关系型数据库有键值对（Key-Value）数据库（如 Redis）、列族数据库（如 HBase）、文档数据库（如 MongoDB）、图数据库（如 Neo4j）等，这些知识已在前面章节进行了介绍。

（3）数据处理层。数据处理层主要负责大数据的处理和分析工作。针对不同类型的数据，一般需要不同的处理引擎。对于静态的批量数据，一般采用批量处理引擎（如 MapReduce）。对于动态的流式数据，一般采用流处理引擎（如 Storm）。对于图数据，一般采用图处理引擎（如 Giraph）。可基于处理引擎提供各种基础性的数据计算和处理功能。大数据处理平台中通常会提供用于复杂数据处理和分析的工具，如数据挖掘、机器学习、搜索引擎等。

（4）服务封装层。服务封装层主要负责根据不同的用户需求对各种大数据处理和分析功能进行封装并对外提供服务，常见的大数据服务有数据的可视化、数据查询分析、数据的统计分析等。

除此之外，大数据处理平台一般还包括数据安全和隐私保护模块，这一模块贯穿大数据处理平台的各个层次。

6.1.3　典型的大数据计算平台

Flink 简介

大数据有三种不同的类型：批量大数据、流式大数据和大规模图数据。批量大数据主要是指静态的大体量数据，数据在计算前已经获取并保存，且在计算过程中不会发生变化。流式大数据主要是指按时间顺序无限增加的数据序列，是一种动态数据，在计算前无法预知数据的到来时刻和到来顺序，也无法预先将数据进行存储。大规模图数据是指大规模的图结构数据，如互联网的页面链接图、社交网络图等，图数据存在较强的局部依赖性，使得图计算具有局部更新和迭代计算的特性。

针对上述不同特点的数据类型，需要不同的计算模型来提供计算范式和数据处理的逻辑步骤。目前，大数据计算分析主要用到的计算模型有 MapReduce（离线批处理）、图并行计算、交互式处理（Interactive Processing）、流计算（Streaming or Stream Computing）以及内存计算等，这些计算模型适用于不同处理的大数据计算模式。不同的公司都针对各自的业务特点开发了大数据计算平台，比如 Hadoop、Spark 等，其 Logo 如图 6-4 所示。

（1）Hadoop。Hadoop 是 Apache 软件基金会下用 Java 语言开发的一个开源分布式计算平台，实现了在大量计算机组成的集群中对海量数据进行分布式计算。此外，比较典型的还有 Cloudera、Horton works、Google、IBM、华为提供的大数据计算技术的商业平台。在社交领域，Facebook、Twitter 和 LinkedIn 等公司也都基于 Hadoop 平台提出了开源技术解决方案，如 Facebook 的 Hadoop 数据处理集群、Twitter 的基于 Storm 的流数据处理系统等。Cloudera 公司于 2008 年成立，最早提供基于 Hadoop 平台的大数据商业计算产品。Cloudera 公司目前提供一个免费的 CDH（Cloudera Distribution Hadoop）版本，但不包括其他 Cloudera 公司开发的工具和功能库。Cloudera 商业版包括 Cloudera Manager、Cloudera Support 等。

图 6-4　典型的大数据计算平台 Logo

Hadoop 平台是目前最为广泛应用的开源大数据计算平台，它提供了一套完整的开放式计算架构、技术标准和开发工具，可以运行在通用标准的廉价服务器集群上，在学术界和工业界都拥有最多的用户。

Hadoop 框架体系主要包括如下项目：

- HDFS：分布式文件处理系统，用于对大型文件的处理和拆分，为构建大规模集群和高可用的文件处理打下基础。
- MapReduce：分布式数据处理和执行环境，用于对大规模数据集进行运算。
- Hive：基于 Hadoop 的一个数据仓库工具，可将结构化的数据文件映射为数据库表，并提供简单 SQL 查询功能，可以将 SQL 转化为 MapReduce 进行运算。
- HBase：分布式的、面向列的开源数据库，适合非结构化的大数据存储的数据库。
- Sqoop：一款开源的数据传输工具，主要用于在 Hadoop 与传统的数据库间进行数据的传递。
- Flume：由 Cloudera 提供的一个高可用、高可靠、分布式的海量日志采集、聚合和传输的系统。

（2）Spark。Spark 是由美国加州大学伯克利分校 AMP 实验室提供的一个基于内存计算模型的开源大数据处理平台，它可以搭建在 Hadoop 平台上，利用 HDFS 文件系统存储数据，但在文件系统之上构建了一个弹性分布式数据架构（Resilient Distributed Dataset，RDD），用于支撑高效率的分布式内存计算。

Spark 是当今最活跃且相当高效的大数据通用计算平台，是 Apache 三大顶级开源项目之一。目前，Spark 已经发展成为包含 Spark SQL、Spark Streaming、GraphX、MLlib 等众多子项目的集合。Spark 框架体系主要包括如下项目。

- RDD：弹性分布式数据集，是分布式内存的抽象概念，它提供了高效的数据流处理功能。
- Spark SQL：它是用来处理结构化数据的 Spark 组件，提供了 Dataframes 的可编程抽象模型，可视为分布式的 SQL 查询引擎。
- Spark Streaming：它是基于 Spark 核心的流式计算的扩展，具有高吞吐量和容错能力强等特点。
- MLlib：一个 Spark 的可以扩展的机器学习库，包含通用的学习算法和工具。
- KafKa：一种高吞吐量、分布式的发布订阅消息系统，它可以处理消费者的大规模数据。

6.2 Hadoop 分布式计算平台

Hadoop 框架核心包括分布式文件系统 HDFS、分布式计算框架 MapReduce 和资源管理系统 YARN。HDFS 是为海量数据提供存储,即提供一个具有高可靠性、高容错性、高吞吐量以及能运行在通用硬件上的分布式文件存储系统；MapReduce 是为海量数据提供计算,它支持使用廉价的计算机集群对规模达到 PB 级的数据集进行分布式并行计算,允许用户在不了解分布式底层细节的情况下开发分布式程序,保证分析和处理数据的高效性；YARN 是为上层应用提供统一的资源管理和调度,它的引入为集群的利用、资源的统一管理和数据的共享等带来了极大的便利。Hadoop 实现了从单一的服务器扩展到成千上万的机器,提供了在分布式环境下处理海量数据的能力,被公认为行业大数据标准开源软件。

6.2.1 Hadoop 概述

Hadoop 这个名字不是一个缩写,该项目的创建者 Doug Cutting 解释:"这个名字是我的孩子给一个棕黄色的大象玩具起的名字,我的命名标准就是简短,容易发音和拼写,没有太多的意义,并且不会被用于别处,小孩子恰恰是这方面的高手。"

Hadoop 起源

(1) Hadoop 发展历程。Hadoop 最早起源于 Nutch。Nutch 是一个以 Apache Lucene 为基础实现的开源网络搜索引擎系统。2002 年,Doug Cutting 和 Mike Cafarella 开始研发 Nutch 系统,很快他们就遇到了棘手的问题,该系统的架构无法扩展到数十亿级别的网页规模。恰好在 2003 年谷歌公司发表了篇名为 "The Google File System" 的论文,展示了谷歌分布式文件系统(GFS),Doug Cutting 意识到 GFS 可以解决搜索引擎抓取网页和建立索引产生的大规模文件的存储问题。于是 2004 年,Doug Cutting 等基于 GFS 实现了 Nutch 分布式文件系统(Nutch Dtributed File System,NDFS),即 HDFS 的前身。同年,谷歌公司发表了另一篇名为 "MapReduce: Simplifted Data Processing on Large Cluster" 的论文,阐述了分布式计算框架。2005 年,Nutch 开源实现了 MapReduce 算法,并用 NDFS 和 MapReduce 运行。2006 年 2 月,NDFS 和 MapReduce 与 Nutch 分离,成为 Lucene 的一个子项目,命名为 Hadoop。之后 Doug Cutting 加入雅虎公司,致力于推进 Hadoop 技术的进一步发展,2008 年,Hadoop 正式成为 Apache 顶级项目,打破了世界纪录,成为最快的 TB 级数据排序系统。

自从 Hadoop 正式成为 Apache 开源组织的顶级项目后,通过十多年的发展,Hadoop 历经三代:Hadoop 1.x、Hadoop 2.x、Hadoop 3.x。第一代 Hadoop 包括三大系列,分别是 0.20.x、0.21.x、0.22.x,0.20.x 逐渐演化为 Hadoop1.x 系列,具有代表性的是 2011 年,Apache 发布 Hadoop 1.0.0 版本,标志着 Hadoop 技术进入成熟期并获得了业界更加广泛的关注,第一代 Hadoop 由 HDFS 和 MapReduce 组成。第二代 Hadoop 起源于 2011 年 Apache 发布的 Hadoop 0.23.0,该版本后来成为了 0.23.x 系列,成功集成了 HBase、Pig、Oozie、Hive 等组件,而且一部分功能演化成 Hadoop 2.x 系列。2013 年,Apache 发布了 Hadoop 2.2.0 版本,标志着进入 Hadoop 2.x 时代。第二代采用了一套全新的架构,在 HDFS 和 MapReduce 的基础上,引入了资源管理系统 YARN(雅恩)框架。第一代和第二代的区别如图 6-5 所示。在 Hadoop 1.x 时代,Hadoop 中的 MapReduce 同时处理业务逻辑运算和资源的调度，耦合性较大，在 Hadoop 2.x 时代，增加了 YARN。YARN 只负责资源的调度，MapReduce 只负责运算。

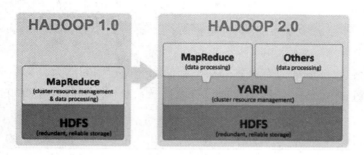

图 6-5　Hadoop 1.0 与 Hadoop 2.0 组成

2014 至 2015 年，Hadoop 进入了快速发展期，陆续发布了 2.3.0、2.4.0、2.5.0、2.6.0、2.7.0 版本。随着 YARN 框架和整个集群功能的极大完善，Hadoop 及其生态圈在各行各业落地并得到广泛应用。2017 年，Hadoop 发布了 3.0.0 版本，提供了稳定和高质量的 API，标志着进入 Hadoop 3.x 时代。目前 Hadoop 最新版本为 2019 年发布的 Hadoop 3.2.0。

（2）Hadoop 分布计算原理。大数据带来的最直接的问题就是如何存储大规模数据，并提供快速的计算能力。一个典型的解决思路就是"分而治之"。当存储和计算的能力超出一台计算机的极限时，人们自然想到用多台计算机来分担存储和计算任务，在将数据存储在不同节点的基础上，将计算任务分解，并交由不同的计算节点来并发执行。这就是 Hadoop 设计的基础，也就是说，Hadoop 分布计算的核心是任务拆分，把大任务拆分成一个个小任务，每个小任务在一台普通的计算机上执行，执行完后再对结果进行汇总，我们通过一个例子来说明这种设计思想。

假设一台单机，每秒可处理 4000 个文件，如果要处理 4000 万个文件，则单机高性能处理需要 2.7 小时。但是若采用 10 台机器分为 10 个任务处理，每台机器大约需要 17 分钟。即使按照每台需要 20 分钟完成任务，10 台机器的处理速度仍然是单机处理速度的 8 倍，如图 6-6 所示。这个案例充分体现了分布并行处理的优势。

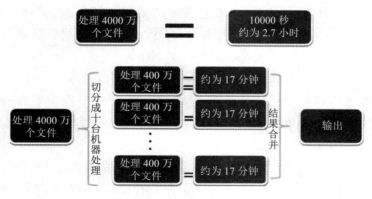

图 6-6　Hadoop 设计的核心思想

当然，要完成这样的并行计算，需要提供许多其他功能才能保证系统的正常运行，如需要管理分布的节点资源并有效调度存储和计算任务，支撑整个系统的高效运行。同时，该系统应当具有良好的可扩展性，即通过扩大分布式系统的规模，处理更大量的数据和更多的计算任务。此外，分布式系统还可以根据存储数据的特点和计算任务的特点做定制化设计，以便更高效地利用资源，完成任务。在上述设计思想和理念支撑下，Hadoop 生态系统形成了，具体内容将在下一节介绍。

（3）Hadoop 优势。Hadoop 是一个能够对海量数据进行分布式处理的开源软件框架（在 Apache 社区参与者众多），作为大数据解决方案得到了业界的广泛认可，其主要有以下优势。

- 高可靠性。Hadoop 具有可靠的按位存储和处理数据的能力。
- 高扩展性。Hadoop 能够稳定地运行在计算机集群上，这些集群可以方便地扩展到数以千计的节点中。
- 高容错性。Hadoop 采用冗余数据存储方式，能够自动保存数据的多个副本，并且能够自动将失败的任务重新分配。
- 高效性。Hadoop 通过并发数据可以在节点之间动态并行的移动数据，并保证各个节点的动态平衡，因此处理速度非常快。作为并行分布式计算平台，Hadoop 能够高效地处理 PB 级数据。
- 低成本。Hadoop 采用廉价的机器组成服务器集群来分发及处理数据，而且它是开源的，依赖于社区服务，因此成本低，普通用户也可以使用。

6.2.2　Hadoop 生态体系

Hadoop 平台的核心部分是提供海量数据存储功能的 HDFS 文件系统和提供数据处理功能的 MapReduce 模块，早期的 1.0 版本主要以这两个功能为主，后来的 2.0 版本已经发生了很大变化，加入了 YARN 集群资源管理器。广义上的 Hadoop 泛指一个生态圈，即大数据技术相关的开源组件或项目。随着技术的发展，新组件不断加入，老的组件可能被替代，使得 Hadoop 生态圈不断完善和成熟。

6.2.2.1　Hadoop 生态圈

从软件架构的角度看，Hadoop 系统主要由三个板块组成：基于 HDFS/HBase 的数据存储系统；基于 YARN/Zookeeper 的管理调度系统；支持不同计算模式的处理引擎，即支持离线处理的 MapReduce、支持内存计算的 Spark、支持有向图处理的 Tez 等。生态圈中的这些组件或项目既各自独立又相互依赖，面向大数据处理的采集、存储、分析、管理等不同环节。图 6-7 给出了 Hadoop 两个版本的生态体系组件图，可以看出功能组件不断完善和发展，本书以 2.0 为主介绍 Hadoop 的生态体系结构。

1. Hadoop 的数据存储系统

Hadoop 的数据存储系统包括分布式文件系统、分布式非关系型数据库 HBase、数据仓库及数据分析工具 Hive 和 Pig，以及用于数据采集、转移和汇总的工具 Sqoop 和 Flume。

（1）HDFS——分布式文件系统。HDFS 是 Hadoop 体系的基础，负责数据的存储与管理。它提供一次写入多次读取的机制，数据以块的形式同时分布在集群中不同物理机器上，具有高容错性、流式处理、处理海量数据等优点。HDFS 部署在廉价的大型服务器集群上，可以检测硬件故障，当部分硬件发生故障时仍然能够保证文件系统的整体可用性和可靠性。HDFS 简化了文件的一致性模型，通过流的形式访问文件系统中的数据，在访问应用程序的数据时提供很高的吞吐量，适合带有大规模数据的应用程序。

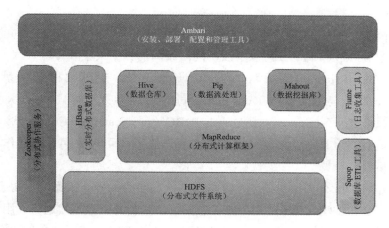

（a）Hadoop 1.0 生态系统

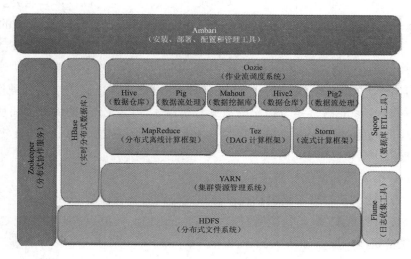

（b）Hadoop 2.0 生态系统

图 6-7 Hadoop 生态系统

（2）HBase——分布式列存储数据库。HBase 是一个分布式的、面向列的开源数据库，提供了对大规模数据的随机、实时读写访问，具有可伸缩、高可靠性、高性能的特点。HBase 采用 HDFS 作为其底层数据存储，同时利用 MapReduce 处理 HBase 中保存的海量数据，实现了数据存储与并行计算的完美结合，满足了大数据应用中快速随机访问海量数据（PB 级）并及时响应应用用户的需求。

（3）Hive/Impala——基于 Hadoop 的数据仓库。Hive 是一个基于 Hadoop 的数据仓库工具，由 Facebook 开源，可以用于对 Hadoop 中的大规模数据进行数据整理、查询和分析存储。Hive 提供了类似于 SQL 的查询语言 Hive SQL（简称 HQL），可将 SQL 语句转化为 MapReduce 任务在 Hadoop 集群上执行并返回结果，而不必开发专门的 MapReduce 应用程序，使得不熟悉 MapReduce 的用户可以很方便地利用 SQL 语言查询、汇总和分析数据，降低了 Hive 的学习门槛，非常适合数据仓库的统计分析。

Impala 是 Cloudera 公司主导开发的新型查询系统，能查询存储在 HDFS 和 HBase 中的 PB 级大数据。与 Hive 相比，虽然二者均提供了 SQL 语义，但是 Hive 底层执行使用的是 MapReduce，仍然是一个批处理过程，通常有较高的延迟，常用于离线分析，而 Impala 完全抛弃了 MapReduce 做 SQL 查询的范式，借鉴 MPP（大规模并行处理）的思想，执行效率高于 Hive。

（4）Sqoop/Flume——数据迁移。在 Hadoop 生态圈中，数据通常在不同的系统间进行迁移操作，其中 Sqoop 和 Flume 可以解决不同系统间的数据采集和传输。

Sqoop 是 SQL-to-Hadoop 的缩写，是一款开源工具，用于数据在关系数据库（如 MySQL、Oracle 等）与 HDFS、Hive、HBase 间的相互导入导出，便于关系数据库和 Hadoop 之间的数据迁移。Sqoop 主要是通过 JDBC（Java DataBase Connectivity）对关系数据库进行操作，因此，理论上支持 JDBC 的关系数据库均可以采用 Sqoop 作为与 Hadoop 间数据交互的桥梁。

Flume 是 Cloudera 公司提供的一个高可用的、高可靠的分布式系统，用于分布式的海量日志采集、聚合和传输。Flume 支持在日志系统中定制各类数据发送方，用于收集数据；同时，Flume 提供对数据进行简单处理（如过滤、格式转换等），并写到各种数据接受方（可定制）的能力。当然，Flume 不仅可以采集海量日志数据，也可以收集其他类型数据。

（5）Pig——基于 Hadoop 的数据流系统。Pig 是由雅虎公司开源设计的一个基于 Hadoop 的大规模数据分析平台，它包括两部分：一是用于描述数据流的类 SQL 语言 Pig Latin，二是用于运行 Pig Latin 程序的执行环境。Pig 用于分析较大的数据集，并将它们表示为数据流，常与 Hadoop 一起使用，可以在 Hadoop 中执行所有的数据处理操作。但需要程序员使用 Pig Latin 语言编写相应的数据分析脚本，Pig Latin 的编译器将脚本转换成 MapReduce 作业进而在 Hadoop 上执行，因此 Pig 有利于不熟悉 Java 语言的程序员进行大数据分析处理。

2. Hadoop 的资源调度管理系统

Hadoop 的资源调度管理工具包括提供分布式协调服务管理的 ZooKeeper，负责作业调度的 Oozie，提供集群配置、管理和监控功能的 Ambari，大型集群监控系统 Chukwa，以及一个新的集群资源调度管理系统 YARN。

（1）Zookeeper——分布式协调服务系统。Zookeeper 源自谷歌公司于 2006 年 11 月发表的 Chubby 论文，是为大型分布式系统提供开源、高效、可靠的协同工作的系统。它可以解决分布式环境下的数据管理问题（如统一命名、状态同步、集群管理、配置同步等），运行在计算机集群上，用于管理 Hadoop 操作，因此，Hadoop 的很多组件都依赖它。总之，ZooKeeper 就是将复杂易出错的关键服务封装好，把简单易用的接口（Java 和 C 的接口）和性能高效、功能稳定的系统提供给用户，从而减轻分布式应用程序的协调任务。

（2）Oozie——工作流调度系统。Oozie 是一个开源的工作流调度系统，可以调度 MapReduce、Pig、Hive、Spark 等不同类型的单一或具有依赖性的作业。当一个业务分析场景中需要多个 Hadoop 工作协同完成时，Oozie 可以把它们按照指定的顺序协同运行起来。Oozie 的主要功能包括组织各种工作流（包括 Pig、Hive 等）、以规定方式执行工作流（包括定时任务、定数任务、数据促发任务等）、托管工作流［包括命令行接口、任务失败时的通知机制（如邮件通知等）］。

（3）Chukwa——大型集群监控系统。一个开源的数据收集系统，用以监视大型分布系统，建立于 HDFS 和 MapReduce 框架之上，继承了 Hadoop 的可扩展性和稳定性。Chukwa 同样包含一个灵活和强大的工具包，用以显示、监视和分析结果，以保证数据的使用达到最佳效果。

（4）Ambari——集群配置、管理和监控工具。Ambari 是 Hadoop 快速部署工具，支持

Apache Hadoop 集群的供应、管理和监控。

（5）YARN/Mesos——分布式资源管理器。YARN 是一种新的 Hadoop 资源管理器，可解决原始 Hadoop 扩展性较差、不支持多计算框架的问题，由第一代 MapReduce 演变而来，因此也称为 MapReduce V2。YARN 是一个通用的资源管理系统，为上层各类计算框架（如 MapReduce、Spark、Storm 等）提供资源管理和调度服务，它将资源管理与作业调度 / 监控分离，提高了集群的利用率，为集群的资源统一管理和数据共享等带来了极大便利。

Mesos 是 Apache 下的开源分布式资源管理框架，诞生于美国加州大学伯克利分校的 AMP 实验室的一个项目。Mesos 可以很容易地实现分布式应用的自动化调度，同样支持 MapReduce 等项目，后在 Twitter 公司得到广泛使用。

3. Hadoop 的计算引擎或计算模型

Hadoop 提供计算引擎或计算模型，包括离线批处理 MapReduce、流计算 Storm、内存计算 Spark、交互式计算 Drill，以及基于 YARN 的有向无环图（DAG）计算框架 TeZ。另外，Hadoop 还提供一系列计算分析工具，如支持数据挖掘与机器学习的 Mahout、用于节点间 RPC 通信的支持多语言的数据序列化框架 Avro、数据可视化分析工具 Hue 等，上述系统或工具大多为 Apache 的独立开源项目。

（1）MapReduce——分布式离线计算框架。MapReduce 是一种基于磁盘的分布式并行批处理计算模型，用于大规模数据集的计算。它将运行在集群上的并行计算过程抽象成 Map（映射）和 Reduce（归约）两个部分，允许用户在不了解分布式底层细节的情况下开发并行应用程序，完成海量数据的处理。其中 Map 对数据集上的独立元素进行指定的操作，生成键值对形式的中间结果，Reduce 则对中间结果中相同的键的所有值进行规约，以得到最终结果。通俗地说，MapReduce 的核心思想就是"分而治之"，Map 将一个大任务分成多个小任务，Reduce 将多个小任务并行执行，合并结果。MapReduce 这样的功能划分非常适合在大量计算机组成的分布式并行环境里进行数据处理。

（2）Spark——分布式内存计算框架。Spark 是于 2009 年由美国加州大学伯克利分校的 AMP 实验室开发的。它是基于内存的分布式并行计算框架，可用于构建大型的、低延迟的数据分析应用程序，在互联网企业中应用非常广泛。Spark 秉持"一个软件栈满足不同应用场景"的设计理念，形成了一套完整的生态系统，除了可提供内存计算框架外，也可以支持实时流式计算、机器学习和图计算等。Spark 可以部署在 YARN 之上，而且数据的存储也要借助于 HDFS 等来实现，因此，Spark 已经很好地融入了 Hadoop 生态圈。Spark 提供了内存计算，计算任务的中间结果直接放到内存中，不需要每次都写入 HDFS，能更好地适用于数据挖掘与机器学习等需要迭代的 MapReduce 算法场景中，关于 Spark 的详细介绍可参见后续内容。

（3）Mahout——机器学习算法库。Mahout 起源于 2008 年，是基于 Hadoop 的机器学习和数据挖掘的分布式计算框架算法集，实现了多种 MapReduce 模式的数据挖掘算法，目的是帮助开发人员更加方便快捷地创建智能应用程序。Mahout 包括聚类、分类、推荐过滤等数据挖掘算法，开发人员可以通过调用算法包提高编程效率。除了算法，Mahout 还包含数据的输入 / 输出工具、与其他存储系统（如数据库 MongoDB）集成的数据挖掘支持架构。

到目前为止，Hadoop 平台上的数据存储管理体系、各种计算模型与计算引擎、数据挖掘分析工具，以及一整套集群系统资源调度和管理体系已构成了一个支持大数据存储、计算、分析和表达的完整生态系统。基本上大数据计算所需要的各种模型和工具都可以在 Hadoop 平台上得到支持，它们贯穿了大数据采集、存储、预处理、分析等各个处理环节，如图 6-8 所示。这也使得 Hadoop 成为工业界事实上的大数据计算基础平台和技术标准。

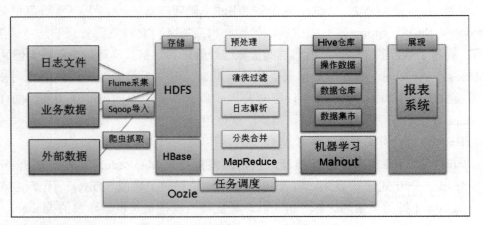

图 6-8　Hadoop 各工具之间的协作关系

6.2.2.2　Hadoop 商业版本

目前，除了免费开源的 Apache Hadoop 版本以外，Hadoop 已经衍生了多个成功的商业版本。2008 年，Cloudera 公司成为最早的 Hadoop 商业化公司，之后很多大公司加入了 Hadoop 商业化的行列，例如 Hortonworks、MapR、EMC、IBM、Intel、华为等。但在众多版本中，目前最常用的版本主要是 Apache Hadoop、Cloudera Hadoop 和 Hortonworks Hadoop。

（1）Apache Hadoop。Apache Hadoop 是 Hadoop 最权威的官方版本，所有商业发行版都是基于这个版本进行改进的，也被称为社区版 Hadoop。它是完全开源免费的，活跃在 Apache 社区，便于开发人员查阅各种文档和翔实的资料。但是，它的版本管理比较混乱，各种版本层出不穷，让很多使用者不知所措，而且在其复杂的生态环境中，存在选择和使用各组件时需要考虑版本是否兼容、组件是否冲突等问题。

（2）Cloudera Hadoop。Cloudera 公 司 的 Hadoop 发 行 版 是 Cloudera's Distribution Including Apache Hadoop（简称 CDH）。它是美国大数据公司 Cloudera 在 Apache Hadoop 的基础上，通过自己公司内部的各种补丁实现版本之间的稳定运行，拥有集群自动化安装、中心化管理、集群监控、报警功能的一个工具，其架构如图 6-9 所示。CDH 基于 Web 的用户界面，支持大多数 Hadoop 组件，降低了大数据平台的安装与使用难度，可使集群的安装从几天的时间缩短为几个小时，运维人数也从数十人降低到几个人，极大地提高了集群管理的效率。与 Apache Hadoop 相比，CDH 在兼容性、安全性和稳定性上也均有所增强，是商用中最成功的版本，更适合在实际生产环境中使用。

（3）Hortonworks Hadoop。Hortonworks 公司的主打产品是 Hortonworks Data Platform（简称 HDP）。HDP 除了包括 Apache Hadoop 的所有关键组件外，还包括开源的安装和管理系统 Ambari 和元数据管理系统 HCatalog，集成了开源监控方案 Ganglia 和 Negios，其产品结构如图 6-10 所示。Hortonworks 公司开发了很多增强特性并提交至核心主干，使得 Apache Hadoop 能够在包括 Windows Server 和 Windows Azure 在内的 Microsoft Windows 平台上本地运行。2018 年 10 月，两家大数据先驱 Cloudera 和 Hortonworks 宣布合并。

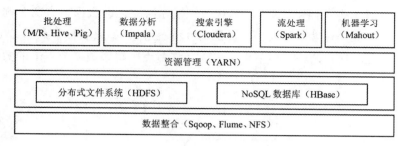

图 6-9　CDH 体系架构

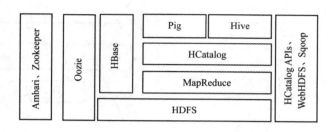

图 6-10　HDP 体系架构

6.2.3　Hadoop 核心技术

从 Hadoop 2.0 来看，整个 Hadoop 的体系结构主要是通过 HDFS 来实现对分布式存储的底层支持，并通过 MapReduce 来实现对分布式并行任务处理的程序支持，以及资源协同调度和管理。本节主要介绍 HDFS 文件系统、MapReduce 分布计算模块和 YARN 集群资源管理器。

6.2.3.1　HDFS 分布式文件系统

HDFS 分布式文件系统是 Hadoop 项目的核心组成部分，用于大数据领域的数据存储，可运行在通用硬件上，具有高容错性、高可靠性、高可扩展性、高吞吐量等特征。

1. HDFS 系统组成

HDFS 采用主从（Master/Slave）结构模型，一个 HDFS 集群由一个名称节点（NameNode，NN）和若干个数据节点（DataNode，DN）组成（最新的 Hadoop 版本有多个 NameNode 的配置），如图 6-11 所示。NameNode 作为主服务器，管理文件系统命名空间和客户端对文件的访问操作。DataNode 管理存储的数据。

（1）名称节点（NameNode）。名称节点也称为元数据节点，它是 HDFS 系统的管理者，协调客户端对文件的访问、负责管理文件系统中的命名空间、保存元数据信息（如文件包括哪些数据块、数据块所在数据节点的位置信息和副本信息）。名称节点使用 FsImage 映像文件保存文件系统树以及文件树中所有文件和文件夹的元数据，使用 EditLog 日志文件记录文件的创建、删除、重命名等操作。虽然名称节点存储了每个文件划分的数据块所存储的数据节点位置，但是名称节点并不持久化存储这些信息，而是每次系统启动时扫描所有数据节点重构得到这些信息。

（2）数据节点（DataNode）。数据节点是 HDFS 的工作节点，负责数据的存储和读写。数据节点将数据块存储在本地文件系统中，并保存每个数据块的元数据（如每个数据块属于哪个文件，是文件的第几个数据块等），可以根据客户端或名称节点的调度到对应的数据节点写入或读取对应的数据块。启动数据节点的时候会向名称节点发送数据块信息，并且数据节点会周期性地（3 秒一次）向名称节点发送心跳，即数据节点向名称节点反馈状态信息（如是否正常、磁盘空间大小、资源消耗情况等）。如果名称节点超过 10 分钟未收到数据节点的心跳，则认为该数据节点丢失，名称节点则将该数据节点上的数据块备份到其他的数据节点。

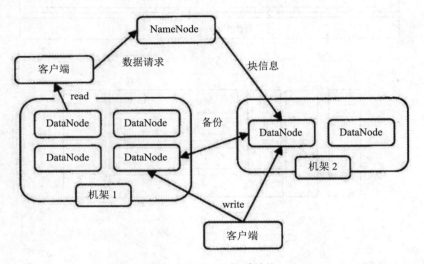

图 6-11　HDFS 体系结构

（3）数据块（Block）。在 HDFS 中，采用数据块作为最基本的存储单位，默认大小为 128MB（数据块最早默认大小是 64MB，从 2.7.3 版本开始，官方关于 Data Blocks 的说明中，block size 变成了 128 MB）。因此在 HDFS 中存储文件时，需要将文件划分成若干个数据块，不同的数据块被分发到不同的数据节点上，每个块有多个备份（默认为 3 个），分别保存到不同的节点上。图 6-12 列举了一个 100MB 的文件在 HDFS 中以 64MB 作为数据块大小，被划分为 2 个数据块后的备份存储方式。

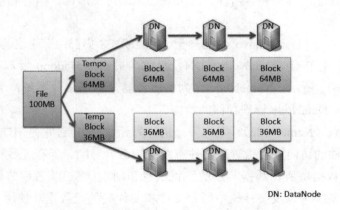

图 6-12　HDFS 中数据块备份存储方式

需要说明的是，HDFS 中小于一个块大小的文件并不会占据整个 HDFS 数据块，例如上面 36MB 的数据块，在 HDFS 中会被分配到一个 64MB 的块中，但在数据节点中只占用 36MB 的存储空间。HDFS 使用数据块进行存储有以下几方面好处。首先，采用数据块将文件存储在不同的数据节点，使得文件大小不受单个数据节点存储容量的限制，文件的大小可以大于网络中任意数据节点的存储容量，从而实现大规模文件存储。其次，数据块大小是固定的，很容易确定每个数据节点存储数据块的数量，简化了存储管理，同时文件的元数据不与数据块一起存储，便于元数据的单独管理。再次，数据块便于数据备份，每个块可以有多个备份，当数据块的副本数小于规定的份数时，系统自动把数据块的副本数恢复到正常水平，从而保证了单点故障不会导致数据丢失，提高了系统的容错性和可用性。

2. HDFS 工作原理

图 6-13 展示了数据读写操作过程。在整个访问过程中，名称节点不参与数据传输，实现了不同的数据节点并发访问，进而提高了数据访问速度。

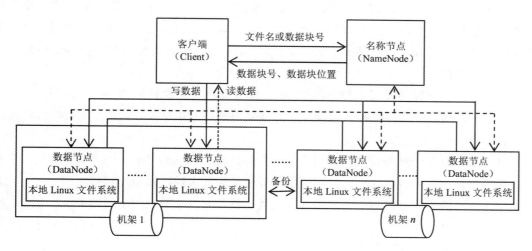

图 6-13　HDFS 的工作原理

（1）文件读取。当用户读取文件时，客户端向名称节点发起读取请求，名称节点返回文件存储的数据块信息及数据块所在的数据节点信息，客户端获取信息后和相关的数据节点建立读取通道，从而读取文件信息。

（2）文件写入。当用户写入文件时，客户端向名称节点发起写入请求，名称节点根据文件大小和文件块配置情况返回数据节点信息，客户端将文件划分为多个数据块，并根据数据节点的地址信息，按顺序写入到每个数据节点中。

3. HDFS 特点

HDFS 在设计之初考虑了计算机集群实际应用环境的特点，主要实现以下目标：

（1）硬件故障。在成百上千台服务器中存储数据，由于集群庞大，任何一个节点都有可能失效，出现硬件故障是常态，因此 HDFS 一个核心的设计目标就是检测硬件故障和自动快速恢复，它可以实现持续监视、错误检查、容错处理和自动恢复，从而保证数据的完整性。

（2）数据访问。HDFS 放宽了 POSIX 的要求从而实现以流式方式访问文件系统中的数据，提高了数据吞吐量，满足了批量数据处理的设计要求。

（3）简单一致性模型。HDFS 提供"一次写入、多次读取"的服务，文件一旦创建、写入、关闭之后就不需要修改了，只能被追加或读取，简化了数据一致的问题，便于提供高吞吐量的数据访问。

（4）大数据集。HDFS 支持处理超大规模文件，通常可以达到 GB 甚至 TB 级，一个由数百台机器组成的集群可以支持千万级别的文件。

HDFS 除了具有上述优点以外，其自身也具有一定的局限性，主要涉及以下几个方面：

（1）不适合低延迟数据访问。HDFS 是为大规模数据批量处理而设计的，提供很高的数据吞吐量，同时也具有较高的延迟，因此不适合低延迟（如毫秒级）的应用场景。对于要求实时性、低延迟的应用程序更适合采用 HBase。

（2）不适合大量小文件存储。HDFS 无法高效存储和处理大量小文件（即文件大小小于一个数据块的文件），大量的小文件存储反而会降低集群性能，带来诸多问题。首先，HDFS 中的元数据由名称节点管理，保存在内存中，如果小文件过多，名称节点保存元数据所占的内存空间就会大大增加，而现有的硬件水平无法满足。其次，如果 MapReduce 处理大量小文件则会产生过多的 Map 任务，增加线程管理开销。再次，访问大量小文件需要不断地从一个数据节点跳到另一个数据节点，降低访问速度，影响系统性能。一般处理大量小文件采用 SequenceFile 等方式对小文件进行合并，或者使用 NameNode Federation 的方式进行改善。

（3）不支持文件并发写入与随机修改。HDFS 允许一个文件只有一个用户写入，不允许多个用户对同一个文件执行写入操作，而且采用追加方式写入数据，不支持随机修改。

6.2.3.2　MapReduce 分布式计算框架

MapReduce 是一种编程模型，用于编写并行处理大数据程序的分布式计算框架，它已经成为目前为止最为成功、最为广泛使用和最易使用的大数据批量计算技术和标准。它将大规模数据集的操作分发到多个节点共同完成，然后对各个节点的中间结果进行整合进而得到最终的结果。

1. MapReduce 的处理流程

在 MapReduce 中，一次计算主要分为 Map（映射）和 Reduce（归约）两个阶段，所以也简称为 MR，它的输入和输出则由 HDFS 分布式文件系统进行存储。MapReduce 模式的主要思想是将要执行的问题（如程序）自动拆分成 Map 和 Reduce 的方式，其流程如图 6-14 所示。

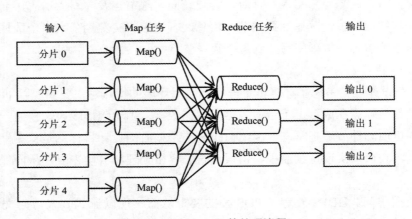

图 6-14　MapReduce 的处理流程

数据按照系统默认的分块策略被分割后，通过 Map() 函数将数据映射到不同的区块，分配给计算机集群处理，以达到分布式计算的效果，再通过 Reduce 函数的程序将结果汇总，从而输出需要的结果。MapReduce 借鉴了函数式程序设计语言的设计思想，其软件实现是指定一个 Map() 函数，把键值对映射成新的键值对，形成一系列中间结果构成的键值对，然后把它们传给 Reduce() 函数，把具有相同中间形式的键值对合并在一起。因此，Map()

函数和 Reduce() 函数具有一定的关联性。

2．MapReduce 计算示例

通过上述描述了解了 MapReduce 的基本原理，接下来通过词频统计（WordCount）示例进一步理解 MapReduce 的具体实现过程。

WordCount 词频统计程序：统计一个包含大量单词的文件中的每个单词及其出现的次数，其输入与输出结果见表 6-1。

表 6-1　WordCount 的输入与输出

输入	输出
Deer Bear River	Bear 2
Car Car River	Car 3
Deer Car Bear	Deer 2
	River 2

根据 Map Reduce 处理流程，该计算过程包括 Split（分片）、Map（映射）、Shuffle（混洗）、Reduce（归约）和 Store（存储）5 个基本步骤。MapReduce 的编程接口对上述步骤进行了封装，用户只需定义自己的 Map() 和 Reduce() 函数即可完成数据集的循环迭代计算，具体过程如图 6-15 所示。

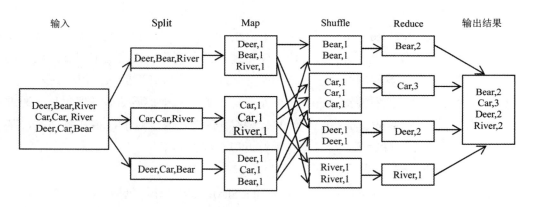

图 6-15　MapReduce 的 WordCount 处理流程

步骤 1：数据分片。首先将输入文件切分成多个分片，每一个分片都会复制多份到 HDFS 中，即 MapReduce 通过数据分片的方式将一个大任务拆分成若干个小任务。

步骤 2：数据映射。完成数据分片后，MapReduce 通过 InputFormat（输入文件读取器）从文件的输入目录中读取数据记录，然后一个 Mapper（映射器）处理一个数据分片，每个 Mapper 对相应分片中的每一行记录进行解析处理，根据用户自定义的映射规则重新组织生成一系列的 <Key,Value> 对作为输出的中间结果。以 <Deer,1> 为例，单词 Deer 作为 Key，1 作为 Value，表示单词 Deer 出现了 1 次。

步骤 3：数据混洗。Shuffle 从 Mapper 处获取中间结果，并通过排序（Sort）、合并（Combine）、归并（Merge）等操作将这些中间结果按照相同的 Key 汇集排序生成 <Key,Value-list> 形式的中间结果，从而把无序的 <Key,Value> 变成有序的 <Key,Value-list> 便于 Reducer（归约器）并行处理，这个过程即 Shuffle 的过程。图中按照 Bear、Car、Deer、River 进行了排序。

步骤 4：数据归约。Reducer 获取一系列的 <Key,Value-list> 中间结果后，按照用户定义的逻辑进行汇总和映射，得到最终计算结果，并由 OutputFormat（输出结果写入器）把结果输出到文件系统。

3. MapReduce 的特点

MapReduce 在设计上主要具有以下优点。

（1）高容错性。MapReduce 集群中使用大量的廉价服务器，节点硬件失效和软件出错是常态，因此，MapReduce 框架使用了多种有效的错误检测和恢复机制，如节点自动重启技术，能有效处理失效节点的检测和恢复，不需要人工进行系统配置。

（2）高吞吐量。MapReduce 框架的计算节点和存储节点运行在一组相同的节点上，即运行 MapReduce 框架和运行 HDFS 文件系统的节点通常是一起的。MapReduce 可以利用集群中的数据存储节点同时访问数据，从而利用大量节点上的磁盘集合提供高带宽的数据访问和传输，因此 MapReduce 可以对 PB 级以上的海量数据进行离线处理。

（3）代码向数据迁移。在海量数据环境中移动数据需要大量的网络传输开销，因此移动计算比移动数据更为经济。MapReduce 采用了数据 / 代码互定位的技术方法，计算节点先尽量负责计算其本地存储的数据（代码向数据迁移），以发挥数据本地化优势，只有当计算节点无法处理本地数据时，再采用就近原则寻找其他可用计算节点，并把数据传送到该可用计算节点（数据向代码迁移），但将尽可能从数据所在的本地机架上寻找可用节点以减少通信延迟。

（4）易于编程。MapReduce 提供了便于开发的编程接口，编程人员只需要实现接口就可以完成一个运行在集群上的分布式程序，使得编程人员从分布式底层细节解放出来而更加专注于其应用本身计算问题的算法设计，而且降低了分布式开发的入门门槛。

（5）平滑无缝的可扩展性。MapReduce 基于廉价的、易于扩展的服务器集群，通过扩大集群规模可以提高 MapReduce 的计算性能。多项研究发现，对于很多计算问题，基于 MapReduce 的计算性能可随节点数目增长保持近似于线性的增长。

6.2.3.3　YARN 分布式资源管理器

在 Hadoop 1.x 中，MapReduce 1.0 采用 Master/Slave 架构设计，包括一个 JobTracker 和多个 TaskTracker。前者负责作业调度和资源管理，后者负责执行前者分配的任务，定期向前者发送心跳信息和资源使用情况等。但这种架构存在一些难以克服的缺陷，例如，集群中只有一个 JobTracker 存在单点故障隐患、节点压力大、不易于扩展等。再如，这种架构只支持 MapReduce 作业，不支持多种计算框架并存，导致在实际应用中要根据不同的需求同时搭建 Hadoop、Spark 等多个集群，造成集群管理复杂、资源利用率低、跨集群数据共享成本增加等问题。为了克服 MapReduce 1.0 的缺陷，Hadoop 2.0 以后的版本将 MapReduce 1.0 体系结构重新设计生成 YARN 和 MapReduce 2.0，其中 YARN 是一个纯粹的通用的资源管理调度框架，而 MapReduce 2.0 则变成了一个运行在 YARN 之上的纯粹的计算框架。

（1）YARN 体系结构。YARN 体系结构也是典型的 Master/Slave 架构，涉及 ResourceManager（资源管理器，RM）、NodeManager（节点管理器，NM）、ApplicationMaster（应用管理器，AM）和 Container（容器）等几个组件，如图 6-16 所示。YARN 的设计思想是将 JobTracker 的资源管理和作业调度两个任务分别交给 RM 和 AM。一个集群中通常包括一个 RM 和多个 NM。在集群部署方面，YARN 的 RM 和 HDFS 的 NameNode 部署在一个节点上，YARN 的 AM、NM 和 HDFS 的 DataNode 部署在一起，YARN 中的 Container 也和 HDFS 的 DataNode 部署在一起。

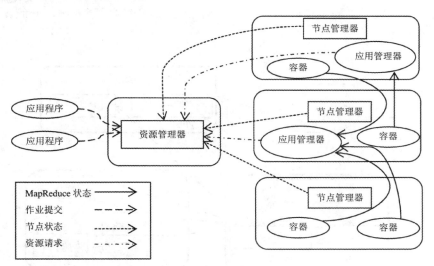

图 6-16 YARN 体系结构

- ResourceManager（资源管理器，RM）。一个全局的资源管理器，负责整个系统的资源管理和分配，由调度器（Scheduler）和应用程序管理器（Applications Manager，ASM）两个组件构成。调度器仅负责根据各个应用程序的资源需求进行资源分配，以容器（Container）作为动态资源分配单位。另外，调度器是一个可插拔的组件，YARN 提供了多种直接可用的调度器，用户也可根据自己的需要设计新的调度器。应用程序管理器负责系统中所有应用程序的提交、与调度器协商资源、启动 ApplicationMaster、监控 ApplicationMaster 运行状态并在失败时重新启动它等任务。

- ApplicationMaster（应用管理器，AM）。AM 负责应用程序的管理，主要功能包括与 RM 协商获取资源（即 Container 形式）；将获得的资源进一步分配给各个任务（Map 任务或 Reduce 任务）；与 NM 通信以启动 / 停止任务；监控任务的状态，并在任务失败时重新为任务申请资源并重启任务。当前 YARN 自带了两个 AM 实现：一个是用于演示 AM 编写方法的实例程序 distributedshell，它可以申请一定数目的 Container 以并行运行一个 Shell 命令或者 Shell 脚本；另一个是运行 MapReduce 应用程序的 AM——MR App Master。

- NodeManager（节点管理器，NM）。NM 是每个节点上的资源和任务管理器，它的主要功能是定时向 RM 汇报本节点的资源使用情况和各个 Container 的运行状态；接收并处理来自 AM 的启动 / 停止 Container 等请求。

- Container（容器）。Container 是 YARN 中的资源抽象，它封装了节点上的内存、CPU、磁盘、网络等各种资源。当 AM 向 RM 申请资源时，RM 为 AM 返回的资源便是用 Container 表示的。YARN 会为每个应用程序动态分配 Container，根据应用程序的需求自动生成，从而限定每个应用程序可以使用的资源量。目前，YARN 仅支持 CPU 和内存两种资源。

（2）YARN 工作流程。YARN 应用程序生存期有长有短，短应用程序指一定时间内能运行完成并退出的应用程序，如 MapReduce 作业、Spark 作业，长应用程序指永不终止运行的应用程序，如 Service、HttpServer 等，通常用于提供一些服务。虽然两类应用程序的任务不同，但是执行流程是相同的。下面以 MapReduce 应用程序为例，介绍 YARN 的工作流程（图 6-17）。

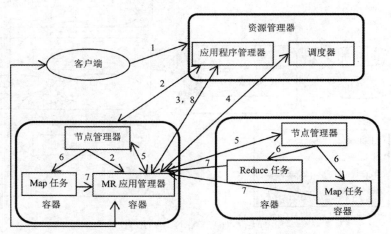

图 6-17　YARN 的工作流程

　　用户向 YARN 提交的客户端应用程序包括 AM 程序、启动 AM 的命令和 MapReduce 程序等。YARN 中的 RM 接收到客户端的请求后给应用程序分配第一个 Container，同时 RM 的应用程序管理器与 Container 所在的 NM 通信，为应用程序在 Container 中启动一个 AM。AM 启动之后向 RM 注册使得用户可以通过 RM 查看应用程序的运行状态，并且为应用程序申请资源。AM 申请到资源后，就会与该 Container 所在的 NM 通信，将 Map 任务和 Reduce 任务分发到对应的 Container 中运行。Map 任务和 Reduce 任务在运行期间向 AM 汇报自己的状态和进度，可以让 AM 在任务失败时重启任务。应用程序运行完成后，AM 向 RM 注销并关闭所有 Container 及其自身。

　　从上述流程可以看出，在应用程序运行过程中，YARN 和 MapReduce 不会有任何的耦合，AM 作为 YARN 和 MapReduce 应用程序间的桥梁，实现了 YARN 的接口规范。

6.3　Spark 内存计算架构

　　Spark 是由美国加州大学伯克利分校 AMP 实验室提供的一个基于内存计算模型的开源大数据处理平台，它可以搭建在 Hadoop 平台上，利用 HDFS 文件系统存储数据，但在文件系统之上构建了一个弹性分布式数据架构（Resilient Distributed Dataset，RDD），用于支撑高效率的分布式内存计算。Spark 是当今最活跃且相当高效的大数据通用计算平台，是 Apache 三大顶级开源项目之一。目前，Spark 已经发展成为包含 Spark SQL、Spark Streaming、GraphX、MLlib 等众多子项目的集合。

6.3.1　Spark 概述

1. 为什么有 Spark

尽管 MapReduce 已经成为目前为止最为成功、最为广泛使用和最易使用的大数据批量计算技术和标准，但是也存在以下几个不擅长的方面。

- 实时计算。MapReduce 处理的是磁盘上的数据，受磁盘读写速度的限制，不能实时地返回结果，因此适合离线计算，但难以提供实时计算。
- 流式计算。流式计算的输入是动态数据，而 MapReduce 处理的是磁盘上的静态数据，因此 MapReduce 不能进行流式计算。
- DAG 计算。在 DAG（Directed Acyclical Graphs，有向无环图）计算中，多个任务之间存在复杂的依赖关系，如后一个应用的输入可能是前一个应用的输出，加之 MapReduce 的输出结果均写到磁盘上，因此 MapReduce 进行 DAG 计算时会造成大量的磁盘输入/输出，降低集群的性能。

Spark 是一个分布式的通用内存计算框架，其特点是能处理大规模数据，计算速度快。Spark 延续了 Hadoop 的 MapReduce 计算模型，相比之下，Spark 的计算过程会保持在内存中，能够将多个操作进行合并后计算，减少了硬盘读写，因此提升了计算速度。同时 Spark 也提供了更丰富的计算 API，除了 Map 和 Reduce 操作之外，Spark 还延伸出了如 Filter、FlatMap、Count、Distinct 等更丰富的操作。

2. Spark 简介

Spark 于 2009 年诞生于美国加州大学伯克利分校 AMP 实验室，属于伯克利分校的研究性项目；2013 年 6 月进入 Apache 成为孵化项目，发布了 Spark Streaming、Spark MLlib（机器学习）、Shark（Spark on Hadoop）等组件；8 个月后成为 Apache 顶级项目。2014 年 5 月底，Spark 1.0.0 发布，包含 Spark Graphx 图计算工具，同时 Spark SQL 代替 Shark。2015 年至今，Spark 在国内 IT 行业开始普及，大量公司开始部署或使用 Spark 来替代 MapReduce、Hive、Storm 等传统的大数据计算框架。2018 年，Spark 2.4.0 发布，成为全球最大的开源项目。

Spark 以其先进的设计理念，迅速成为了社区的热门项目，围绕着 Spark，Spark SQL、Spark Streaming、MLlib 和 GraphX 等组件 [也就是 BDAS（伯克利数据分析栈）] 被推出，这些组件逐渐形成了大数据处理一站式解决平台。

相对于 MapReduce，Spark 有如下优势。

（1）运行速度快。Spark 支持在内存中对数据进行迭代计算，减少磁盘 I/O 读写及网络传输带宽，达到了快速计算的目的。通常，Spark 的性能是 Hadoop MapReduce 的 10 倍以上。

（2）易用性好。Spark 支持 Scala、Java 和 Python 等多种语言编写应用程序，可以用简洁的代码处理较为复杂的工作。

（3）通用性强。Spark 生态圈包含了 Spark Core、Spark SQL、Spark Streaming、MLlib 和 GraphX 等组件，能够很好地支持流计算、交互式处理和图处理等多种计算模式，还提供了机器学习组件，它们都是由 AMP 实验室提供，能够无缝地集成并提供一站式解决平台。

6.3.2　Spark 技术架构

Spark 的技术架构（图 6-18）可以分为三层：资源管理层、Spark 核心层和服务层。Spark 核心层主要关注的是计算问题，底层的资源管理工作一般由 YARN、Mesos、Standalone Scheduler 等资源管理器完成。

（1）资源管理层。主要提供资源管理功能，涉及 YARN、Mesos 和 Standalone

Scheduler 资源管理器。Spark 设计为可以高效地在一个计算节点到数千个计算节点之间进行伸缩计算。为了实现这样的要求，同时获得最大灵活性，Spark 支持在各种集群管理器（Cluster Manager）上运行，包括 Hadoop YARN、Apache Mesos，以及 Spark 自带的一个简易调度器，叫作独立调度器。

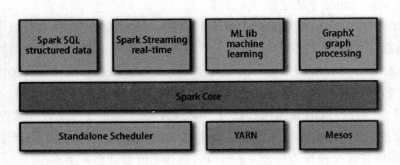

图 6-18　Spark 技术架构

资源层主要涉及两种角色——Cluster Manager（集群管理器）和 Worker Node（工作节点），Spark 用户的应用程序在一个工作节点上有一个 Executor（执行器），执行器内部通过多线程的方式并发处理应用的任务。

（2）核心层。主要提供内存计算框架，实现了 Spark 的基本功能，包含任务调度、内存管理、错误恢复、与存储系统交互等模块。Spark Core 中还包含了对弹性分布式数据集的 API 定义。Spark 核心是建立在统一的抽象弹性分布式数据集 RDD 之上的，这使得 Spark 的各个组件可以无缝地进行集成，能够在同一个应用程序中完成大数据处理。

（3）服务层。主要提供面向特定类型的计算服务，Spark 是一个分布式的通用内存计算框架，提供一站式解决平台，如 SQL 查询（Spark SQL）、实时流处理（Spark Streaming）、机器学习（MLlib）以及图计算（GraphX）等，表 6-2 列出了不同应用场景的相应功能的 Spark 组件。

表 6-2　不同应用场景的相应功能的 Spark 组件

使用场景	时间跨度	同类框架	使用 Spark
复杂批量数据处理	小时级	Map Reduce	Spark
历史数据交互式查询	分钟级，秒级	Impala	Spark SQL
实时数据流处理	秒级	Storm	Spark Streaming
历史数据挖掘		Mahout	Spark MLlib
增量数据学习			Spark Streaming+MLlib

以下对其中 3 种进行介绍。

- Spark SQL：是 Spark 用来操作结构化数据的程序包。通过 Spark SQL，我们可以使用 SQL 或者 Apache Hive 版本的 SQL 语言（HQL）来查询数据。Spark SQL 支持多种数据源，比如 Hive 表、Parquet 以及 JSON 等。
- Spark Streaming：是 Spark 提供的对实时数据进行流式计算的组件。提供了用来操作数据流的 API，并且与 Spark Core 中的 RDD API 高度对应。

- **Spark MLlib**：提供常见的机器学习（ML）功能的程序库，包括分类、回归、聚类、协同过滤等，还提供了模型评估、数据导入等额外的支持功能。

6.3.3　Spark 核心技术

弹性分布式数据集 RDD 是 Spark 中最主要的数据结构，可以直观地认为 RDD 就是要处理的数据集。RDD 是分布式的数据集，每个 RDD 都支持 MapReduce 操作，经过 MapReduce 操作后会产生新的 RDD，而不会修改原有 RDD，RDD 的数据集是分区的，因此可以把每个数据分区放到不同的分区上进行计算，而实际上大多数 MapReduce 操作都是在分区上进行计算的。Spark 的核心是建立在统一的抽象弹性分布式数据集之上的，这使得 Spark 的各个组件可以无缝地进行集成，能够在同一个应用程序中完成大数据处理。本节将对 RDD 的基本概念及运行机理相关知识进行介绍。

1. RDD 概念与操作

（1）什么是 RDD。RDD 是 Spark 提供的最重要的抽象概念，它是一种有容错机制的特殊数据集合，可以分布在集群的节点上，以函数式操作集合的方式进行各种并行操作。

通俗来讲，可以将 RDD 理解为一个分布式对象集合，本质上是一个只读的分区记录集合。RDD 的每个分区就是一个数据集片段。一个 RDD 的不同分区可以保存到集群中的不同节点上，从而可以在集群中的不同节点上进行并行计算。这里所说的分区是和 HDFS 中的 Block 数据块一一对应的。图 6-19 展示了 RDD 的分区及分区与工作节点的分布关系。

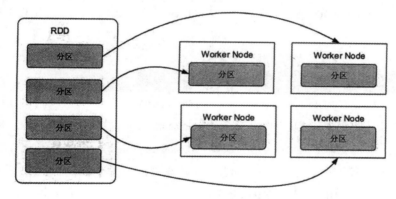

图 6-19　RDD 分区与工作节点的分布关系

在大数据实际应用开发中存在许多迭代算法，如机器学习、图算法等和交互式数据挖掘工具。这些应用场景的共同之处是在不同计算阶段之间会重用中间结果，即一个阶段的输出结果会作为下一个阶段的输入。

RDD 正是为了满足这种需求而设计的。虽然 MapReduce 具有自动容错、负载平衡和可拓展性的优点，但是其最大的缺点是采用非循环式的数据流模型，使得在迭代计算时要进行大量的磁盘 I/O 操作。

通过使用 RDD，用户不必担心底层数据的分布式特性，只需要将具体的应用逻辑表达为一系列转换处理，就可以实现管道化，从而避免了中间结果的存储，大大降低了数据复制、磁盘 I/O 和数据序列化的开销。

（2）RDD 操作。RDD 拥有的操作比 MapReduce 丰富得多，大致分为转换（Transformation）操作和行动（Action）操作。转换操作就是从一个 RDD 产生一个新的 RDD，而行动操作就是进行实际的计算，返回非 RDD，即输出一个值或者结果。在 RDD 执行过程中，真正的计算发生在行动操作。RDD 操作是惰性的，当 RDD 执行转换操作时，实际计算并没有被执行，只有当 RDD 执行行动操作时才会促发计算任务提交，从而执行相应的计算操作。表 6-3 描述了常用的 RDD 转换操作，表 6-4 描述了常用的 RDD 行动操作，并用示例进行了操作的含义说明。

表 6-3　常用的 RDD 转换操作（rdd1={1, 2, 3, 3}，rdd2={3,4,5}）

函数名	作用	示例	结果
map()	应用于 RDD 每个元素，返回值是新 RDD	rdd1.map(x=>x+1)	{2,3,4,4}
flatMap()	应用于 RDD 每个元素，将元素数据进行拆分，变成迭代器，返回值是新 RDD	rdd1.flatMap(x=>x.to(3))	{1,2,3,2,3,3,3}
filter()	过滤掉不符合条件的元素，返回值是新 RDD	rdd1.filter(x=>x!=1)	{2,3,3}
distinct()	将 RDD 里的元素进行去重操作	rdd1.distinct()	{1,2,3}
union()	生成包含两个 RDD 所有元素的新 RDD	rdd1.union(rdd2)	{1,2,3,3,3,4,5}
intersection()	求两个 RDD 的共同元素	rdd1.intersection(rdd2)	{3}
subtract()	将原 RDD 中和参数 RDD 中相同的元素去掉	rdd1.subtract(rdd2)	{1,2}
cartesian()	求两个 RDD 的笛卡尔积	rdd1.cartesian(rdd2)	{(1,3),(1,4)...(3,5)}

表 6-4　常用的 RDD 行动操作（rdd={1, 2, 3, 3}）

函数名	作用	示例	结果
collect()	返回 RDD 的所有元素	rdd.collect()	{1,2,3,3}
count()	RDD 里元素的个数	rdd.count()	4
countByValue()	各元素在 RDD 中的出现次数	rdd.countByValue()	{(1,1),(2,1),(3,2)}
take(num)	从 RDD 中返回 num 个元素	rdd.take(2)	{1,2}
top(num)	从 RDD 中，按照默认（降序）或者指定排序返回最前面的 num 个元素	rdd.top(2)	{3,3}
reduce()	并行整合所有 RDD 数据，如求和操作	rdd.reduce((x,y)=>x+y)	9
fold(zero)(func)	和 reduce() 功能一样，但需要提供初始值	rdd.fold(0)((x,y)=>x+y)	9
foreach(func)	对 RDD 的每个元素都使用特定函数	rdd1.foreach(x=>printIn(x))	打印每一个元素
saveAsTextFile(path)	将数据集的元素以文本的形式保存到文件系统中	rdd1.saveAsTextFile(file://home/test)	
saveAsSequenceFile(path)	将数据集的元素以顺序文件格式保存到指定的目录下	saveAsSequenceFile(hdfs://home/test)	

2. RDD 构建 DAG 图

利用 RDD 拥有的转换操作和行动操作可以构建基于 RDD 的计算模型，用有向无环图 DAG 表示。

（1）RDD 血缘关系。RDD 最重要的特性之一就是血缘关系（Lineage），它描述了一个 RDD 是如何从父 RDD 计算得来的。如果某个 RDD 丢失了，则可以根据血缘关系，再从父 RDD 恢复得来。图 6-20 给出了一个 RDD 依据血缘关系构造执行过程的实例。图中，系统从输入中逻辑上生成了 A 和 C 两个 RDD，经过一系列转换操作，逻辑上生成了 F 这个 RDD。

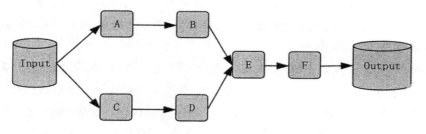

RDD 血缘关系

图 6-20　RDD 血缘关系

Spark 记录了 RDD 之间的生成和依赖关系。当 F 进行行动操作时，Spark 才会根据 RDD 的依赖关系生成 DAG，并从起点开始真正地计算。

上述一系列处理称为一个血缘关系，即 DAG 拓扑排序的结果。在血缘关系中，下一代的 RDD 依赖于上一代的 RDD。例如，图 6-20 中，B 依赖于 A，D 依赖于 C，而 E 依赖于 B 和 D。

根据不同的转换操作，RDD 血缘关系的依赖分为窄依赖和宽依赖。窄依赖是指父 RDD 的每个分区都只被子 RDD 的一个分区所使用，如 Map、Filter、Union 等操作是窄依赖。宽依赖是指父 RDD 的每个分区都被多个子 RDD 分区所依赖，如 groupByKey、reduceByKey 等操作是宽依赖。图 6-21 展示了窄依赖和宽依赖操作的部分示例。

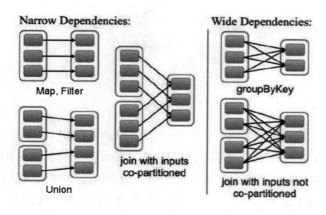

图 6-21　窄依赖和宽依赖

Join 操作有两种情况，如果 Join 操作中使用每个 Partition 仅仅和固定 Partition 进行 Join，则该 Join 操作是窄依赖，其他情况下的 Join 操作是宽依赖。所以可得出一个结论，窄依赖不仅包含一对一的窄依赖，还包含一对固定个数的窄依赖，也就是说，对父 RDD 依赖的 Partition 不会随着 RDD 数据规模的改变而改变。

Spark 这种依赖关系设计使其具有了天生的容错性，大大加快了 Spark 的执行速度。RDD 通过血缘关系记住了它是如何从其他 RDD 中演变过来的。当这个 RDD 的部分分区数据丢失时，它可以通过血缘关系获取足够的信息来重新运算和恢复丢失的数据分区，从而带来性能的提升。

相对而言，窄依赖的失败恢复更为高效，它只需要根据父 RDD 分区重新计算丢失的分区即可，而不需要重新计算父 RDD 的所有分区。而对于宽依赖来讲，单个节点失效，即使只是 RDD 的一个分区失效，也需要重新计算父 RDD 的所有分区，开销较大。

（2）阶段划分。用户提交的计算任务是一个由 RDD 构成的 DAG，如果 RDD 的转换是宽依赖，那么这个宽依赖转换就将这个 DAG 分为了不同的阶段（Stage）。由于宽依赖会带来"洗牌"，因此不同的 Stage 是不能并行计算的，后面 Stage 的 RDD 的计算需要等待前面 Stage 的 RDD 的所有分区全部计算完毕以后才能进行。

在对 Job 中所有操作划分 Stage 时，一般会按照倒序进行，即从 Action 开始，遇到窄依赖操作，则划分到同一个执行阶段，遇到宽依赖操作，则划分一个新的执行阶段。后面的 Stage 需要等待所有的前面的 Stage 执行完之后才可以执行，这样 Stage 之间根据依赖关系就构成了一个大粒度的 DAG。下面通过图 6-22 详细解释一下阶段划分。

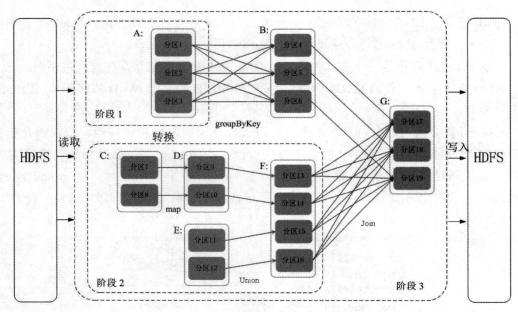

图 6-22　阶段划分

假设从 HDFS 中读入数据生成 3 个不同的 RDD（A、C 和 E），通过一系列转换操作后得到新的 RDD（G），并把结果保存到 HDFS 中。由于从 RDD A 到 RDD B 的转换以及从 RDD B 和 F 到 RDD G 的转换，都属于宽依赖，因此，在宽依赖处断开后可以得到三个阶段，即阶段 1、阶段 2 和阶段 3。可以看出，在阶段 2 中，从 Map 到 Union 都是窄依赖，这两步操作可以形成一个流水线操作，例如，分区 7 通过 Map 操作生成的分区 9，可以不用等待分区 8 到分区 9 这个转换操作的计算结束，而是继续进行 Union 操作，转换得到分区 13，这样流水线执行大大提高了计算的效率。

在 Spark 中，不同 Stage 一般由 Shuffle 来划分，由于 Shuffle 产生数据移动及影响 Stage 的划分，Spark 编程中需要特别关注 Shuffle 操作，Spark 中导致 Shuffle 的操作有很多种，如 agregate ByKey()、reduceByKey()、groupByKey() 等都会导致 RDD 的重排及移动。

3. RDD 的调度过程

通过上述对 RDD 概念、依赖关系和阶段划分的介绍，结合之前介绍的 Spark 运行基本流程，这里再总结一下 RDD 在 Spark 架构中的运行过程（图 6-23）。

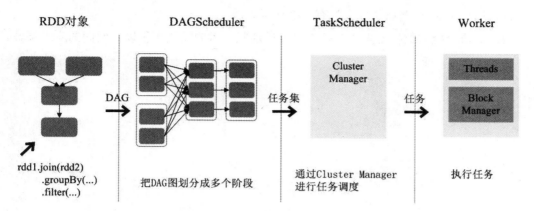

图 6-23　RDD 在 Spark 中的运行过程

（1）创建 RDD 对象。

（2）SparkContext 负责计算 RDD 之间的依赖关系，构建 DAG。

（3）DAGScheduler 负责把 DAG 图分解成多个阶段，每个阶段包含了多个任务，每个任务会被任务调度器分发给各个工作节点上的 Executor 去执行。

从图 6-23 可以看出，Spark 中的 Scheduler 充分体现了 Spark 与 MapReduce 的不同之处，Spark 采用了 DAG 执行引擎，Scheduler 模块分为两个部分：DAGScheduler 和 TaskScheduler。

● DAGScheduler 负责创建执行计划。Spark 会尽可能地管道化，并基于是否要重新组织数据（如执行 Shuffle 或从内存中读取数据）来划分 Stage，并产生一个 DAG 作为逻辑执行计划。

● TaskScheduler 负责分配任务并调度 Worker 的运行，且将各阶段划分成不同的 Task，每个 Task 由数据和计算两部分组成。

习题与思考

1．简述集中式和分布式计算架构的区别及应用场景。

2．调研常用数据计算平台（包括开源系统），并进行对比分析。

3．什么是 Hadoop？其核心是什么？

4．HDFS 有何特点？应用在哪些场合？

5．HDFS 上默认的一个数据块大小是多少？

6．HDFS 的核心组件有哪些？每个组件的具体功能是什么？

7．解释 MapReduce 的基本框架执行过程。

8．简述 YARN 和 Hadoop 的关系。

9．YARN 架构与 MapReduce 1.0 架构相比的优势是什么？

10. 分析 Hadoop MapReduce 与 Spark 的区别与联系。

11. Spark 框架包括哪几层？每一层的作用是什么？

12. RDD 的操作主要分为几类？主要区别是什么？

13. RDD 的血缘关系是什么？有什么作用？

14. 调研分析大数据处理相关技术，分析这些技术的发展历程以及面向的应用领域。

第7章　行业大数据应用

大数据在不同行业有不同的应用场景，大数据应用在本质上是数据和数据分析在行业活动中的表现。随着大数据产业的快速发展，产业数字化已经成为一种共识，大数据平台和技术已经在农业、教育、旅游、交通、金融、社交等行业领域得到了应用，推动和促进了数字经济的发展。本章以农业、教育、社交、旅游、交通、金融等领域的大数据应用为例，解读行业大数据的应用以及潜藏的价值。

知识结构

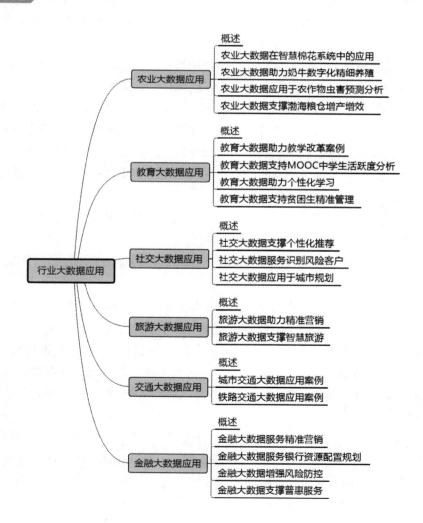

大数据对农业产业链的
整合与重塑

7.1　农业大数据应用

随着物联网、人工智能等新技术的飞速发展和普及应用，农业领域积累了大量数据，这些数据为大数据应用于农业奠定了基础。通过物联网、3S 技术（遥感技术、地理信息系统和全球定位系统的统称）、大数据分析、建模、云计算等信息技术的组合来实现智能传感、生产活动全程信息管控与科学决策。农业大数据驱动农业发展路径向提高农业效率、保障食品安全、实现农产品优质优价发展，农业正在由最初的传统人力畜力农耕 1.0 原始阶段向利用数据精准化分析、智能化控制、集约化生产、高效化管控 4.0 高级阶段进阶。

7.1.1　概述

农业大数据是指运用大数据的理念、技术和方法来指导现代农业的发展，解决农业或涉农领域关于数据采集、计算、存储以及生产的实际应用。从专业的角度看，农业大数据是互联网信息理论和技术在农业领域的应用和实践，是实现农业信息化、智慧化、精准化生产的手段，其可以引导传统农业朝着科学研究、科学生产、科学管理和科学销售等系统化方向发展。农业进入大数据时代是推动农业智慧化、现代化发展必不可少的阶段。农业大数据同样包含结构化、半结构化和非结构化的数据，除了满足大数据的五大特性外，它还具有自身独特的特点，如广泛性、周期性、地域性、交叉性、多变性等。

（1）广泛性是指大数据在农业中的广泛应用，涉及农作物从生产到销售的各个环节，而且除了农作物，其在水产品和畜牧等方面也有充分的应用，对人类的生存有着重要的影响。

（2）周期性是指农业生产活动随季节规律变化，影响农作物、水产品和牲畜的生长。

（3）地域性是指不同地区不同的自然条件（如地形、降水、土壤、光照强度和时间等）使得不同的地区只适合某种农作物或牲畜的生长。

（4）交叉性是指农业不是独立发展的，避免不了与其他行业产生联系、信息的流转和相互利用。例如，农业生产不仅仅是对农作物进行种植，除了育种、除草、施肥等基础性农业活动，还需要天气信息、自然灾害信息的辅助。在最后销售阶段，还需要使用交通安全信息、市场需求信息等。

（5）多变性是指农业的生产活动受到很多因素的影响，在不同的时间和季节，农作物、牲畜的产能、市场需求、价格都将发生波动。

随着物联网技术的发展，农业生产数据采集越来越简单方便。利用物联网传感技术、遥感监测技术等对农田、牧场等变量信息进行实时采集，准确把握农作物或农畜等的生长或生存环境，并通过大数据分析对其长势进行监管和预测分析，有效地为智慧农业提供更科学的种植、养殖方案是未来农业大数据应用发展的重要方向。

此外，利用农业大数据实现农业产业可持续发展和产业结构优化，加快农业自动化、信息化、智能化进程，需要依托农业大数据及相关大数据处理分析技术。建设农业大数据支撑平台，全面、及时、前瞻性地反映农业发展动态，预测农业未来发展方向，可为政府、企业及农业从业人员提供决策管理支持。

农业与大数据科技

7.1.2　农业大数据在智慧棉花系统中的应用

为了提高棉花生产管理的信息化、自动化、智能化水平，中国农业大学、新疆农业气象台、新疆生产建设兵团农业技术推广总站联合北京布谷奇点科技有限公司，在设施环境监控硬件设计与开发的物联网基础上，融合生理功能与形态结构相耦合的棉花生长模型 Cotton XL，研制了智慧棉花 IoT 系统。该系统（网址为 http://zhny.wsxnny.com/home）从器官、植株、大田、区域等多方面阐明棉花精准控制的株型与产量、品质形成的机理，利用气象站设备、数据采集仪、传感器等仪器设备实时采集天气、土壤、棉花长势等信息，通过无线网络上传监测信息至数据库，远程监测田间光照、温度、水分等环境数据和田间图像信息，结合模型模拟分析，实现远程调控辅助管理、判别预测、智能处理等功能。

该系统运行流程如图 7-1 所示，物联网设备组件安置于田间选定地点与棉株上，采集到的大田数据通过 data bus 自动上传至中继站或云端数据库，用户可通过计算机访问云平台，查看相应指标的实时情况。针对不同的田间环境，结合往年的农业气象数据与株型调整方案、栽培管理的优化方案等农艺措施来调整棉花模型的参数。系统接收到信息后，平台自动调用模型数据库中相应的公式并调整参数进行模拟和运算，最终以图表、评估报告等形式输出模拟结果和决策建议。

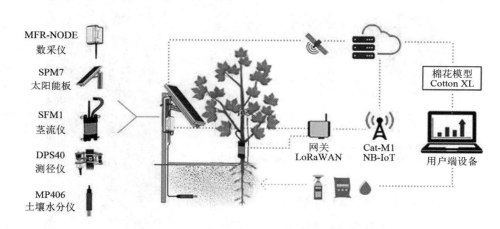

图 7-1　智慧棉花系统运行流程

该系统运行的基础数据库包含地区气候、土壤、品种、栽培管理措施等数据，作为模型系统默认参数输入；气象数据库包含积温、平均温度、降水量、风速、日照时间、无霜期及其他生产管理所需参数；土壤数据库中有土壤类型，质地，氮、磷、钾、有机质含量，pH 值，肥料利用率等；品种数据库中包含不同品种的育种信息、适应地区、生育期、抗病性、产量水平等；栽培管理措施包含播期、种植密度、打顶、脱叶等。模型输出项包括棉株不同生育期的株高、长势、叶面积、蕾铃数量及分配、产量构成、纤维品质等。该系统数字化运行结构如图 7-2 所示。

该系统有效集成了物联网设备、棉花功能结构模型 Cotton XL、数据库和终端 Web 服务，具有信息查询、平台管理、棉花长势及产量等模拟预测、栽培管理决策、气候变化及极端环境下的管理、技术培训与咨询服务等功能，其展示界面如图 7-3 所示。

该系统于 2018 年应用在新疆生产建设兵团第一师十二团（阿拉尔市）棉花试验田中，对比传统管理模式，棉花产量提高了 14%，灌水量节省 32%，耗电量仅为对照区的 51%，纤维品质检测结果显示，该系统应用区的棉花纤维质量明显上升，达到纤维长度大于等于

30mm、断裂比强度大于等于 30 cN·tex^{-1}（双 30）标准。运用该系统进行棉花管理，根据产量、质量需求调整管理方案，最终获得了高于传统经验管理棉田的产量，水肥投入也更加合理。

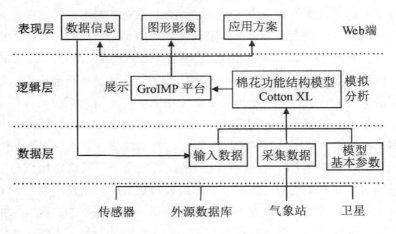

图 7-2　智慧棉花系统数字化运行结构

图 7-3　智慧棉花系统客户端展示

7.1.3　农业大数据助力奶牛数字化精细养殖

除了实现农作物生产全程监管以外，大数据在畜牧养殖业方面的应用也日益普及。随着世界畜牧业的迅速发展，奶牛业正从传统的生产方式向现代化管理方式转变。

图 7-4 为奶牛数字化精细养殖系统的各种设备。对奶牛产奶量、运动量、体重、乳汁电导率、牛舍温度等数据进行实时采集和存储，通过对历史数据的分析建立模型，可以通过实时数据的监控和模型分析，监测健康奶牛产奶量是否异常，对奶牛发情、乳房健康状况进行诊断，并可以自动控制分群设备、补料设备及环境控制设备，管理可视化界面如图7-5 所示。

图 7-4 奶牛数字化精细养殖系统的各种设备

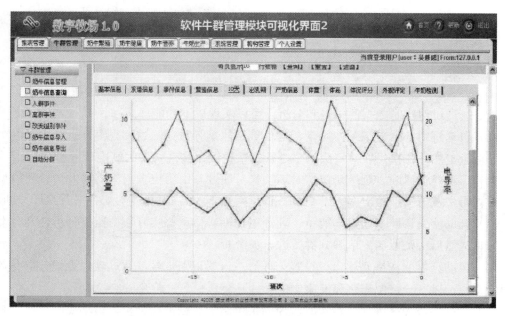

图 7-5 牛群管理可视化界面

乳房炎是奶牛最常见的疾病，是导致奶牛业经济损失最严重的疾病。该系统应用产奶量历史数据建立了产奶量与乳房炎的相关性，为乳房炎的监测提供了依据，如图 7-6 所示。

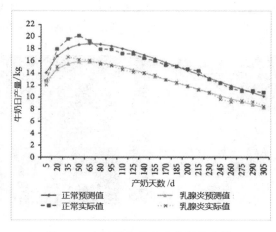

图 7-6 产奶量与乳房炎的相关分析

图 7-7 所示为用乳汁电导率历史数据和奶牛体细胞数测定建立的用于隐形乳房炎诊断的电导率与体细胞数关系模型，有效预防和诊断了奶牛乳房炎，最大限度地减少了经济损失。

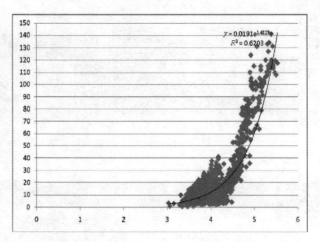

图 7-7   乳房炎诊断的电导率与体细胞数关系模型

该系统通过对实时数据的采集和分析，可以实现以下功能。

（1）自动饲料补给：记录产奶量、运动量、体重等数据，通过建模分析给出奶牛个体营养需求量，然后在挤奶厅对每头奶牛进行定量补饲，实现奶牛的精准营养管理。

（2）自动发情诊断：记录奶牛实时运动量，通过与由历史数据建立的发情诊断模型比对，检测奶牛发情率，检出率大于 90%，误检率小于 3%，避免了对奶牛进行直肠诊断。

（3）辅助疾病诊断：通过产奶量、乳汁电导率、体重等实时数据监控分析，及时发现疑似病牛，然后将疑似病牛单独分群做进一步诊断。

（4）自动分群：在挤奶厅出口设置分群门，自动识别牛号，通过软件设置分群参数来控制分群门，以区分疑似病牛和健康奶牛。

（5）自动环境控制：通过对实时监控的牛舍温度数据进行分析，自动控制风机、喷淋设备等，实现牛舍自动控温，保持奶牛良好的生存环境。

7.1.4   农业大数据应用于农作物虫害预测分析

近年来，随着 Bt 棉大范围种植，第四代棉铃虫对玉米叶片和果穗的伤害逐渐加重，如图 7-8 所示，而棉铃虫的发生具有非线性、不稳定、相关变量多的特点。

图 7-8   第四代棉铃虫危害玉米

支持向量机回归（SVR）是 Vapnik 等人提出的机器学习算法，图 7-9 为支持向量机回归模型。该算法可以用于棉铃虫发生量的建模和预测分析，为防控服务。

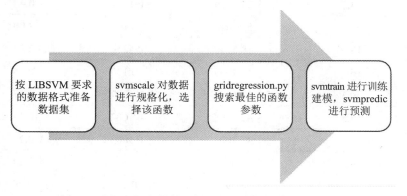

按 LIBSVM 要求的数据格式准备数据集
svmscale 对数据进行规格化，选择该函数
gridregression.py 搜索最佳的函数参数
svmtrain 进行训练建模，svmpredic 进行预测

图 7-9　支持向量机回归（SVR）模型

利用支持向量机进行建模和预测分析时，首先要进行数据标准化，图 7-10 为采集到的数据标准化前后变化情况。

20-20时降水	极大风速	极大风速的风	平均本站气压	平均风速	平均气温
90.9	72.6	6.7	10034.4	23.2	2
14.8	81.3	6.5	10077.8	20.6	262.
19	71.1818182	5.54545455	10048.5455	23.2727273	26
19.3	99.7	8.1	10049.4	25.9	265.
9028.63636	86.8181818	7.81818182	10026.0909	24.0909091	271.2727
9848.5	66.9	10.7	10022.3	18.1	263.
8985.63636	95.3636364	9.18181818	10050.9091	27.9090909	271.1818
54.8	78.3	7.6	10040.6	18.8	26
93.4545455	69.3636364	7.36363636	10026	21.1818182	271.6363
6626	103.6	8.6	10015.2	23.8	256.
3022.81818	81.5454545	8.90909091	10049.1818	25.5454545	262.4545
3771.29455	83.4072727	8.01181818	10040.6027	22.92	264.9945
5972.72727	63.1818182	8.90909091	10053.9091	20	265.
45.4	78	9.2	10029	19.4	261.
24.5454545	75.4545455	6.09090909	10041.2727	18.4545455	267.5454
8.7	60	9.6	10052.6	16.7	280.
32.2727273	71.1818182	8.63636364	10028.3636	18.5454545	257.0909
19.6	55.9	5.2	10054.6	13.4	258.
0.90909091	54.4545455	8.36363636	10039	17.1818182	296.9090
3513.2	63.3	7.3	10049.7	18.5	26

平均水汽压	平均相对湿度	日照时数	日最低本站气	日最低气温
275.5	85.9	44.7	10015.8	218.9
274.2	81	76.7	10049.2	215.6
282	83.8181818	60.7272727	10033.0909	224.272727
258.6	73.6	98.7	10028.5	216.9
307.272727	86.4545455	42.4545455	10006.7273	232.636364
291.7	85.8	56.3	10003.2	227.7
285.181818	80.0909091	55.8181818	10024.5455	236.272727
288.9	84.6	68.2	10020	227.4
285.636364	80.7272727	54.3636364	10009.6364	236.454545
287.1	87.7	49.2	9993.3	226.5
267.636364	79.2727273	56.9090909	10026.3636	221.909091
282.822727	82.3063636	61.9372727	10019.4564	226.564545
268.363636	77	53.8181818	10034.2727	224
276.1	82	60.1	10007.6	226.9
278.181818	80.3636364	63.2727273	10024.2727	227.272727
285	76.5	60.4	10035.6	241.8
276.272727	84.4545455	48	10008.1818	220.545455
286.4	87.1	31.3	10039.5	224.5
328.181818	79.8181818	89.9090909	10018.5455	261.090909
289	84	49.8	10017.1	235.6

0.722905	0.0536131	0.281947	0.0711665
1	1	1	1
0.277654	0.785548	1	0.150404
0.282123	0.62704	0.724138	0.10785
0.141899	0.491841	0.736308	0.731475
0.636872	1	0.926978	0.941306
0.372067	0.044289	0.0791075	0.442406
0.75419	0.575758	0.46856	0.517241
0.783799	0.347319	0.0141988	0.358767
0.608939	0.002331	0.395538	1
0.85419	0.00699301	0.156187	0.300073
0.228492	0.827506	0.69574	0.687454
1	0.230769	0.144016	0.665444

1	1	1	0.0958324	0.10097
0.358942	0.508028	0.257298	0.235421	0.71844
0.38665	0.567116	0.319756	1	1
0.47733	0.39499	0.584521	0.606911	0.53203
0.177582	0.28966	0.095723	0.168467	0.07184
0.629723	0.695568	0.57909	0.237581	0.27378
0.0188917	0.0160565	0.000678887	0.511879	0.55145
0.7267	0.857418	0.665988	0.12527	0.17864
0.463476	0.586384	0.399864	0.593952	0.53980
0.770781	0.69043	0.835709	1	1
0.148615	0.278099	0.00746775	0.231102	0.18252
0.0843829	0.0867052	0.0794297	0.105745	0.16116
1	1	1	0.425486	0.34368

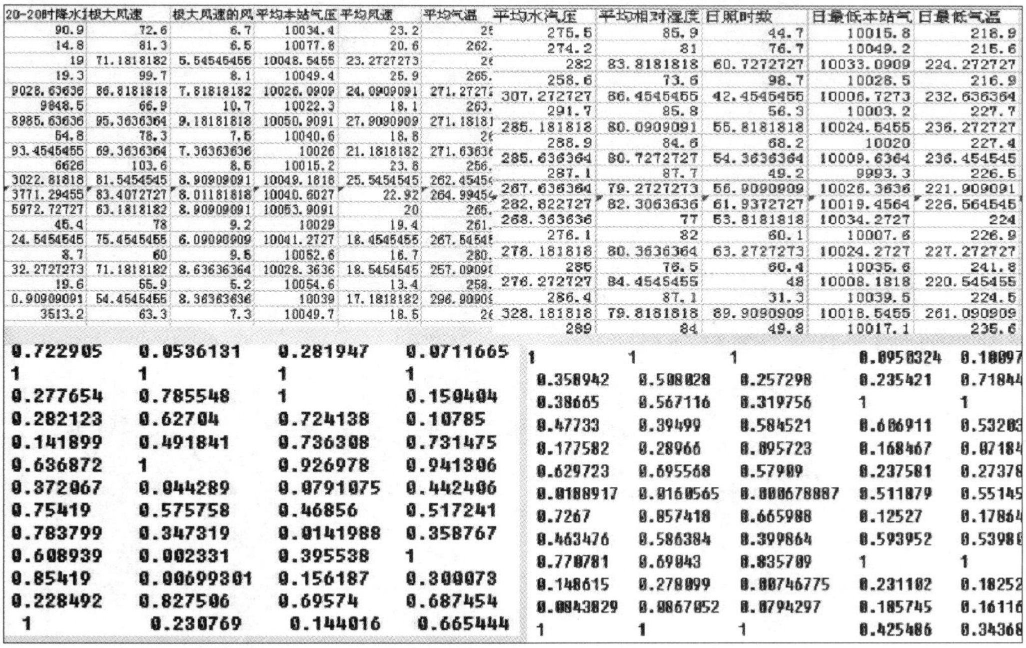

图 7-10　数据采集及标准化

图 7-10 中采集了降水量、极大风速、本站平均气压等 16 个气象数据作为输入，按照图 7-9 建模流程建立预测模型，输出玉米田四代棉铃虫发生量，表 7-1 和表 7-2 分别为支持向量机回归拟合结果与实际值对比、支持向量机回归预测结果与实际值对比。模型拟合与预测结果如图 7-11 所示。

表 7-1　支持向量机回归拟合结果与实际值对比

年份	真实值	拟合值	绝对误差	相对误差 /%
1999	15.5	15.5998	−0.0998	0.64
2000	49	48.8998	0.1002	0.20

年份	真实值	拟合值	绝对误差	相对误差 /%
2001	14	14.0998	-0.0998	0.71
2002	24.5	24.3999	0.1001	0.41
2003	5	5.1001	-0.1001	2.00
2004	19	18.5749	0.4251	2.24
2005	16	16.1003	-0.1003	0.63
2006	39.3	37.6993	1.6007	4.07
2007	42.5	42.3998	0.1002	0.24
2008	47	47.1003	0.1003	0.21
2009	34.5	34.6003	-0.1003	0.29
2010	38	38.0999	-0.1	0.26

表 7-2　支持向量机回归预测结果与实际值对比

年份	真实值	预测值	绝对误差	相对误差 /%
2011	52	52.9923	-0.9923	1.90
2012	42.6	41.2432	1.3568	3.17
2013	32.5	35.1017	-2.6018	8.01

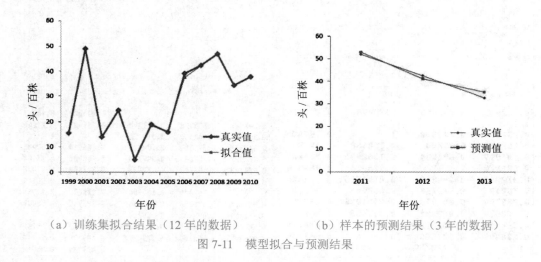

（a）训练集拟合结果（12 年的数据）　　　　（b）样本的预测结果（3 年的数据）

图 7-11　模型拟合与预测结果

通过回归模型得到的训练集样本的拟合值与实际值的相关系数为 0.99，而测试样本的预测值与实际值相关系数为 0.96，实验结果很好地说明了模型的有效性。

7.1.5　农业大数据支撑渤海粮仓增产增效

"渤海粮仓"科技示范工程是 2013 年 4 月科技部在山东、河北、天津、辽宁 4 省市正式启动实施的重大科技支撑项目，主要对三省一市环渤海低平原地区淡水资源匮乏、土壤贫瘠等问题进行有针对性的解决以达到粮食增产的目的，并将其建成我国重要的"粮仓"。

该项目计划对环渤海 4000 万亩中低产田和 1000 万亩盐碱地进行改造。应用大数据研究方法，采集和分析影响粮食生产的关键因素数据，为山东项目区增产增效提供数据和技术支撑；通过微观、准确、动态和关联的数据采集和共享建立项目区的农业大数据应用平台，并利用数据分析挖掘和互动沟通，为职能部门、专家、企业及农业从业人员提供更精准有效的决策依据，为粮食的增产增收服务奠定了基础。

大数据平台可视化展示

该项目采集了 27 个功能区的土壤差异数据（如氮、磷、钾、pH、有机质等）、生长期作物苗情（冬苗期、拔节期、开花期、成熟期）数据、气象差异数据、种植与生产差异（包括种植类型、灌溉类型、施肥差异等）数据，以及病虫害差异数据等。通过对数据进行宏观和微观分析处理，建立了基于大数据挖掘的模型，并进行了可视化展示。

通过建模研究，初步论证对苗情有重要影响的共有 7 类指标：区域（地理、气象等）、酸碱度、含盐量、播期、土壤墒情、种子品种、土壤养分（有机质、氮、磷、钾含量）。因此在促进苗情管理及后续产量提升方面，应优先关注这些指标。在此基础上，得到了一系列改良意见，例如：有 18% 的土样有机质含量低，这些地块应加大有机肥施用；第 5 功能区需要及时补充氮肥，以满足作物生长需要；42% 的样品有效磷偏低，应及时补施；85% 的土样属于脱盐地，但 22800 亩含盐量高，特别是其中有 2400 亩重度盐碱地，应采取控盐渍化措施；27.50% 的土壤出现了干旱，需要灌溉等。

这些信息可以帮助职能部门、企业以及种植户实现科学管理、合理规划，为构建合理生产结构，加快转化升级，实现粮食丰产奠定基础。

7.2　教育大数据应用

2015 年 8 月 31 日，国务院发布的《促进大数据发展行动纲要》中指出"数据已成为国家基础性战略资源"，并在启动的十大工程之一"公共服务大数据工程"中明确提出要建设教育大数据，由此可以看出，教育大数据的发展具有重要的战略地位，得到了国家的高度重视。

7.2.1　概述

目前，对于教育大数据并没有统一的定义。徐鹏等认为"教育领域中的大数据有广义和狭义之分，广义的教育大数据泛指所有来源于日常教育活动中人类的行为数据，它具有层级性、时序性和情境性的特征；而狭义的教育大数据是指学习者行为数据，它主要来源于学生管理系统、在线学习平台和课程管理平台等"。

根据 IBM 提出的大数据 5V 特征，孙洪涛给出了教育大数据的 5 个特点：中等体量、非实时性、周期较长、非结构化和高复杂性。

在教育行业，随着 MOOC（Massive Open Online Courses）的流行，大数据对教育的影响也逐渐显露头角。大数据之所以会对教育产生巨大的影响，这与 MOOC 教育有着千丝万缕的关系。在大数据时代，教师将主要致力于挖掘与学生学习相关的表现，探寻最适合学生学习的方法，而不是依赖于某些周期性的能力测试。教师可以分析学生已经掌握了什么，什么方法对学生来说是最有效的。通过对在线学习等工具的分析，可以评估学生在线学习行为的时间长度，以及学生们如何获得电子资源，如何迅速地掌握概念等。

教育大数据对教育产生影响主要体现在以下几个方面：

（1）改变教育研究中对数据价值的认识。大数据与传统数据最核心的区别体现在信息采集的方式以及对数据的应用上。传统数据的采集方式相对来说只能够彰显出学生的群体水平，而非个人水平。而大数据最大的特点和优点是可以逐个去关注学生的微观表现，如他在不同学科课堂上"开小差"的次数分别为多少，他在一道题上逗留了多久，等等。

（2）方便教师更全面地了解学生。大数据让教师能够更方便地获得每一个学生在学校中的真实信息，如在不同考试中的错误对比分析情况，有利于开展个性化教育。另外，也能够帮助教师根据学生整体学习情况选择最合理、最能让全体学生接受的教学模式，从而提高教师的工作效率和学生的学习效率。

（3）帮助学生进行个性化高效学习。学生借助"大数据"，可以更好地了解自己的学习状况，有针对性地开展自主学习，提高学习效率。教育领域的大数据跟当下发展得如火如荼的在线教育密不可分，当前的教育模式不再仅仅局限于"老师讲，学生听"和期中期末考试评分等。大数据帮助我们以全新的视角判断事物的可行性和利弊性，详尽地展现了在传统教学方式下无法察觉到的深层次学习状态，进而有条件为每个学生提供个性化教学服务。

7.2.2　教育大数据助力教学改革案例

随着大数据在各行各业的广泛应用，教育也成为大数据的重要应用领域。科技的发展使得教学方式多样化，大数据技术的快速发展对教育信息化提出了更高要求，创新成为教育的主旋律，教育领域的创新也意味着其他领域的创新，大数据将掀起新的教育革命，发展教育大数据具有强大的内在动力。教育大数据的价值应体现在与教育主流业务的深度融合以及持续推动教育系统的智慧化变革上。

大数据分析已经被应用到美国的公共教育中，成为教学改革的重要力量。为了顺应并推动这一趋势，美国 2012 年实施了一项耗资 2 亿美元的公共教育大数据计划。这一计划旨在通过运用大数据分析来提高教育效果。2012 年 10 月，美国教育部发布报告《通过教育数据挖掘和学习分析促进教与学》，内容主要包括以下五个方面：个性化学习解读、教育数据挖掘和学习分析解读、自适应学习系统中大数据应用介绍、美国教育数据挖掘和学习分析应用案例介绍、美国的大数据教育应用挑战和实施建议。报告指出美国高等院校及 K12 学校教学系统的变革，要通过对教育大数据的挖掘与分析得以实现。教育数据挖掘和学习分析应用领域主要包括八部分，详细应用领域情况见表 7-3。

表 7-3　教育数据挖掘和学习分析应用领域

应用领域	解决的问题	用于分析的数据
学习者知识建模	学习者掌握了哪些知识（如概念、技能、过程性知识和高级思维技能等）	①学习者正确的、不正确的和部分正确的应答数据；学习者作出应答花费的时间；帮助请求数据；犯错和错误重复数据； ②学习者的技能练习数据（内容和持续时间）； ③学习者的测试（形成性和总结性）结果数据
学习者行为建模	学习者不同的学习行为范式与学习者的学习结果的相关关系	①学习者正确的、不正确的和部分正确的应答数据；学习者作出应答花费的时间；帮助请求数据；犯错和错误重复数据； ②学习者学习情境相关数据
学习者经历建模	学习者对于自己的学习经历的满意度	①满意度调查问卷和量表测试数据； ②在后续学习中学习者对于学习单元或课程的选择和表现数据
学习者建档	学习者聚类分组	学习者正确的、不正确的和部分正确的应答数据；学习者作出应答花费的时间；提示请求数据；犯错和错误重复数据

续表

应用领域	解决的问题	用于分析的数据
领域知识建模	学习内容的难度级别、呈现顺序与学习者学习结果的相关关系	①学习者正确的、不正确的和部分正确的应答数据；学习者在不同难度学习模块中的表现情况数据； ②领域知识分类数据； ③技能和问题解决的关联性数据
学习组件分析和教学策略分析	在线学习系统中学习组件的功能、在线教学策略与学习者学习结果的相关关系	①学习者正确的、不正确的和部分正确的应答数据；学习者在不同难度学习模块中的表现情况数据； ②领域知识分类数据； ③技能和问题解决的关联性数据
趋势分析	学习者当前学习行为和未来学习结果的相关关系	①在线学习系统中学习者学习行为相关的横向和纵向数据； ②学生信息管理系统中，持续一段时间且相对稳定的学习者基本信息数据
自适应学习系统和个性化学习	学习者个性化学习实现和在线学习系统自适应性实现	①在线学习系统中学习者学习行为相关的横向和纵向数据； ②与在线学习系统使用相关的用户反馈数据

采用大数据挖掘与分析技术，利用教育大数据分析寻找教学规律，为教师教学改革提供了新路径。基于教育大数据的学习分析、数据挖掘和在线决策三大要素，可以进行预测分析、行为分析、学业分析等应用和研究，其中精准学情诊断、个性化学习服务和智能决策支持，大大提升了教育品质，对促进教育公平、提高教育质量、优化教育治理都具有重要作用。

7.2.3 教育大数据支持 MOOC 中学生活跃度分析

MOOC（慕课）应用范围广泛，覆盖学前教育到大学教育的传统教育，及语言、IT、兴趣班等多种专业技能培训，是一种整合了多种社交网络工具与多形式数字教学资源的教学形式。**MOOC** 课程一般包括视频类的教师讲授、作业发布、在线测试、社区讨论与互动模块，基本满足线上教学要求。目前国内 MOOC 平台主要有中国大学 MOOC、Coursera、网易公开课、学堂在线等。

基于 MOOC 平台的教育数据如何对教师或学生行为进行建模，分析与挖掘教学视频和习题，为教师、学生提供个性化的教育服务，一直是 MOOC 场景下教育大数据分析的重点，具有重要意义。

1. MOOC 中的数据特点

数据多源异构，MOOC 平台中的数据存在大量异构数据，如课程视频、习题文本、交流问答等；学习行为多样且相关，学生在 MOOC 课程中会发生观看视频、完成习题、参与交流、进行测试等行为，而这些行为往往前后相关；学生活跃度和学习热情差异较大，初期学习人数较多，随着时间推移人数衰减剧烈，最终完成课程的学习人数远远少于注册学习人数。

2. MOOC 中的大数据分析应用

基于 MOOC 平台的海量数据，为了给教师、学生提供个性化的教育服务，提高教师的教学水平和学生的学习效率，国内外常见分析应用主要集中于如下两个方面：面向学习资源，针对学习资源的理解，如课程视频标注、课程关联与推荐等；面向学生行为分析，以学生为主体，通过对学生行为进行分析，优化教学资源配置、提高师生教学体验，如学生活跃度预测、课程论坛知识传播等。活跃度预测分析一般流程及步骤如图 7-12 所示。

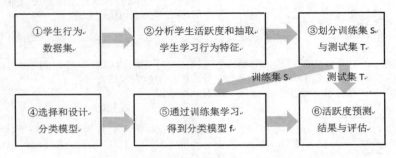

图 7-12　活跃度预测分析一般流程及步骤

对每一个学生的课程学习行为记录抽取表 7-4 中的特征后，可以将学生学习行为记录成一个特征向量，接下来应用二分类模型对学生活跃度进行预测。常用的典型模型有决策树、支持向量机、逻辑回归等，当考虑时间特征之后，也可使用常用的时间序列方法，如隐马尔可夫模型、条件随机场、循环神经网络等。

表 7-4　Coursera 上一个课程的学生行为特征分析

特征来源	特征说明	特征来源	特征说明
课程	学生参与课程的次数	论坛	学生课程发贴数
	学生课程学习的时长		学生课程评论数
	学生做习题的次数		学生课程提问数
	学生做习题的结果		…
	…	测验	学生参与阶段测验次数
视频	学生观看课程视频数量		学生阶段性测验结果
	学生观看课程视频的平均时长		…
	…		

7.2.4　教育大数据助力个性化学习

近年来越来越多的网络在线教育和大规模开放式网络课程的应用，也使教育领域中的大数据获得了更为广阔的应用空间，对个性化教育的研究提出了新的挑战。随着学习资源的迅速发展，学习资源的种类和数量不断增加，用户迫切需要能够根据自身特点进行个性化学习。

作为学习主体的学生，无论学习基础、学习兴趣以及偏爱的学习方法都具有强烈的个人差异，无论是遵循先贤"因材施教、有教无类"，抑或是响应时代要求培养"创新型"人才，实现学生个性化学习都具有重要意义。随着在线学习大量教学数据的不断积累，使用大数据技术可以及时准确地判断每个学生的学习状态，发现学生知识薄弱点，有针对性地进行学习推荐。整个过程主要包括动态大数据采集和个性化学习推荐两部分。

1.　动态大数据采集

采集过程发生在备课、课堂教学、作业、测验、互动交流、学习、教研、管理等教学场景下，主要包括来自各种智能设备提供的过程化学习数据，如图 7-13 所示。需要将这些实时数据按照类别识别，根据所示学习对象、科目、内容、结果等项目进行结构化存储，并通过分析抽取知识点和相应得分，构建知识图谱，提供个性化学习推荐。

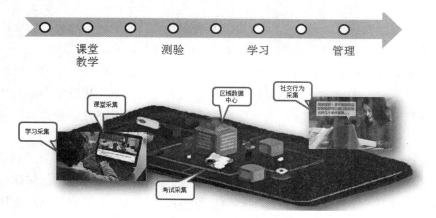

图 7-13　全过程数据采集

2. 个性化学习推荐

个性化学习推荐充分挖掘大数据中蕴含的价值，根据学生作业情况构建以学生为中心的数据标签，并进行认知诊断，发现学生的知识薄弱点，构建基于学生的知识图谱，找出元知识的缺失，有针对性地推荐个性化学习资源，指导学生练习，形成学习闭环，如图 7-14 所示。个性化学习推荐步骤如下：

（1）作业标签预测。通过对学生作业进行分析，构建学生作答情况、难度、知识点、解题方法等数据标签，结合标签预测自动标注习题知识点、能力、难度，构建结构化题库。建立描述学生能力和行为的学生画像。作业知识点是描述习题用到的知识，如数学学科的知识点标签包括函数的基本概念、函数定义域与值域等。习题难度预测分为五档，预测一道习题属于第几档。

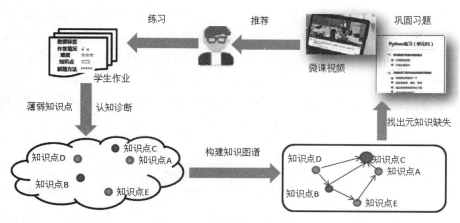

图 7-14　个性化学习推荐步骤

（2）认知诊断。根据作业情况对学生进行认知诊断，即通过一个学生的答题记录，预测一个学生对于一道未做过的习题的得分，从而对学生进行认知能力诊断。学生在所有习题集合上的得分情况即可代表该学生在该学科上的学业能力。传统教育流程中，教育专家会设计一套封闭的习题集合，如一套专项学习的或者针对某一个学科学段（如大一数学）的习题集。现在期望学生在习题集合上做少量的习题，就能够预测该学生在剩下习题上的得分，以正确评估该学生的学业能力，找出学生的薄弱知识点。

（3）构建知识图谱。知识图谱包括以学科知识点为核心的知识图谱，以及知识点之间的关联关系。结合学生的学习历史答题情况和图谱偏序关系，构建基于学生学习的知识点图谱，将知识点作为节点，节点之间的关联关系作为边，把所有不同类型的知识点连接在一起而得到的一个关系网络，提供了从"关系"的角度去分析问题的能力。

（4）找出元知识缺失。针对认知诊断出来的薄弱知识点，根据学生的做题历史，结合学科知识图谱，通过图谱的知识点以及知识点之间的关联关系，找出每个薄弱知识点的元知识，并分析元知识的缺失情况，为学生规划下一学期的学习路径以及现阶段最适合的学习内容，从而提高学生的学习效率，实现学生能力的快速提升。

（5）个性化资源推荐。基于知识图谱的个性化推荐技术，根据学生元知识的缺失情况，为学生规划学习路径，推荐相关的微课视频，并结合微课视频推荐相应的巩固练习，供学生有针对性地提升。个性化资源推荐主要包括基于知识图谱的学习路径规划，根据学生的能力在知识图谱上的分布情况，为学生规划图谱学习路径；学习资源个性化推荐方法，结合学生对资源的喜好以及资源难易程度等特征，推荐适合学生学习的资源。

基于大数据技术的个性化推荐学习，通过收集学生历史数据和相关使用行为数据，建立描述学生能力和行为的学生画像；根据学生画像以及学科知识图谱，使用贝叶斯网络结合相应教育领域经验，规划学生在图谱上的学习路径；然后对于路径上知识点的学习，建立多标签多类型的资源库，根据学生对资源的偏好以及当前的学习情况，推荐适合学生学习的资源；最后通过学生数据以及打分数据的回收，分析数据以修正推荐策略，形成推荐优化闭环。

7.2.5　教育大数据支持贫困生精准管理

运用教育大数据，深入挖掘学生行为特征，进行精准校园管理，调查统计学生需求提供及时便利的个性化信息服务，全面提高校园管理水平，优化教学服务质量。

高校在开展贫困生助学金评定时，经常面对异地调查工作周期长、地域差异难定标准、学生内心敏感不愿主动申报的情况，最终导致助学覆盖范围不准确等问题。此时基于已有校园消费数据进行的贫困生认定就令该过程变得更为高效、精准，同时兼顾保密性和隐私性。2014年中国科技大学在国内高校中首创了"隐形补助"系统，利用学生"校园一卡通"的食堂就餐和超市购物数据，分析评估学生在过去一段时间内的生活消费水平，精准定位困难学生，该系统工作体系及流程如图7-15所示。

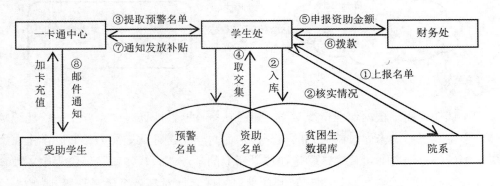

图7-15　"隐形补助"系统工作体系及流程

1. 使用消费数据运算，确定预警名单

一卡通中心通过学生消费数据，构建学生消费能力的个人画像和群体画像，向学生处提交预警名单，预警区域如图 7-15 所示。

客观标签（性别、是否属于贫困生数据库）

行为标签（就餐时间、就餐金额、超市购物时间、超市购物金额）

统计标签（月平均就餐次数、餐平均消费金额）

设定学生消费情况预警线，依据每月学生在校内用餐情况进行的统计数据，即每月就餐 60 次以上，平均费用分别在 4.0 元以下条件的同学进入预警名单。

2. 结合用户行为数据确定补助名单

预警名单中的学生根据图 7-16 所示分类模型被分为四类，分别进行不同处理。待补助生直接添加入补助名单，隐形贫困生添加入补助名单和贫困生数据库，待核补助生需人工核实是否家境突变导致近期贫困，因个人原因高消费的普通生不予补助。之后，无须学生自己申请补助，学生处便主动核实情况并在其"一卡通"账户中按月存入补助。

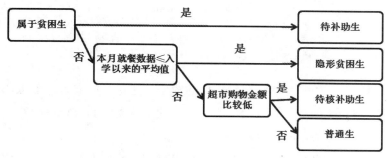

图 7-16　分类模型

3. 补助效果反馈

隐形资助发放后，经过对受资助学生的后续消费水平进行跟踪反馈，中国科技大学工部发现：受到资助的学生，随后几月的校内整体消费水平有所提升，或者就餐习惯变化不大而超市购物金额明显提升。工作人员密切关注受资助学生的食堂就餐水平、超市购物水平的变化情况，进行必要的人工核实，以便调整预警线和更新贫困生数据库。

中国科技大学隐形补助系统有机结合了教育大数据分析与人工核实检查，提高了贫困生认定的准确性、有效性、时效性和隐私性，经过多年应用与推广，至 2017 年 7 月已经惠及中国科技大学贫困生 4 万人次，累计金额 600 多万元。

7.3　社交大数据应用

随着移动互联网时代的到来，UGC（用户产生内容）、社交网络已经普及并深深扎根于人们的生活中，网民使用互联网产品和各种手机 App 的程度越来越深，用户可以随时随地在网络上共享内容。这些用户的行为、位置，甚至心情喜好等每一点变化都成为了可被记录和分析的数据，面对大数据时代的到来，复杂多变的社会网络及爆炸式增长的社交大数据量实际上具有很大的实用价值。

7.3.1 概述

社交大数据属于大数据应用的一个重要领域，是人们日常生活中接触最多的一类大数据，其实质是在社交类应用上产生的海量数据集合。社交类应用泛指以社交功能为基础的互联网应用，包括社交网站、微博、即时通信工具等。图 7-17 所示为典型的社交应用软件在 2018 年的使用频率。

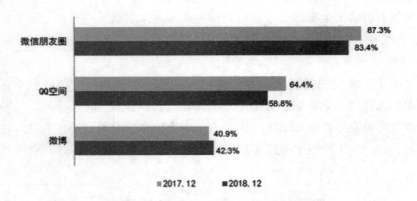

图 7-17　典型社交应用软件在 2018 年的使用频率
资料来源：CNNIC 中国互联网络发展状况统计调查

社交数据中包含了如账号信息等结构化的数据，还包含如文本、图像、视频、语音等大量半结构和非结构化的数据，社交大数据除了具有大数据的 5V 特征外，由于其数据产生于社交应用，还具有独特的特点。

（1）群体性，在社交网络中，人们具有与自己拥有相似特征的人建立传播网络的倾向（如在即时通信工具中建立关系型、兴趣型群或小组等，从而构成不同类型的社交圈）。同一社交圈的人具有一定的共性，分析同类型圈层构成的社交数据，可以总结分析出该类群体的共同特征及相关规律。

（2）预测性，人们经常使用社交应用发布各类评论、状态等，这些内容通常能反映个人的兴趣爱好、性格特点，甚至购物偏好等。商家可以通过分析此类数据发现消费者需求，做到精准的广告投放或消息推送，进而提供让使用者满意的产品或服务。

（3）关系性，社交大数据是以人际关系为核心的数据集合，社交网络把真实的社会关系数字化到网上并加以拓展，因此，社交网络中包含了丰富的关系数据。通过对这些数据的分析，可以总结出个人的人脉关系网基本情况。人物社会关系也能够间接地反映人物的品格、能力等。图 7-18 所示为一些社交平台数据源。

随着社交大数据时代的到来，各行各业都开始寻求基于大数据分析的应用模式。用户在社交软件上的行为数据，例如公开发布的状态、评论、关注的人或事件等可以反映一个人的性格、偏好，甚至社交圈子。商家可以根据这些数据预测用户的喜好、关注的事物等，从而制定一些"个性化的"新闻推送或广告投放以精准地迎合用户需求。此外，这些用户行为数据还可能反映一些个人信息，如个人经济情况、信用状态等，这些信息可以帮助商家或信贷机构完善其风险评估机制。

社交网络中的隐私与安全

（a）某社交软件基本资料编辑　　　（b）某博话题评论　　　　（c）某瓣话题讨论

图 7-18　社交平台的数据源

7.3.2　社交大数据支撑个性化推荐

"个性化推荐"是目前移动应用开发的热点技术，很多"个性化推荐"采用用户自主选择模型，使用之初多以调查问卷形式让用户填写内容，据此提供相关联的内容。区别于这种个性化推荐模式，今日头条无须用户做任何选择，甚至无内容类别的选项，单纯基于用户的社交网络数据进行挖掘分析，再通过算法提供给用户最感兴趣的信息。首次使用该软件时需绑定新浪微博账号，之后系统会自动推荐新闻。今日头条还引入了社交网络的好友关系，用户可以查看来自好友分享的资讯。除了内容本身外，今日头条还聚合了各大社交平台对同一篇内容的精彩评论，并且会根据用户的社交兴趣数据对评论进行智能排序，优先为用户展示来自社交好友和最具影响力的评论。

今日头条会在用户绑定微博后 5 秒内为用户建立一个 DNA 兴趣图谱，这个图谱主要根据用户 SNS 账号上的标签、关注人群、好友、评论 / 转发、收藏等数据，以及用户的手机、位置、使用时间等数据建立。其中，包括可视的（如兴趣、爱好等比较好衡量的因素）和不可视的（如文艺、清新等主观因素）两大主题，上万个维度。系统还会自动记录用户的阅读情况，不断探索用户的兴趣，以建立符合用户真实兴趣的模型，再不断优化推荐算法。用户用得越多，智能程度就会越高。

个性化推荐本质上是不需要用户做出任何选择，只有让用户越方便地应用，才能体现出真正的个性化推荐。因此今日头条最大的亮点在于只需绑定社交账号，就不需要再做任何操作。类似这种"社交数据挖掘 + 个性化推荐"的软件，还有目前流行的"好看图片""内涵漫画""抖音"等。

图 7-19 显示的是对科技互联网类的信息比较感兴趣的用户的智能推荐，所以当该用户登录之后，他看到的推荐内容基本都和科技互联网有关。而同一时间使用今日头条的其他用户看到的则是完全不同的内容。除了感兴趣的内容外，今日头条还会向用户推荐当前最热门的内容，如周星驰当选政协委员这一话题在微博上讨论非常多，那么今日头条也"默认"用户有必要知道。另外，如果当天发生重大新闻，同时又是用户感兴趣的内容，那么

⚫ 无论当天什么时候打开应用，都会首先看到这条消息。

图 7-19　某头条推荐

7.3.3　社交大数据服务识别风险客户

社交大数据挖掘除了可为用户提供个性化服务以外，还可以为电商和金融机构提供风控及预警分析服务。我们获取到某宝平台的一些商品信息，如图 7-20 所示，由此发现了一批关注贷款类、涉黑类话题的用户。通过对这批用户的社交行为特征进行跟踪，发现了这批用户一些有趣的特征。

图 7-20　某宝商品信息

根据这些用户行为，利用机器学习算法进行建模分析，具体的建模过程如图 7-21 所示。在数据分析过程中对发现的一批关键词进行词频分析后的结果如图 7-22 所示。

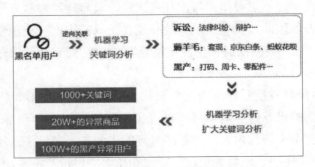

图 7-21　建模分析过程

图 7-22 关键词分析结果

利用上述方法，对近十万逾期和欺诈用户的百万条互联网行为记录进行分析，按关键词不同，可以分为以下三类客户群体：

（1）老赖客群：典型的诸如让银行头疼的老赖、资产纠纷用户会关联到法律纠纷等关键词。

（2）多头借贷：这些用户会关联到新口子、套现、京东白条、蚂蚁花呗、苏宁金融等关键词，通过薅羊毛的手法走各种新平台，拆东墙补西墙。

（3）黑产中介：这些用户则会关联到周卡、零配件设备号等关键词。从黑产中介的跟踪情况看，当前黑产已经形成一条极度隐蔽而且设备高度自动化的产业链。

利用这批关键词，结合业务知识以及机器学习算法挖掘，我们找到上千个异常关键词，几十万量级的黑产商品，并通过商品关联到百万量级异常用户。而通过分析发现这批数据很多并不在传统的多头借贷、网贷黑名单数据库当中，因此可以作为黑名单库的一个补充。

除了直接关注贷款类、涉黑类话题的用户，通过图数据库、PageRank 算法等社交分析工具还可以锁定一些刷单刷贴用户，具体过程如图 7-23 所示。

图 7-23 刷单刷钻用户锁定过程

通过分析发现，现有的黑产名单与根据社交数据分析的刷单刷贴灰名单用户有极大的重叠度，分析其原因，是实名制的普及带来的号码资源稀缺。最大化价值利用是黑产平台的主要特点，这也给我们基于大数据的反欺诈提供了线索。

7.3.4 社交大数据应用于城市规划

在人口高度聚集、互联网飞速扩张的影响下，城市已经变成了一个巨大的数据工厂，而社交大数据的发展也为城市安全及其发展规划提供了关键助力。

随着汽车产业的飞速发展和人民生活水平的提高，城市拥堵已经成为各大城市的主要交通问题，尤其是大城市拥堵问题更为明显。例如北京，生活在北京的上班族都对北京的早晚高峰的拥堵有切肤之痛。穿越大半个北京城上班，甚至跨省上班已经屡见不鲜，身心俱疲的"取经路"成为许多上班族的通勤写照,"在哪居住"和"在哪上班"成为上班族最纠结的事。

居住和工作直接影响交通功能的良性运转与社会和谐。在城市规划中,合理配置居住、工作的容量及空间关系,即所谓"职住平衡",是引导社会稳定和交通协调的重要措施。为此,以腾讯某 LBS 公众数据平台的实时 25 米网格人口数据为切入点进行研究分析,解决城市职住分离的病灶是社交大数据的又一类应用。相较于传统方法的静态和样本数量的局限,社交大数据以其丰富性、多样性、精确性、动态性、实时性等特点,为职住分离分析提供了多种可能。

工作与居住分布热图

通过对"网络爬虫"获得智能手机上的微信、QQ 等腾讯旗下的社交应用程序产生的实时网格人口数据来源进行分析,发现数据产生群体的特点是:使用智能手机,使用微信或腾讯 QQ 等社交软件且允许软件获取地理位置。由此可以推测数据的主体人群为中青年人。

该方法虽无法做到完全覆盖所有年龄层和收入阶层,但就目前能获取的大数据而言,相比其他数据,如出租车 GPS 数据、公交刷卡数据、调查问卷数据等,腾讯的实时网格人口数据仍有绝对优势。采用百度热力图和腾讯公众数据平台的实时精细化网格数据,选择工作日上午 10 点和夜间 10 点,分别代表上班工作和下班居家的活动状态,由此得出北京市中心城区的职住中心分布。其中,蓝色、绿色、黄色表示人口密度逐渐上升,清晰可见人口集聚区及稀疏区。

随后,可以通过数量化手段对北京的职住匹配程度进行解析,用"职住比"来评价职住数量平衡度。通过对比分析北京职住分离的现状,发现数据分布的大体方向与传统认知是吻合的,例如天通苑及以北、回龙观等地区显著表现为居住区,金融街、CBD、中关村等地区显著表现为办公区。

针对北京职住失衡的区域,可以从两方面入手促进职住平衡和产城融合。一方面,提升区域职住数量的适配度。例如,在产业功能区里配建职工宿舍和青年公寓,满足区域内产业职工尤其是年轻职工的就近居住;还可增加租赁性质住房的规模,如发展公租房等保障性住房,鼓励存量住房进入租赁市场等。另一方面,扩大职住关联的尺度。例如,采取建设快速公交系统、扩大快速交通站点辐射范围来增加可服务人群、加强轨道站点周边区域高峰时段的公交微循环等措施。

7.4 旅游大数据应用

我国的旅游信息化建设自 2015 年进入"互联网 + 旅游"时代,至今,各类旅游网站、手机旅游 App 已经被广泛使用,每时每刻产生的各类旅游相关数据数量巨大、类型多样,构成了亟待行业挖掘的旅游大数据。大数据技术在旅游场景下,运用聚类、分类等机器学习算法,根据景区客户的行为和特征对客户进行分类,确定适合特定客户需求和偏好的产品和报价进行精准营销,通过推送系统在电商平台对浏览用户精准推送感兴趣的产品。"大数据 + 旅游"颠覆了传统旅游行业的决策,旅游大数据提升了协同管理和公共服务的能力,推动了旅游服务、旅游营销、旅游管理和旅游创新的变革。

7.4.1 概述

旅游大数据具有来源多样、类型复杂、数据规模大及增加迅速等特点。数据来源包括来自景区交通卡口、摄像头等实时监控数据，以及来自网络的 LBS（Location Based Service）信息，如网站访问量、搜索数量及频率、专用 App 服务（旅游类、地图类、社交类）数据。

景区访客数据及旅游电商平台销售数据通常是存储在数据库中的结构化数据，但是文本、图像、视频和语音等与我们的生活密切相关的非结构化数据也大量存在。随着旅游业信息化发展，近年来非结构化数据增长迅速，80% 的业务相关的信息都来自非结构化数据，特别是文本数据。图 7-24 是旅游数据源示例图。

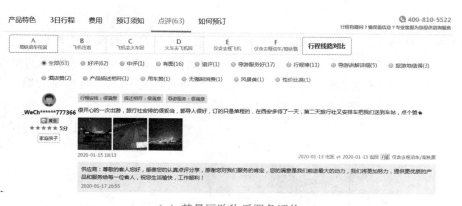

（a）某旅游电商结构化销售数据　　　　　（b）某新闻网页

（c）某景区购物后服务评价

图 7-24　旅游数据源示例图

7.4.2　旅游大数据助力精准营销

旅游行为数据来自用户旅游行为的客观描述或判断，如 LBS 中用户对旅游信息的搜索、关注、收藏、视频播放、产品购买、点评等行为发生的频次，旅游目的地的抵达时间、停留时间、交通方式、通信方式等。对这些数据进行分析可以预测客户偏好，确定潜在的客户群进行精准营销，还可以帮助识别产品的风格与流行度，预测流行趋势，帮助景区制订个性化的营销方案。电商平台根据用户的历史交易数据来预测用户的偏好，构建商品推荐系统。

携程网与北京神州泰岳智能数据有限公司合作，对携程网港澳游旅行产品的销量影响因素进行探究，优化更贴近旅客选择的旅行产品。例如，携程平台对系统提供的后台数据进行预处理和可视化比较，并构建数据模型明确旅游产品销量最大的影响因素。选择旅游产品销量为输出目标，产品类型、迪士尼酒店入住晚数、钻级、L 签（团队签证）、是否居住固定酒店、用户评分等数据为主要维度变量，采用线性回归模型分析得到结果，进而推出网站自营旅游产品，可取得良好收益。下面简要叙述数据分析过程。

携程平台的系统数据主要有产品类型、迪士尼酒店入住晚数、钻级、L 签（团队签证）、是否居住固定酒店、用户评分等，具体见表 7-5。

表 7-5　源数据示例

产品类型	出游天数	迪士尼酒店入住晚数	钻级	供应商	固定酒店	电话卡	团队签证	价格/元	用户评分	旅游产品销量/人
半自助游	5	1	4	1	1	0	1	3488	4.5	833
跟团游	5	1	4	1	1	1	1	7000	5	106
半自助游	5	0	3	1	0	1	0	3585	4.5	155
自由行	3	0	3	1	0	0	0	2390	4.5	5203
自由行	5	0	4	1	1	1	1	3267	4.6	1329
自由行	5	0	4	1	0	0	0	3281	4.4	10336
自由行	6	0	4	1	0	1	1	4080	3.7	187
半自助游	4	0	4	1	0	1	0	2615	4.9	1090
半自助游	6	1	4	1	1	1	1	5483	4.2	82

1. 数据预处理

在数据预处理阶段，按照数据整理的格式和取值范围，剔除异常值数据，同时对数据进行标准化，将系统版本不一致带来的"团游、报团游、跟团游"产品类型的差异，统一标准化为"跟团游"（表 7-5 左侧第 1 列数据），并将原旅行产品千级销量数据（表 7-5 右侧第 1 列）进行对数处理，结果如图 7-25 所示。

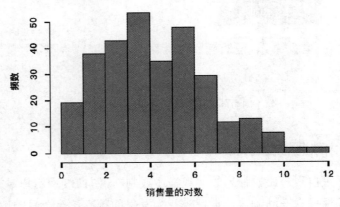

图 7-25　旅行产品千级销量的对数分布直方图

2. 影响因素分析

旅行产品的基本属性，如供应商、类型和天数等，对游客对旅行产品的初期筛选有影响，携程自营、自由行、极短期的旅游产品对销量提升最大，如图 7-26 所示。

旅游产品销量在价格区间上基本呈正态分布，峰值出现在 2000 ~ 3000 元处，如图 7-27 所示，销量基本与已有评价等级正相关，即评价越高销量越高，如图 7-28 所示。

3. 建立回归模型

旅游产品销量为回归任务目标，选择产品类型、迪士尼酒店入住晚数、钻级、L 签、是否居住固定酒店、用户评分等数据为主要维度变量，采用线性回归模型，由"回归系数"

列数据可见，对收益贡献较大的因子依次是产品类型、迪士尼酒店入住晚数和顾客评分，详见表 7-6。

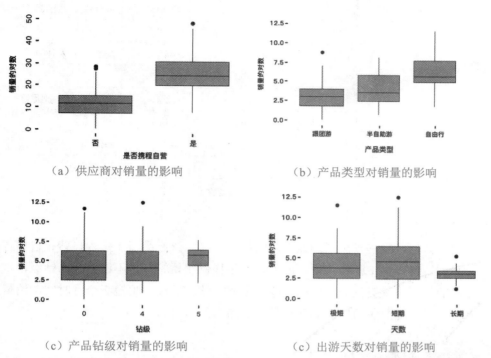

（a）供应商对销量的影响　　　　　　（b）产品类型对销量的影响

（c）产品钻级对销量的影响　　　　　　（c）出游天数对销量的影响

图 7-26　自变量产品属性（供应商、产品类型、钻级、天数）对销量的影响

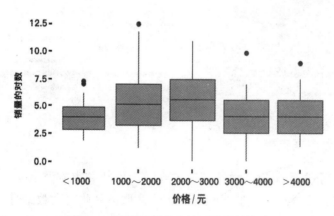

图 7-27　自变量销售价格对销量的影响

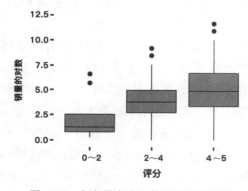

图 7-28　自变量客户评价对销量的影响

表 7-6 线性回归模型各因子影响力表

量名		回归系数	显著性	备注
产品类型	半自助游	1.057	<0.005	基准组：跟团游
	自由行	3.816	<0.001	
迪士尼酒店入住晚数	1 晚	0.390	0.449	基准组：入住 0 晚
	2 晚	-2.790	<0.005	
钻级	4 钻	-0.299	0.262	基准组：无钻级
	5 钻	-1.364	<0.005	
L 签	提供	-0.555	<0.1	基准组：不提供
是否居住固定酒店	是	-0.690	<0.1	基准组：否
顾客评分		0.614	0.147	

4. 模型应用

经过模型评估，携程推出了一款港澳游旅行产品。该产品属于携程自营、自由行、不固定酒店系列，但提供 1 晚迪士尼酒店入住，不提供团体签证，不设置产品钻级，推荐香港排名靠前的景点，价格在 2000 ～ 3000 元之间。该产品经过短短 2 个月时间，销量达到了 3 万人次，成为港澳游的一款爆款产品，如图 7-29 所示。

图 7-29 旅游产品界面截图

7.4.3 旅游大数据支撑智慧旅游

旅游业务与电子商务和社交软件深度融合，微信及各类旅游 App 方便了旅游者购票的同时，提供的评价反馈机制又监督和保障了景区服务品质。大数据时代通过票务大数据升级景区管理水平，从关注游客自身体验，向全面获取游客行为轨迹、游客画像、高峰阈值等多方面信息发展，实现景区的精准管理、精准营销、服务提升，通过更加精准、精细、精确的智能工具，实现游客服务水平和品牌影响力的提升。

基于位置的服务（Location Based Services，LBS）是移动互联网时代和人工智能时代非常重要的一个服务。基于游客在景区使用手机 QQ、微信、腾讯地图等所发送的大数据位置请求，腾讯依托实时精准的 LBS 大数据计算能力，全面分析游客的多方面信息，可实现景区的营销提升、管理提升、共享提升、服务提升，使智慧旅游迈向新台阶。

2015 年开始，洛阳龙门石窟与腾讯打造"互联网＋龙门"智慧旅游，借助腾讯大数据对景区范围内的游客进行画像，对性别、年龄、收入、常住地、逗留时间、迁徙轨迹等进行综合分析，掌握景区主要特征，分析潜在城市潜在人群，进行精准广告投放和推广，直接带动旅游收益增长。下面所用到的数据主要来自腾讯大数据 2015 年国庆节期间，简称 2015 年，2016 年劳动节期间简称 2016 年，占比相对总游客人数核算。

1. 用户画像

图 7-30 显示了 2015 年游客属性标签，包括以下几个方面：

（1）游客属性方面，景区游客来源地以河南省内为主（2015 年占比 39%，2016 年增至 60.9%），陕西、湖北、河北和山东四省占外省游客来源地前四名，合计输入游客 2016 年约占比 39%。从图 7-30 所示数据可见，景区游客性别比男女大致相当，年龄以 19 ～ 34 岁为主体，学历 50% 为本科及以上。

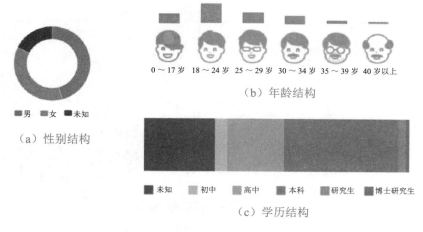

（b）年龄结构

（a）性别结构

（c）学历结构

图 7-30 游客属性标签

（2）游客行为方面，微信公众号数据显示，游客最早购票时间从 00:37:46 到 23:33:18，时间跨度达 23 小时。客户抵达时间较为集中，以客流量峰期（10 月 3 日和 4 日）为例，大部分游客集中在 10:00—13:00 入园，许多游客离园后持续关注公众号，部分游客多次购票。

（3）客户偏好方面，出游方式中，自助游的游客最多，2015 年约占 89.5%。使用简体中文的游客占 85.76%，使用英文的游客占 5.63%，使用繁体中文的游客占 1.40%。

（4）游客预测方面，综合分析并进行模型推演，景区未来周边游、自驾游、休闲游增长，国际游客增加。

2. 数据分析助力决策

通过数据挖掘与分析，龙门石窟景区推动观光旅游型向度假休闲型和文化体验型景区转变，旅游服务要素得到综合发挥，文化旅游产业升级和转变正在发生质的变化。

（1）景区客户画像推动了景区类型升级转变。龙门石窟游客主要以周边省份的 80 后、90 后为主体，这些人群具有较高学历及文化水平，熟悉网络且具有持续消费能力，基于此，可以有针对性地借助网络渠道进行文化宣传、文创产品推广营销。

（2）根据客户画像优化旅游产品，提升综合服务能力。为自助游、自驾游客提供便利，完善网络等基础设施，提升景区的交通导视系统，如 2015 年已运营的 24 小时微信购票，已上线的景区英文版语音画册、在线客服、在线寻人寻物等功能，给游客提供集吃、住、行、游、购、娱于一体的完整旅游服务保障。并对游客来源地、抵达时间等进行综合分析，改进游览导引、服务保障，如针对 2016 年数据显示的国际游客增长趋势，做好多语种的语音、指示牌、讲解等配套服务。

（3）通过人流分析提升了龙门石窟科学化管理水平，降低了管理成本。自2015年开始，通过腾讯大数据分析，实时了解景区人流趋势，预测黄金周景区人数、人流高峰出现时段，监测热门点位拥挤情况，及时调配景区运力，为景区安全预警、限流和人群疏散提供科学依据，防止出现安全事故。

1）通过景区游客峰值监测，洞悉龙门景区人流趋势。

通过腾讯位置大数据监测某一区域内的人口流量，在关联旅游大数据分析平台进行流量引导分析，以便景区信息发布系统在景区发生拥堵时，自动给景区周边游客送预警信息，并实时发布景区人流信息，如图7-31所示。

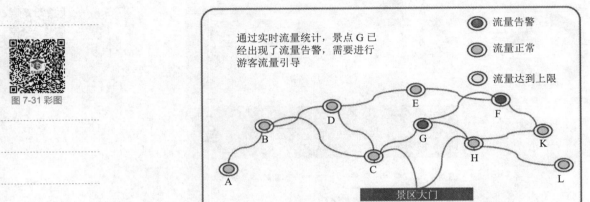

图 7-31 流量引导分析图

图片来源：https://www.sohu.com/a/239179364_100202717

通过长期对人口流量的数据进行分析建模，可较为准确地进行游客峰值预测，还可以添加最大峰值预警，设定阈值进行短信预警，为景区应对大量游客的接待、防止意外事件等提供重要参考信息。

2）通过景区热力图呈现人流分布，加强精准管控。

腾讯位置大数据平台提供了通过位置源的密集程度绘制自定义区域内的人口热力图的功能，图7-32为2016年五一期间龙门石窟人口密度和区域热力图，时间为当天13:00。根据热力图可以直观地看到单位时间或区域时间内景区游客密度的分布情况，分析出黄金点位，对文化宣传、游客服务选址等都有非常重要的参考价值。

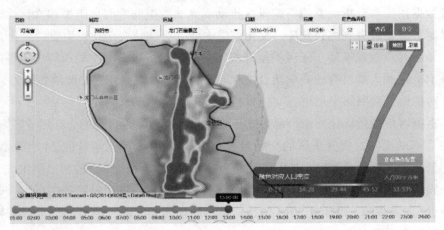

图 7-32 景区热力图

3. 共享数据，为决策提供依据

自 2015 年开始，龙门石窟智慧旅游大数据平台通过数据的收集、管理、分析，可以按月、季度、年度输出统计报表，辅助旅游局、景区完成旅游大数据报告，为进行科学管理提供依据。通过数据共享，为洛阳市及周边景区提供多方面游客信息，带头加速智慧旅游升级。

4. 智慧景区平台综合效益明显

龙门石窟智慧旅游随着大数据的积累正在悄然发生质的变化，为龙门产业转型升级奠定了基础。2015 年国庆期间，景区在全方位提升游客体验的同时，也降低了景区的管理成本，为旅游高峰期改善景区票务发挥了重要作用。微信购票单日成交额创历史新高，达到 125.55 万元，到 2016 年劳动节期间已沉淀 35 万游客的微信数据，让游客画像越来越清晰。微信公众号的全价票销售中，购买全价票的游客达到 66.14%，相比 2015 年 58.76% 的销售占比，智慧旅游的实现激发了特定人群的购票潜力。"智慧语音导览"大大节约导游人力，上线一周年，游客使用达 150 万次；游客在线咨询达 121 万次，其中使用语音讲解功能 130 万次，最多的景点为大石门与奉先寺。通过数据分析结果，也可以直观看出游客最喜欢的景点、最常遇到的问题，景区可以有针对性地完善服务设施和景点规划。

7.5　交通大数据应用

随着国内经济活力及基建水平的提升，物联网技术在交通领域的广泛应用，交通系统内外的数据量不断攀升，形成了交通大数据。有效利用海量数据，提升交通信息管理与数据服务能力，实现交通治理成为迫切需求。大数据技术能够助力"智慧城市"建设，推动城市交通数据治理，进行交通拥堵预测及精准干预，保障用户便捷安全畅通出行，提升城市管理水平与服务水平等。大数据分析也可以助力"智慧铁路"建设，根据铁路系统及沿线监测数据，分析诊断故障，进行安全预警，保障铁路安全运营。

7.5.1　概述

交通大数据是指反映交通需求与运行状态的各类数据。这些数据包括卫星遥感、天气信息、交通监控视频、移动手机接入量、GPS 定位、打车业务量、社交平台评价文字等，具有来源多样、跨平台、数据类型多样、实时性、海量等特点，符合大数据的 5V 特性。

随着检测手段的日渐成熟，人们已经能够获得城市运转过程中"人 - 车 - 路"产生的丰富数据。按照来源分类，数据主要可以分为三类：交警数据、泛交通行业数据、其他第三方实时或离线数据，详见表 7-7。

表 7-7　交通大数据来源

数据类型	数据源
交警数据	视频卡口过车信息、流量数据、排队长度数据、交通信号运行信息、交通事件数据等
泛交通行业数据	高德速度数据、高德拥堵状态数据、网约车信息、出租车 GPS 数据、公交车调度信息、公交 GPS 数据、"两客一危" GPS 数据等
其他第三方数据	城管停车数据、医院就诊数据、网络舆情数据、地铁客流量数据、航班客流量数据、体育赛事数据、会展信息数据、气象数据、节假日旅游数据等

交通数据可以是结构化、半结构化或非结构化的，如车辆牌照数据、铁路图片、视频数据，具体表示如图 7-33 所示。

车牌号码	进场时间	出场时间
京 F91R59	1:31:00	10:05:03
京 G17178	4:20:01	17:48:05
京 D1D315	7:24:02	22:43:07

```
<Car>
<name>京 F91R59</name>
    <model>大型车</model>
    <color>蓝色</color>
</Car>
```

（a）结构化数据　　　　　　（b）半结构化数据　　　　　（c）非结构化数据

图 7-33　交通数据结构类型

7.5.2　城市交通大数据应用案例

随着交通工具升级和经济活动增加，交通治理成为城市发展必然要面对的难题，《交通运输信息化"十三五"发展规划》经过充分调研，适时提出统筹推进综合交通运输运行协调和应急指挥平台（TOCC）建设的决策。建设城市交通数据中心，汇聚城市路网（交管卡口流量、交通事件、拥堵、交通管制等信息）、公共交通（出租车、公交车、地铁、自行车）、城际交通（民航、铁路、公路客运、高速）、城市静态交通（停车场），通过大数据分析平台进行数据挖掘及研判分析，服务于行业监管、政府决策、交通应急指挥、公众服务等业务场景。

1. 杭州综合交通云服务平台案例

杭州市综合交通指挥中心项目于 2014 年 12 月建成验收，运行至今性能稳定。系统基于交通信息资源云平台数据库及月报系统，启用全屏指标页监控城市交通、公路客运、高速公路、出租车等交通数据，统计区域和城市各交通运输方式的客运量、占比及其历年的变化趋势，直观反映出杭州市对内对外交通的运行情况，为交通管理决策提供了数据支撑。

（1）出租车运行监管页：主体显示出租车点位图，并标注车辆总数、在线车辆、上线率、实载率、平均速度等统计信息，以及在线营运率、实载率、上线率的统计曲线。

（2）公交车运行监管页：主体显示公交车线路图，公交营运里程数、车辆数、线路数、平均速度等统计信息，以及畅行指数、最拥堵线路 TOP5、高中低速线路分布饼图、近七天平均速度曲线图。

（3）公交自行车运行监管页：主体显示公交自行车的点位图，并显示公交自行车租赁点数量、公交自行车数量等统计信息，以及当前使用率、全满时间 TOP5、当日各小时剩余可借数量、借出数量曲线图。

（4）停车场站卫星图监管页：主体为停车场的点位图，并标示停车场数量、免费及收费泊位数、出入库次数等统计信息，以及前日入场车辆数 TOP5、本月停车时长分布饼图、近七日交易次数统计柱状图。

系统还综合展示城市交通中道路、区域路况、堵点及各类统计信息，单击道路可查看该道路的基本信息及拥堵信息。图 7-34 为道路拥堵实时路况、全市拥堵指数，以及今日拥堵折线图、早晚高峰道路通行状态圆环图。

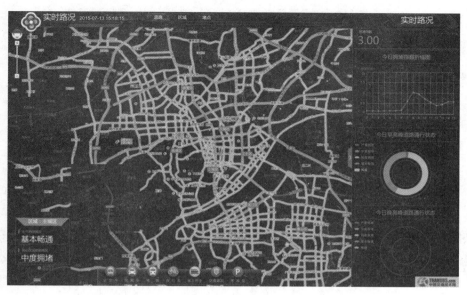

图 7-34 城市道路畅通显示

图 7-34 彩图

（5）地铁全屏指标页：综合展示城区地铁各站点的客流量状态及各类统计信息，每个站点以颜色表示客流量，单击站点可查看该站的基本信息及出入客流信息。主体显示地铁站点流量图，并标示当前客流总量信息，以及最高流量站点 TOP5、每小时总出入流量柱状图、近七天地铁出入客流量柱状图。图 7-35 为地铁的全屏指标页，以全屏指标图表展现城市交通的综合运行状态，换乘站今日及上月日均客流量柱状图、每月日均客流量折线图、今日各站点进出客流量及上月日均客流量统计图等。

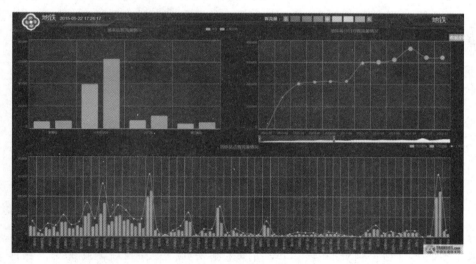

图 7-35 地铁全屏指标页

2. 城市交通拥堵治理案例

2018 年，云栖大会高德专场上，未来交通与城市计算联合实验室发布了"交通预测"这一技术研究成果。清华大学李萌教授团队与高德地图合作，通过大数据动态规划路径，在交通状态预测方面攻克交通变化呈现非线性特征、多步预测误差累积、交通状态空间关联性复杂等多个技术难题，采用不同算法实现精准的交通预测。多步预测模型如图 7-36 所示。

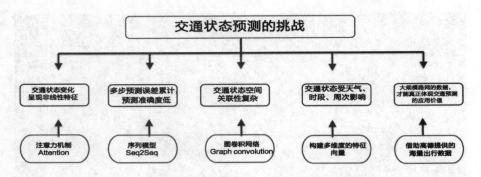

图 7-36　交通状态预测挑战与应对算法图

　　该解决方案中，针对交通状态非线性变化的特征，首先通过深度学习模型——注意力机制来捕捉交通状态的时序变化。注意力机制的核心目标是从众多信息中选择对当前任务最关键的信息，即将目光聚焦在更为重要的信息上。然后，对于多步预测误差累积，预测准确度低的问题，则利用序列生成模型解决。最后，用图卷积网络模型解决交通状态空间关联性复杂问题。

　　该模型可实时预测道路的通车状况、道路是否拥堵等，与路径规划结合尽可能避免拥堵预估通行时间，给用户带来更好的出行体验。图 7-37 显示了高德对某路段从早到晚的平均车速预测，①表示数据累计得到的历史均值，②表示模型预测值，③表示真实数据值。蓝线和黑线基本重合，效果良好。未来交通与城市计算联合实验室通过不同预测时长情况下各模型预测，发现模型优势明显。

图 7-37 彩图

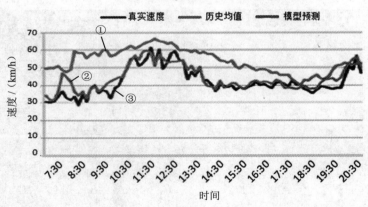

图 7-37　路况提前 30 分钟预测图

　　我国交通基础建设日新月异，许多道路不断更新，高德将轨迹数据资产和地图建设能力结合起来构建轨迹热力图，辅以现有路网和数据挖掘算法以自动化地发现新路和过期路，用尽可能少的成本自动地发掘新路和过期路，实现了路网覆盖。此外，高德还结合区域通车流量和该区域相关的用户上报事件来动态地发现封路、交通事件，更好地实现路网挖掘。

　　在政府、企业的共同推动下，交通大数据在城市交通治理领域已经开展了一定的研究与实践，并初见成效。这一方面彰显了交通大数据在科学交通管控中的重要价值，另一方面也为进一步利用数据认识交通、利用数据刻画交通、利用数据治理交通探索了正确方向。

交通大数据在交通治理中发挥着重要作用，是中国"智慧城市"建设的有效着力点之一。

7.5.3　铁路交通大数据应用案例

铁路交通大数据包括铁路系统设备的运行数据和轨道交通信号等构成的铁路物联网数据，由地图、导航类应用生成的泛交通数据，以及新闻、社交类应用等带来的大量第三方数据。铁路交通大数据主要有两方面应用，即铁路系统安全运维管理和铁路交通综合服务保障。前者将大数据分析手段与轨道交通运维需求相结合，通过挖掘分析进行故障诊断、风险预警和辅助决策，后者通过挖掘 12306 类电商数据及社交数据勾画用户画像，明确用户需求，升级设施及服务，精准营销，最终实现综合效益的提高，后者可参见前面各小节已有案例讲解，本小节着重介绍前者。

1. 某铁路故障诊断分析平台案例

大数据管理与挖掘分析平台对既有设备、系统的各种数据资源，在私有云上实现了数据按需采集、按需展示，以及海量大数据的管理与挖掘分析，如图 7-38 所示。

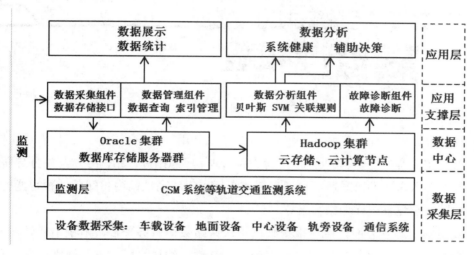

图 7-38　某铁路故障诊断分析系统结构图

在监测层，可采集到铁路信号微机监测系统的数据，并借助 Oracle 数据库集群及分布式文件系统对数据进行存储和管理，Hadoop 集群、云计算技术进行数据分析；运用决策树、时间序列、SVM、贝叶斯、关联规则、神经网络等算法进行挖掘分析等，实现数据预处理、数据预警判断、故障判断和辅助决策建议等。

该系统通过综合运用大数据、云计算、物联网等多种技术，充分融合利用铁路信息系统数据，解决轨道监测数据的存储传输问题，构建数字铁路，提供客观科学的信息支持，保障和提高了铁路的运输组织能力以及铁路设备的运维效果。

2. 智慧高铁

智慧高铁是实现全生命周期一体化管理的智能化高速铁路系统，它广泛应用云计算、大数据、物联网、移动互联、人工智能、北斗导航等新技术，实现高铁移动装备、固定基础设施及内外部环境间信息的全面感知、泛在互联、融合处理和科学决策。

2019 年 12 月 30 日开通的京张高铁，使用工作状态自感知、运行故障自诊断、导向安全自决策的"复兴号"智能型动车组，是我国第一条首次采用 BIM 技术设计、建造、施工的设计时速为 350 公里的智能铁路，成为中国铁路现代化历史进程中的里程碑。

● 高铁车体具有优越的空气动力学性能，引入自动驾驶技术，车站自动发车、区间自动运行、车站自动停车、车门自动打开；新增智能环境感知调节技术，温度、灯光自动调节，一系列技术能够让旅客出行更加便捷舒适，由铁科院电子所北斗中心研发的京张高铁一体化展示系统展示了自动驾驶系统设备设施，列车控制模式采用速度 - 目标模式，如图 7-39 所示的轨道机车等设备传感器采集的实时数据为自动调度决策提供了速度等基础数据。

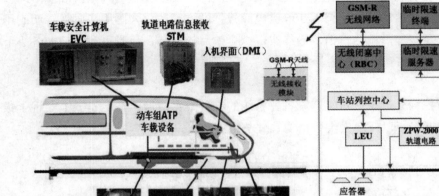

图 7-39　CTCS-3 列车自动控制系统

● 在智能车站方面，京张高铁沿线 10 个车站共用一个控制中枢，工作人员在控制室就可实现客站灯光、温度、湿度等设备管理、应急指挥。站内导航与站外导航融合，乘客输入车次即可导航至检票口或候车厅；沿线高铁站内将配备各种智能机器人，像随行小秘书一样为旅客服务。

● 线路安全运营方面，监测报警数据接入铁路数据服务平台，由集中式转向云计算平台管理，保障高铁段智能化巡查，对高铁沿线风、雨、雪、地震、滑坡和异物侵限进行综合检测、报警和处置。监控提供卫星云图、雷达图、移动监控，可查看辖区气象图、列车运行画面、雨量监测图等，值班人员要密切观察画面异样。其中，气象服务系统可以精准掌握铁路沿线的天气状况，以 10 分钟左右的延迟，用颜色深浅代表降雨大小，动态显示高铁沿线雨情、水情等天气变化；雨量监测系统实时显示沿线的降雨量，设置降雨量预警，一旦超出阈值，系统就会自动预警，提醒列车降速运行，如小时降雨量达到 45 毫米降速至 160km/h，小时降雨量达到 60 毫米降速至 120km/h。

● 在票务方面，将全面实行电子客票，一体化人脸识别，大客流实名制毫秒级检验，旅客列车开行方案动态优化。车站检票环节，人们可以凭借身份证、12306 动态二维码进站，检票上车便捷高效，智能刷脸闸机如图 7-40 所示。客流监测方面，可通过 12306 销售数据监控预测出行情况。

智慧高铁利用大数据技术，提高旅客服务水平，结合新技术进行智能建设、智能运营，确保铁路行车安全和铁路资源的充分利用，提升人民生活的幸福感。

图 7-40　智能刷脸闸机（牡丹江高铁站）

7.6　金融大数据应用

随着金融业务的不断发展，金融行业对信息管理与数据服务能力的要求越来越高。在数据量不断攀升的前提下，银行、证券行业等对数据精确性要求极高。例如，银行业中信息化建设较早，数据规范，此时银行对客户的分析只是建立在这些现有数据的基础上。而客户的行为不仅仅表现在银行内部，通常还包括互联网上的各种表现与行为，将银行内部与银行外部的数据结合起来形成大数据，利用这些信息制定对客户的服务和管理策略，对于提升银行业的整体服务与管理水平至关重要。

7.6.1　概述

在大数据时代，金融大数据可以来自互联网、电子商务和金融行业内部，通过综合分析这些数据可以对客户的各种行为实现全覆盖，较为准确地预测客户的后续行为。

1. 金融大数据特点

金融大数据具有如下特点：

（1）全数据。大数据时代，各种各样的数据充斥着网络，这些数据能够从一些侧面反映出人们的行为习惯。在金融企业内部数据的基础上，通过获取这些侧面数据，将得到更加全面的综合数据，使得分析的结果更有说服力，体现了金融大数据全数据的特点。

（2）数据非结构化并存在差异。在金融行业内部也会存储大量的非结构化数据，例如：银行业务员在处理存款业务时，会将所有的凭证扫描成图片进行存储；在自助柜员机进行转账操作时，会录制客户点头、摇头、张嘴的视频记录该笔交易是否为本人操作。这些不同结构的金融数据组合到一起，在各个银行内部存储过程中结构是一致的，但在各个银行之间可能存储结构存在差异，导致数据分析过程难度加大。

（3）数据容忍错误并可以存在差别化。在金融企业内部由于数据是真实发生的，因此数据准确性要求高。而在其他渠道上数据可以存在偏差错误，如微博上客户发布的信息可能不准确，数据的准确性降低。但是若将所有渠道的数据进行综合分析，将会提高这部分数据的准确性。例如，在信用卡申请阶段对客户所做的调查问卷，虽然客户为了通过信用卡申请在填写时可能会隐瞒一些信息，但是综合他们在社交网络上的活动以及好友活动，仍然可以分析出他们的真实情况。虽然不能保证分析结果 100% 的准确性，但这些结果仍然可以帮助工作人员分析得到正确的结论。

2. 风险评分模型

金融行业中往来的都是大量资金，如何保证资金安全以及自身企业的良性循环发展，是金融业重点关注的问题。随着以往金融危机的爆发，金融业问题不再由单一风险造成，而是由多种风险联合造成。风险类型主要包括信用风险、市场风险、操作风险、流动性风险等，其他还有声誉风险、法律风险等。

金融业需要对这些风险进行管理，从而规避企业损失。在金融行业中充斥着大量的客户数据以及交易行为，从这些信息中可以挖掘出有价值的信息，进而制定风险管理策略与风险管理模型，实现有效的风险管理。每一类风险都具有不同的特点，如信用风险具有潜在性、长期性、破坏性、艰巨性。对每一种风险进行管理时需要根据不同的评分模型对客户风险进行评价，从而规避一系列可能的风险。这里介绍几种不同风险的评分模型。

（1）申请风险评分模型：申请风险评分模型是通过申请人的申请资料及外部获取的信息来预测其未来发生违约或严重坏账的概率的模型。申请人的资料信息包括年龄、性别、学历、职业、收入、婚姻状况等，从外部获取的信息包括中国人民银行征信的信息、公安系统的查询信息等。申请风险评分模型在个人信贷审批管理中有着非常重要的作用，主要表现为：科学客观地反映申请人的风险状况、控制成本的投入、科学地组织一系列实验，不断优化评分模型，改进审批策略，有利于科学分配额度资源。

（2）行为风险评分模型：行为风险评分模型通过对消费信贷客户历史数据的分析来判断客户未来信用好坏的概率，被广泛应用于信用卡风险管理的各个环节。其数据通常来源于客户开户一定时间内在银行内部的行为信息。行为风险评分模型可应用于额度调整、客户保留、交叉销售等方面。以银行的额度调整应用为例：对低分客户采取止付、降额等措施提前防范风险，降低可能发生的坏账损失；对高分客户采取提额等措施促进消费增长，还可进一步根据风险和收益确定调升幅度。

（3）欺诈风险评分模型：欺诈风险主要包括欺诈申请、伪卡交易和非法套现等。其中，欺诈申请造成的损失占比最高。以信用卡为例，欺诈风险评分模型是信用卡发卡行用于反欺诈管理的重要手段之一，主要包括申请欺诈风险评分模型和交易欺诈风险评分模型。申请欺诈风险评分模型是预测信用卡申请行为属于欺诈的概率，为银行发现和拒绝欺诈申请提供科学依据的模型。交易欺诈风险评分模型一般采用数据挖掘技术预测信用卡交易行为属于欺诈的概率，为银行欺诈性交易检测提供科学依据。

7.6.2　金融大数据服务精准营销

1. 精准营销流程

精准营销就是在精准定位的基础上，依托大数据等手段建立个性化的顾客沟通服务体系，实现企业可度量的低成本扩张之路。精准营销是相对大众营销而言的，是通过技术手段寻找精确的目标客户。在金融行业精准营销中，需经过锁定目标群体、选择营销手段、实现精准营销等过程，这些过程与其他行业过程一样，流程如图 7-41 所示。

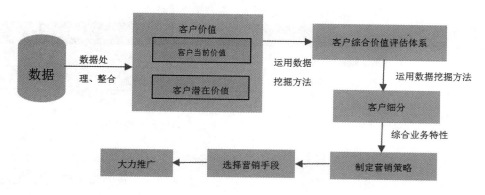

图 7-41 运用数据挖掘的精准营销流程

（1）客户细分。客户需求的差异化导致金融企业在进行服务之前需要根据客户的需求对其进行区分。例如，根据客户的消费水平，对客户进行划分，然后根据不同的群体制定不同的服务策略，进而集中不同的优势资源服务终端客户，从而使企业的利益最大化。

目前的细分方面主要涉及人口统计学特征以及行为特征。人口统计学特征是在客户基本信息的基础上，对客户的收入、受教育程度、风俗习惯等信息进行整合，从而总结出客户的消费心理以及消费习惯。而行为特征则比人口统计学特征更加复杂一些，需要根据客户的历史行为以及现有的行为进行分析，进而预测出客户未来的消费习惯，根据预测结果制定出合适的营销策略。

但是在细分的过程中，则需要结合现有的数据挖掘算法（如分类算法、聚类算法等）实现客户分类，这些方法都是需要基于客户的人口统计学特征以及行为特征展开的，例如银行在信用卡申请过程中，对具有高消费特征的客户进行预警，增加风险防控的能力。

（2）客户价值。客户价值是金融行业生存和发展的前提条件，金融业需要对客户价值进行科学、合理的评估，才能在最小成本的前提下获得最大的利润。而客户的贡献、企业花费的成本、客户自身的风险系数都是需要考虑的问题。

客户价值既包括历史利润，即客户已经为企业创造的全部利润的净现值，也包括未来的利润，即客户未来将要为企业带来的利润的总现值。客户价值通常包括当前价值和潜在价值。客户当前价值决定了企业的当前利润，客户的潜在价值决定了企业的长远利润。

客户当前价值是指客户从使用企业产品或服务到目前为止为企业所带来的收益（利润）。客户当前价值对企业的影响主要体现在三个方面：客户对企业收入所产生的贡献、客户消费量增加所引起的规模效应为银行带来的好处、客户成本递减对企业所产生的贡献。客户收入贡献、客户消费量和客户成本节约是构成客户当前价值的三要素。

客户潜在价值不仅包括客户未来的货币价值表现，而且包括客户的非货币价值表现。前者直接影响客户未来的现金流贡献，后者通过间接的方式影响客户未来的现金流贡献。客户潜在价值的三要素为客户利润净现值、客户忠诚度、客户信用度。

通过对客户的综合价值进行评估，进而细分客户为以下 4 类：

（1）低当前价值、低潜在价值。

（2）低当前价值、高潜在价值。

（3）高当前价值、低潜在价值。

（4）高当前价值、高潜在价值。

可在此基础上，制定资源配置策略与客户保持策略，见表 7-8。

表 7-8　资源配置与客户保持策略

客户类型	资源配置策略	客户保持策略
I	不投入或低投入	适时调整或自然淘汰
II	适当投入	关系再造，挖掘潜力
III	重点投入	全力维持高水平客户关系
IV	重中之重投入	不遗余力保持、增强客户关系

2. 大数据促进银行客户发展

精准营销体系可以根据客户的偏好信息、产品 / 渠道的适配信息等，给出客户、时机、产品、渠道、内容等营销要素的最优匹配组合，即回答清楚"对什么类型客户，在什么时间，通过什么渠道，用什么激励措施，营销什么产品和服务"，进而激活存量低端潜力客户、提升中高端客户价值。通过多元数据分析，基于用户生命周期价值构建用户分层研究模型，关注存量客户的社会属性、年龄分布、职业特点、用户价值、营销激励偏好、交易行为时段、触点偏好和产品偏好等，进而制订分层营销方案，系统提升客户价值。

（1）留住老客户。对脱落用户和资产流失用户，制订有针对性的挽留措施。对潜在投资用户和潜在投资活跃用户，制定精细化的营销闭环策略。对高价值用户群，基于用户特征洞察和 Lookalike 算法，识别存量客群中和高价值用户的特征类似的人群，并制订精准营销措施，实现目标客群的层级跃迁。

某城商行有数十万规模的代发工资客群，但客群资金留存率低，为提升用户价值，和 TalkingData 合作针对代发工资客群精准营销。该商行定位到 19 万代发脱落用户以及 12 万资产流失用户，并基于用户画像制定针对性挽回策略；通过模型算法挖掘到 18 万潜在投资用户以及 3 千潜在活跃投资用户，并洞察用户画像，制定精细化营销闭环策略；使用多维数据处理方法以及用户价值体系咨询方法，指导业务运营。该案例代发工资人群分层研究模型如图 7-42 所示。

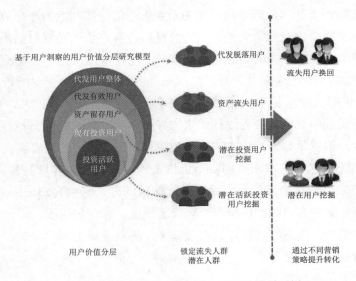

图 7-42　代发工资人群分层研究模型示例

资料来源：TalkingData 公众号咨询专栏，2018-10-16

（2）获取新客户。通过数据和 Lookalike 算法，可计算区域内高价值相似人群，便于客户实现其目标人群的营销触达。通过本企业用户区域渗透情况洞察，对低渗透率地域的潜力目标客户进行营销触达。基于潜力客户的职住分析、Wi-Fi 共同连接的设备关联关系，洞察设备背后用户的关系网，进而对潜力目标新客进行营销触达。

例如，某股份制银行希望能找到某城市高价值潜客群体，在 TalkingData 支持下通过 Lookalike 算法寻找到 5000 名左右高价值潜客人群，以实现高价值用户的规模获客，如图 7-43 所示。

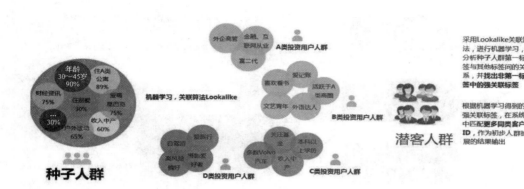

图 7-43　基于 Lookalike 算法的潜力新客挖掘
资料来源：TalkingData 公众号咨询专栏，2018-10-16

洞察到网点周边潜力目标客群后，TalkingData 智推服务可协助客户实现网点周边潜力目标客户的获客，并支持及时反馈匹配及成功发送，有助于触达效果优化。

7.6.3　金融大数据服务银行资源配置规划

2018 年，TalkingData 与腾讯云联合发布了针对线下商业场景的智能商业选址产品——智选，可借助智选在大数据和可视化方面的强大能力，助力银行等金融机构在改善网点布局规划中节省成本，提升选址决策效率。

在 TalkingData 和某银行合作的案例中，网点微观选址决策数据收集仅用 2 周，帮助银行节省了至少 3 个月的数据收集时间，并省去了数据采集的人工成本，选址决策同时实现了高效率和低成本。

基于丰富的实时数据，智选可直观动态地展示城市全局、中观板块和网点交通等时圈范围的资源分布，实时展示客流 / 人流热力情况，网格粒度支持街道级别热力探索，昼夜客流变迁潮汐帮助理解城市职住特定时空变化。数据模型训练输出网格资源得分，推荐优选区位，支持"一店一圈"选址洞察。通过网格粒度下钻和围栏圈选，提升分析决策的有效性和时效性，提升决策质量。

（1）从网点渠道目标客户分布角度进行终端短期网点总量规划。传统总量规划分析因子需重点关注区域经济发展现状与规划、城市建设规划、行政人口规模和主要竞争对手经营和布局，适合在网点进驻城市前或早期阶段提供上限参考。但对终端短期网点总量规划来说，从网点渠道的目标客户分布角度评估网点布局总量更有参考意义。

利用丰富的基于设备的用户行为标签数据，进行高价值人群以及潜在高价值目标人群的特征识别，从而助力银行识别目标客户的城市分布情况，结合目标客户集聚区域金融资源得分评估结果，从总量规划层考虑网点布局。

智选应用界面

（2）存量网点评估与新网点选址的决策因子。存量网点评估（含撤并 / 迁址 / 调级）和新网点新建的决策，首先需要洞察城市资源分布现状，可通过网格资源评分反映网格金融资源现状，如图 7-44 所示。TalkingData 可提供 POI 类聚客数据、人口 / 人流和对应的金融价值数据，作为资源评分的具体维度，见表 7-9。按照 7 位 Geohash 标准切分城市网格，引入网点正负样本数据，通过机器学习模型训练，输出网格资源评分，进而指导微观网点选址决策。

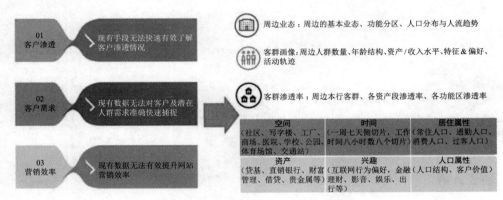

图 7-44　周边客群画像及业态洞察

资料来源：TalkingData 公众号咨询专栏，2018-10-16

表 7-9　网格资源评分相关因子分类

分类	构成
POI 类聚客因子	衡量区域吸引用户的能力，对应各类型生活配套设施、办公、商场娱乐设施等，如居住地 - 社区、生活地 - 商业集聚、教育 / 医疗资源、工作地 - 企业办公、小微商圈等 POI 数据
人口 / 人流类因子	衡量一个区域内人口数量特点的能力，含居住人口、工作人口、流动人口、年龄分布、是否有车、周边客户兴趣偏好等
金融价值类因子	衡量区域内人口有多少金融属性需求，含房价、储蓄、消费水平、高端手机价格等，如中高端小区占比、老旧小区数量占比、人均储蓄存款规模、1000 米范围内手机价格 2000 元及以上人数、1000 米范围内平均房价

进行存量网点评估和新网点选址的决策，也和城市环境的成熟稳定息息相关。不仅需要系统评估城市金融资源现状分布情况，也需综合考虑城市 / 区位未来发展预期、存量网点经营业绩和周边资源匹配程度、空白市场开拓、品牌宣传等相对动态模糊的决策因素。在总量控制原则下，综合表 7-10 中各种微观决策因素，分类构建决策路径，并在决策路径因子选择和阈值设计中，给予一定的容错空间，从而更好地支撑网点布局选址规划。

表 7-10　存量网点评估及新网点选址决策相关因子

微观因子	功能及构成
网点类型	网点类型直接影响决策路径的差异化制订
网点区域布局策略	根据布局策略优先选择布局的城市 / 区位、布局次序，影响具体决策路径的构建
区位发展潜力	衡量区域未来发展潜力，含商业区规划、办公区规划、地铁规划、商业住房等因素

续表

微观因子	功能及构成
网格资源得分	网格资源得分在城市区位中的排序差异影响决策
存量网点业绩	根据网点业绩分析，重点关注业绩不理想、周边资源差但经营情况好的网点
周边本行 / 同业布局	周边本行 / 他行网点分布情况影响是否迁址、迁址方向、网点级别调整和撤并等评估结论
增益 / 排斥品牌布局	网点布局综合考虑同业 / 异业的增益 / 排斥品牌布局情况，影响决策
商业租金、自持物业	租金成本或自持物业情况，影响经营成本，进而影响决策

（3）网点盈亏预测。选址决策前期的盈亏测算可深度支持选址结论；网点收入预测和网点综合成本分析支持网点盈亏预测。可通过同类型网点业绩情况预测新网点的未来业绩，如图 7-45 所示。

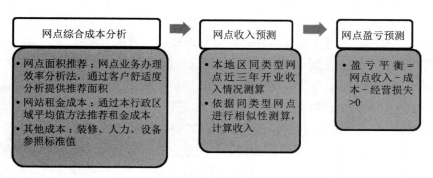

图 7-45　网点盈亏平衡测算

（4）网点运营模式预测。网点运营模式重点包括网点空间设计和运营相关内容，如柜台数量、柜员数量、商店化特色功能分区设计等。其中，影响柜台 / 柜员数量的核心因素是网点交易量，商店化特色功能分区设计则与网点周边目标客户画像洞察相关。具体过程如下：

1）统计客户安装手机银行或其他本行 App（手机银行、直销银行、信用卡 App）和分布，用于设备画像的标签表见表 7-11。

2）本行客户占整体人口的比例（渗透率）。

3）识别重点营销区域。

4）完善用户画像，发现用户兴趣偏好，客户画像标签表见表 7-12。

5）线下布点营销。

表 7-11　设备画像标签表

特征属性	空间属性	时间属性	资产属性	渗透属性
设备 ID（随机码）	城市 工作地经纬度 居住地经纬度	工作地统计周期内出现总次数 工作地出现总次数 居住地统计周期内出现总次数 居住地出现总次数	品牌 价格区间 标准机型	是否安装 ×× 手机银行 App 是否安装 ×× 信用卡 App

通过创建网点客流预测模型，考虑周边人群特征、客流、交通、竞品、本行就近网点分布、周边商圈热度等因素，可预测网点客流。综合银行方面提供的网点日均交易笔数、临柜柜员日均交易笔数标准、自助设备分流率等数据，可预测柜员、窗口设置、自助设备方案需

目标客群的行为洞察

226　大数据导论

求。通过研究目标客群线下位置（常去场所）、消费偏好、移动应用偏好等数据，来洞察目标客群特征，进而指导网点商店化特色功能分区设计。

表 7-12　客户画像标签表

人口属性	兴趣	
（0301）性别	（020101）网购	（020114）金融理财
（0302）人生阶段	（020102）教育	（020115）房产
（0303）身份职业	（020107）影音	（020117）娱乐
（0304）婚育情况	（020108）商旅出行	（020118）汽车
（0305）车辆情况	（020110）健康	（0402）消费定位
（06）地理位置	（020111）生活	（01）游戏偏好

7.6.4　金融大数据增强风险防控

度小满金融业务主要包括消费金融、支付、互联网理财、互联网保险、互联网证券等多个板块，基本覆盖金融服务的各个领域。其支付业务与手机百度、百度地图、百度糯米、爱奇艺、携程等百度系及外部合作伙伴，构建起完整的支付生态闭环。

在金融风险管理方面，度小满金融将风险管控过程模型化，拆分为三个阶段，即前期申请评分卡对贷款方授信、额度、定价信息进行评估，中期通过行为评分卡制订调额、调价、管控措施，后期使用催收评分卡对催收资源进行分配调度。三个阶段通过基于金融大数据的数据挖掘、算法分析，计算风险评价指标，并进行云端共享用于风险管控决策。

（1）信用风险的特征集。借贷方良好的信用来自其本身真实合理的资金需求，具有确定的还款意愿和还款能力。因此信用风险的特征可分为用户基础画像属性、行为需求模式和社会活动三类。

- 基础画像属性（年龄、性别、学历、婚姻状况、职业、收入、消费能力、房车等资产、历史信用）。
- 行为需求模式（人的行为，特别是资金短的行为，都有其前因后果）。
- 社会活动（物以类聚，人以群分）。

（2）通过时间序列判断真实合理的资金需求。资金需求有时间上的连续性，通过行为时序来理解用户的现金流需求。行为序列图如图 7-46 所示。

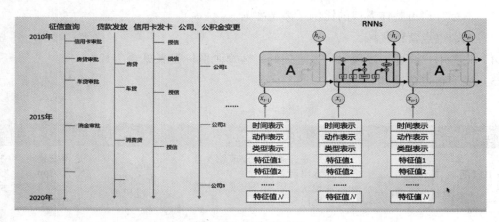

图 7-46　行为序列图

贷中行为序列如图 7-47 所示，在每一个行为时点上，均可以采集到一系列的快照信息，依据这些时间序列应用 RNN 来挖掘深度信息。

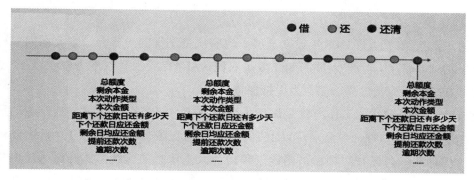

图 7-47　贷中行为序列

（3）评估风险。挖掘新闻等文本数据获取人群聚类，基于客户所属聚类的风险等级进行风险评估。

至 2018 年，度小满金融已与 50 多家银行、消金公司展开合作，累计放款 2500 亿元，服务超 700 万小微企业主，为合作伙伴创造的利息收入累计超 50 亿元，不良率低于业界平均值。度小满金融多业务板块的联合发力，正在实践普惠金融的理想：让金融融入到普通人的衣食住行中去，帮助人们实现美好生活的梦想，让更多的人能够平等便捷地获取金融服务。2020 年，度小满推动公益项目"小满助力计划"下乡，向有资金需求的农户提供公益免息贷款。

7.6.5　金融大数据支撑普惠服务

数字支付板块，自 2004 年支付宝诞生，蚂蚁推出了中国首个在线担保交易解决方案。多年来，公司不断推出创新的支付方式以优化用户体验，如快捷支付。截至 2020 年 6 月，支付宝 App 的月活用户为 7.11 亿，理财产品 4.1 万亿元，微贷 1.7 万亿元，保险 518 亿元。数字金融科技服务是蚂蚁向金融机构提供数字金融技术支持、客户触达及风险管理方案，并提供包括消费信贷、小微经营者信贷、理财及保险在内的各类服务，同时提供相关技术输出，如智能商业决策系统、风险管理系统等。

蚂蚁集团的业务包括数字支付及生活服务、数字金融科技服务和创新业务。其云平台系统结构如图 7-48 所示。

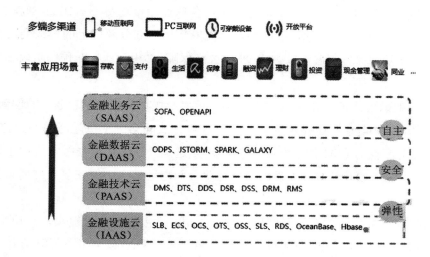

图 7-48　蚂蚁金服的云平台系统结构

1. 小微贷业务

农村小额贷款项目于 2008 年设立，属于政府扶贫工程的一部分，主要面向农村市场贫困地区的低息业务，客户人群的 88.6% 是农民，81.4% 受教育水平为中学以下，59.1% 是妇女，21% 属于少数民族，多数为无抵押贷款。

传统贷款信用评估的工作方式是派遣大量人员下乡采集客户信息，工作劳动强度大（需要多次随访）、周期长（1 个月以上）、覆盖范围有限（10 万客户）。蚂蚁金融结合中和农信提供的"急速贷"项目，由线下拜访 + 人工审批的传统方式升级为线上贷前风控 + 线下贷后管理的模式。"急速贷"目前 5 分钟即可完成放贷，运营效率提升，风险控制效果超出期望，逾期 30 天比例为线下贷款的 1/2，利润提升 3 倍；上线 8 个月放贷 14 亿，余额达 9 亿，为全国 300 多个县的农民提供了普惠金融服务，帮助更多人回归农村实业。

2. 保险业务

保险科技平台提供创新技术来帮助保险公司降低理赔成本。例如，针对通过上传医疗记录来申请理赔的投保人，公司利用光学字符识别（OCR）和自然语言处理（NLP）技术来快速准确地评估其上传病历的真实性。公司的自然语言处理工具可以帮助分析病历本中的文本信息以便检测虚假信息。通过这些高度自动化的程序，公司帮助保险合作伙伴更有效地发现理赔欺诈，并通过减少人工介入来降低运营费用。

2017 年，在金融监管趋严和竞争加剧的背景下，蚂蚁金服宣布由 FinTech 向 TechFin 转型，为金融机构提供技术、大数据支撑。基于在云计算、人工智能、区块链等技术方向的积累，蚂蚁金服向传统金融机构、互联网公司以及金融科技公司输出定制化的解决方案。

具体业务层面，蚂蚁集团为金融机构提供了一系列包括客户触达、智能商业决策、动态风险管理解决方案、创新的产品开发能力以及技术基础架构等服务。通过这些技术服务，金融机构合作伙伴得以在公司的平台上为数亿消费者和数千万商家有效地提供信贷、理财和保险产品。

2018 年，蚂蚁保险和信美相互保险公司联手推出的"相互保"服务正式上线，这是一款大病保险，运营以市场为主体组织，采用会员制，会员既是组织所有者又是组织的服务对象。据 ICMIF 统计，2016 年相互保险在全球保险市场份额占比 26.8%，中国仅为 0.2%。"相互宝"正在上线初期，准入用户为芝麻信用 650 分及以上的蚂蚁会员及其未成年子女，用户 0 元参保可获恶性肿瘤等 99 种大病保障。"相互保"在预约阶段参与人数超过 1000 万。

2018 年，蚂蚁金服联合中国人保寿险推出了"全民保·终身养老金"的创新型保险。往回倒推时间，"车险分"是蚂蚁金服向保险行业开放的第一个保险产品。2017 年 6 月，蚂蚁金服推出对车险行业的定制产品"定损宝"，这是一款图像定损技术应用于车险领域的商业应用，升级到 2.0 开放版本后，可使保险公司自助接入，能在复杂交通事故中帮助快速理赔。

对于蚂蚁金服来说，要在互联网保险行业扎根，就要做好科技输出，实现平台开放。截至 2020 年 6 月 30 日，公司与超过 350 家金融机构就数字金融服务展开合作，包括约 100 家银行、约 170 家资产管理公司及约 90 家保险机构。

习题与思考

一、多选题

1. 以下属于农业大数据特点的是（　　）。

     A．周期性　　　　B．地域性　　　　C．广泛性　　　　D．及时性

2. 狭义的教育大数据的主要来源有（　　）。

     A．学校办公系统　　　　　　　　B．课程管理平台

     C．在线学习平台　　　　　　　　D．学生管理系统

3. 以下属于社交大数据来源的是（　　）。

     A．日志类，如微博　　　　　　　B．信息类，如头条

     C．即时消息类，如 QQ　　　　　D．视频类，如快手

4. 以下属于旅游大数据的是（　　）。

     A．景区卡口数据　　　　　　　　B．景区门票销售数据

     C．旅游网站的用户访问日志　　　D．电商平台景区评价

5. 交通大数据来源包括（　　）。

     A．交通信号与交通监控

     B．地理卫星遥感与气象数据

     C．通信业移动手机接入与 GPS 定位

     D．地图导航类与打车类 App 用户行为数据

6. 金融大数据的主要特点包括（　　）。

     A．数据类型丰富　　　　　　　　B．覆盖金融业内外的全数据

     C．数据容错差异大　　　　　　　D．地域集中性

二、简述题

1. 农业大数据的定义是什么？它对于现代化农业生产有怎样的意义？

2. 教育大数据对教育产生影响主要体现在哪些方面？

3. 请简单描述社交大数据在识别黑灰色产业从业者时的主要过程。

4. 什么是旅游大数据？它对游客、旅游行业及政府管理有何意义？

5. 交通大数据的主要应用方向有哪些？请尝试列举三点。

6. 金融大数据在风险评控方面的主要应用有哪些？请尝试列举三点。

参考文献

[1] SCHÖNBERGER V M. 大数据时代:生活、工作与思维的大变革 [M]. 周涛,译. 杭州: 浙江人民出版社,2013.

[2] 张祖平. 数据科学与大数据导论 [M]. 长沙:中南大学出版社,2018.

[3] 梅宏. 大数据导论 [M]. 北京:高等教育出版社,2018.

[4] 张尧学. 大数据导论 [M]. 北京:机械工业出版社,2018.

[5] 周苏,王文. 大数据导论 [M]. 北京:清华大学出版社,2016.

[6] 朝乐门. 数据科学理论与实践 [M]. 北京:清华大学出版社,2017.

[7] 周苏,张丽娜,王文. 大数据可视化技术 [M]. 北京:清华大学出版社,2016.

[8] 龙军,章成源. 数据仓库与数据挖掘 [M]. 长沙:中南大学出版社,2018.

[9] 刘丽敏,廖志芳,周韵. 大数据采集与预处理技术 [M]. 长沙:中南大学出版社, 2018.

[10] 林子雨. 大数据技术原理与应用——概念、存储、处理、分析与应用 [M]. 北京:人民邮电出版社,2017.

[11] 薛志东. 大数据技术基础 [M]. 北京:人民邮电出版社,2018.

[12] 汤雨,林迪,范爱华,等. 大数据分析 [M]. 北京:清华大学出版社,2018.

[13] 武志学. 大数据导论思维技术与应用 [M]. 北京:人民邮电出版社,2019.

[14] 刘鹏,张燕,付雯,等. 大数据导论 [M]. 北京:清华大学出版社,2018.

[15] 朱晓姝,许桂秋. 大数据预处理技术 [M]. 北京:人民邮电出版社,2019.

[16] 娄岩. 大数据技术与应用 [M]. 北京:清华大学出版社,2016.

[17] 黑马程序员. 解析 Python 网络爬虫:核心技术、Scrapy 框架、分布式爬虫 [M]. 北京:中国铁道出版社,2018.

[18] 齐文光. Python 网络爬虫实例教程 [M]. 北京:人民邮电出版社,2018.

[19] 张良均,云伟标,王路,等. R 语言数据分析与挖掘实战 [M]. 北京:机械工业出版社,2017.

[20] LAROSE D T, LAROSE C D. 数据挖掘与预测分析 [M]. 王念滨,宋敏,裴大茗,译. 2 版. 北京:清华大学出版社,2017.

[21] 石胜飞. 大数据分析与挖掘 [M]. 北京:人民邮电出版社,2018.

[22] 汤雨,林迪,范爱华,等. 大数据分析 [M]. 北京:清华大学出版社,2018.

[23] 林子雨. 大数据技术原理与应用 [M]. 2 版. 北京:人民邮电出版社,2017.

[24] 周志华. 机器学习 [M]. 北京:清华大学出版社,2016.

[25] 李航. 统计学习方法 [M]. 北京:清华大学出版社,2012.

[26] 沈刚. R 语言基础与数据科学应用 [M], 北京:人民邮电出版社,2018.

[27] GRUS J. 数据科学入门 [M]. 高蓉,韩波,译. 北京:人民邮电出版社,2016.

[28] 高贤强，张著．Excel 统计分析与应用教程 [M]．北京：清华大学出版社，2019.

[29] 张延松，王成章，徐天晟．大数据分析计算机基础 [M]．北京：中国人民大学出版社，2016.

[30] 恒盛杰资讯．Excel 数据可视化——一样的数据不一样的图表 [M]．北京：机械工业出版社，2017.

[31] YAU N．鲜活的数据——数据可视化指南 [M]．向怡宁，译．北京：人民邮电出版社，2020.

[32] YAU N．数据之美 [M]．张伸，译．北京：中国人民大学出版社，2017.

[33] 陈为，沈则潜，陶煜波，等．数据可视化 [M]，北京：电子工业出版社，2019.

[34] 黄源，蒋文豪，徐受蓉．大数据可视化技术与应用 [M]．北京：清华大学出版社，2020.

[35] 何冰，霍良安，顾俊杰．数据可视化应用与实践 [M]．企业管理出版社，2015.

[36] 张尧学．大数据导论 [M]．北京：机械工业出版社，2018.

[37] 樊银亭，夏敏捷．数据可视化原理及其应用 [M]．北京：清华大学出版社，2019.

[38] 张良均．Hadoop 大数据分析与挖掘实战 [M]，北京：机械工业出版社，2017.

[39] 曾刚．实战 Hadoop 大数据处理 [M]，北京：清华大学出版社，2017.

[40] 翟周伟．Hadoop 核心技术 [M]，北京：机械工业出版社，2015.

[41] 安俊秀．Hadoop 大数据处理技术基础与实践 [M]．北京：人民邮电出版社，2018.

[42] WADKAR S，SIDDALINGAIAH M．深入理解 Hadoop（第 2 版）[M]．于博，冯傲风，译．北京：机械工业出版社，2016.

[43] 刘雯．Hadoop 应用开发基础 [M]．北京：人民邮电出版社，2019.

[44] 时允田．Hadoop 大数据开发案例教程与项目实战 [M]．北京：人民邮电出版社，2018.

[45] 陶化冰．农业大数据技术的特点及应用 [J]．吉林农业，2017（10）：40.

[46] 王佳方．智慧农业时代大数据的发展态势研究 [J]．技术经济与管理研究，2020（02）：124-128.

[47] 梁斌，仵晓娟，李继玲，等．林果大数据分析应用平台设计研究——以新疆生产建设兵团为例 [J/OL]．中南林业科技大学学报，2020（09）：173-182.

[48] 万璐，杜明伟，王雪姣，等．物联网与作物模型在智慧棉花系统中的应用与展望 [J]．中国棉花，2020.47（08）：1-6，15.

[49] 张尧学．大数据导论 [M]．北京：机械工业出版社，2018.

参考资料

[1] 八爪鱼官网：https://www.bazhuayu.com

[2] Kettle 官网：https://kettle.pentaho.com

[3] 基于图数据库的新型肺炎传染图谱建模与分析. https://blog.csdn.net/javeme/article/details/104264673

[4] Redis 源码学习之字典. http://www.it165.net/database/html/201403/5608.html

[5] Mapped: The Wealthiest Person in Every U.S. State in 2020. https://www.visualcapitalist.com/wealthiest-person-in-every-u-s-state-2020/

[6] 推荐：10 个大数据可视化工具. https://www.jianshu.com/p/73e65b84a553

[7] 52 个实用的数据可视化工具汇总. https://www.sohu.com/a/210216624_659080

[8] 文本数据可视化（下）——一图胜千言. https://zhuanlan.zhihu.com/p/27449788

[9] 数据可视化神器 | 秒出关系型数据分析图. https://www.sohu.com/a/233835717_411016

[10] 半径不等的扇形图. http://wk.yingjiesheng.com/v-000-004-982.html

[11] Excel 数据关系分析用 XY 散点图. https://baijiahao.baidu.com/s?id=1630336497464864557&wfr=spider&for=pc

[12] 文档散. http://vialab.science.uoit.ca/docuburst/help.php

[13] Apache. https://www.apache.org/

[14] Hadoop Distributed File System(HDFS)，https://github.com/apache/hadoop-hdls/

[15] Apache Sqoop. http://sqoop.apache.org/

[16] Apache Flume. https://github.com/apache/flume

[17] 农业大数据. https://baike.baidu.com/item/%E5%86%9C%E4%B8%9A%E5%A4%A7%E6%95%B0%0%E6%8D%AE/5842489#2

[18] 农业大数据在现代农业中的应用. https://wenku.baidu.com/view/dbcdc5a2f011f18583d049649b6648d7c0c7085b.html

[19] 案例 3 奶牛数字化精细养殖系统与大数据. https://wenku.baidu.com/view/715a3df85627a5e9856a561252d380eb6294238c.html

[20] 龙门石窟智慧旅游大数据报告. https://henan.qq.com/a/20160721/031742.htm

[21] 美团门票"实名信息登记系统"助力景区疫情防控. http://www.pinchain.com/article/214327

[22] 杭州市交通信息网杭州市综合交通指挥中心 中控信息助力"智慧大交通"建设—杭州市交通信息网. http://www.hamcodee.com/jiaotongxinxi/19075.html

[23] 高德 -2017 上半年度中国主要城市公共交通大数据分析报告. https://wenku.baidu.com/view/3affe58f370cba1aa8114431b90d6c85ec3a88b8.html

[24] MaxCompute 在高德大数据上的应用. https://developer.aliyun.com/article/689240

[25] 高德地图联合清华大学推出交通预测研究成果. https://baijiahao.baidu.com/s?id=16122 00327987843307&wfr=spider&for=pc

[26] 中国列车控制系统 CTCS 简介. https://wenku.baidu.com/view/cc646d44c081e53a580216 fc700abb68a982adde.html

[27] 【头条】牡丹江高铁可"刷脸"进站啦! 3秒通过! 记住操作流程，快速检票 … https://www.sohu.com/a/292603581_383143

[28] 12306 监控中心首次亮相：余票实时显示，"刷票"秒速识别. http://www.liangjiang. gov.cn/content/2020-01/14/content_601257.htm

[29] 大数据助力金融机构网点经营效能提升，TalkingData 公众号，2018，https://zhuanlan. zhihu.com/p/47443424

[30] 金融机构如何提升网点布局规划效能. 周世昌. TalkingData 公众号，2018.

[31] 大数据和人工智能在度小满金融风控的一些实践. 严澄. DataFunction 公众号，2020.

[32] 蚂蚁 IPO 拟募资 300 亿美元 金融牌照齐全为何转型科技服务? https://baijiahao.baidu. com/s?id=1676240473596384195&wfr=spider&for=pc

[33] 蚂蚁金服郑波：网商银行金融云架构之路. http://cloud.it168.com/a2016/1027/2998/ 000002998358.shtml

[34] 【CTCS-2/3】中国高铁列车运行控制系统究竟是如何运行的? https://www.bilibili.com/ video/BV1mW411i7LN/?spm_id_from=333.788.videocard.0

[35] 社交大数据的分析研究. https://wenku.baidu.com/view/e5eef4ceb9f67c1cfad6195f312 b3169a451ea7d.html

[36] "今日头条"：基于社交数据挖掘的个性化阅读体验. https://36kr.com/p/1641689219073

[37] 【大数据交易案例46】看社交大数据如何平衡北京的职与住. https://www.sohu.com/ a/114652057_398084

[38] 【解析】电商社交数据在大数据风控的应用实践. https://www.sohu.com/a/127130485_ 470097